产教融合信息技术类"十三五"规划教材　　　　西普教育研究院 IT 前沿技术方向校企合作系列教材

Python 基础与大数据应用

丁辉 ◎ 主编
商俊燕　伍转华　林雪纲 ◎ 副主编

Python Basic and Big Data Application

人民邮电出版社

北京

图书在版编目（CIP）数据

Python基础与大数据应用 / 丁辉主编. -- 北京：
人民邮电出版社，2020.1（2024.6重印）
产教融合信息技术类"十三五"规划教材
ISBN 978-7-115-51738-8

Ⅰ. ①P… Ⅱ. ①丁… Ⅲ. ①软件工具-程序设计-
高等学校-教材 Ⅳ. ①TP311.561

中国版本图书馆CIP数据核字(2019)第164764号

内 容 提 要

本书内容安排遵循学生的认知规律，结合 Python 的特点，将教学内容分为 Python 基础及数据分析两大部分。全书分为 11 章，前 6 章讲解了 Python 基本语法和基本应用，后 5 章系统地讲解了用 Python 爬取数据、处理数据、分析数据的方法与过程。每章除了丰富的实例外，还设计了来源于实践的项目训练及拓展训练项目，引导读者学以致用。

本书可以作为高校计算机类专业和相关专业的教材，也可作为 Python 爱好者的自学用书。

◆ 主　编　丁　辉
　副 主 编　商俊燕　伍转华　林雪纲
　责任编辑　左仲海
　责任印制　马振武

◆ 人民邮电出版社出版发行　北京市丰台区成寿寺路 11 号
　邮编　100164　电子邮件　315@ptpress.com.cn
　网址　http://www.ptpress.com.cn
　　固安县铭成印刷有限公司印刷

◆ 开本：787×1092　1/16
　印张：20.5　　　　　　　　2020 年 1 月第 1 版
　字数：592 千字　　　　　　2024 年 6 月河北第 9 次印刷

定价：59.80 元

读者服务热线：(010)81055256　印装质量热线：(010)81055316
反盗版热线：(010)81055315
广告经营许可证：京东市监广登字20170147号

前言 FOREWORD

Python 是一种免费、开源、跨平台的高级动态编程语言，支持命令式编程、函数式编程，完全支持面向对象编程，拥有丰富及功能强大的内置对象、标准库、第三方库和众多狂热的支持者，使各类人员能够快速地学习和轻松地完成开发任务。

Python 语法简洁清晰、易学易用，代码可读性强，编程模式符合人类的思维方式和习惯，大幅度降低了学习与使用难度。

搜索引擎 Google 的核心代码就是使用 Python 实现的，迪士尼公司的动画制作与生成也是使用 Python 实现的，美国宇航局使用 Python 实现了 CAD/CAE/PDM 库及模型管理系统等，Python 的使用案例数不胜数。在大数据和人工智能时代，数据可以说明很多问题的原因，Python 成为数据分析师的首选工具。

本书全面贯彻党的二十大精神，以社会主义核心价值观为引领，加强基础研究、发扬斗争精神，为建成教育强国、科技强国、人才强国、文化强国添砖加瓦。本书针对高职高专学生的认知规律、Python 的特点和数据分析过程，以培养学生逻辑思维能力、编程解决实际问题能力、程序调试能力、精益求精的工匠精神为目标，精心设计教学内容、项目训练、练习题、拓展训练项目等。全书内容由 Python 基础和数据分析两大部分组成，教学时，可以根据需要进行选取。本书主要有以下几个特色。

（1）教学案例均来自实际应用领域。丰富的、有意义的真实案例使学生实现知识与技能、经验、素养的综合提升。

（2）语言精练，实践性强。全书语言精练，与 Python 简洁、优雅的特点相匹配，同时所有的命令和案例都是可操作的，学习者完全可以自己通过实践来体验，在实践中掌握 Python 的语法规则和数据分析方法。

（3）内容丰富，代码完整。全书共 11 章，前 6 章为 Python 基本语法及基本应用部分，后 5 章为数据分析部分。Python 基本语法及基本应用部分内容全面，数据分析部分可根据教学目标灵活选择。全书代码完整，实践性强。

丁辉为本书主编，并且编写了第 1~5 章、第 10 和 11 章；商俊燕、伍转华和林雪纲为副主编，商俊燕编写了第 6~8 章，伍转华编写了第 9 章；其中，全部的拓展训练项目由北京西普阳光教育科技股份有限公司的林雪纲编写。在本书的编写过程中，北京西普阳光教育科技股份有限公司给予了大力支持，在此表示感谢。

Python 及其应用发展迅速，加之编者水平有限，书中难免有不足和遗漏之处，欢迎读者提出宝贵的意见和建议。编者电子邮箱为 dinghui@czili.edu.cn。

编者

2023 年 5 月

目录 CONTENTS

第 1 章

Python 环境搭建 ·············· 1

- 1.1 Python 版本概述及下载 Python 安装文件 ············ 1
  - 1.1.1 Python 版本概述 ············ 1
  - 1.1.2 下载 Python 安装文件 ············ 2
- 1.2 安装 Python ············ 5
  - 1.2.1 解压下载的文件 ············ 5
  - 1.2.2 运行 Python 安装文件 ············ 5
- 1.3 Python 交互模式 ············ 6
- 1.4 iPython 3 和 PyCharm 概述 ············ 7
  - 1.4.1 iPython 3 概述 ············ 7
  - 1.4.2 PyCharm 概述 ············ 9
- 1.5 项目训练：Python 的安装与使用 ············ 13
- 1.6 本章小结 ············ 15
- 1.7 练习 ············ 15
- 1.8 拓展训练项目 ············ 16

第 2 章

Python 编程基础 ·············· 17

- 2.1 变量 ············ 17
- 2.2 数值 ············ 19
  - 2.2.1 整型 ············ 19
  - 2.2.2 浮点型 ············ 19
  - 2.2.3 复数型 ············ 20
  - 2.2.4 布尔型 ············ 20
- 2.3 字符串 ············ 21
  - 2.3.1 转义字符 ············ 21
  - 2.3.2 字符串运算 ············ 21
  - 2.3.3 字符串操作方法 ············ 22
- 2.4 列表 ············ 23
  - 2.4.1 列表的创建与删除 ············ 23

2.4.2　列表操作方法 ··· 24
　　　2.4.3　列表切片操作 ··· 25
2.5　元组 ··· 27
2.6　字典 ··· 28
　　　2.6.1　字典的创建与访问 ··· 28
　　　2.6.2　字典元素的修改 ·· 28
　　　2.6.3　字典操作方法 ··· 29
2.7　运算符 ·· 30
　　　2.7.1　算术运算符 ·· 30
　　　2.7.2　位运算符 ··· 31
　　　2.7.3　逻辑运算符 ·· 31
　　　2.7.4　比较运算符 ·· 32
　　　2.7.5　赋值运算符 ·· 32
　　　2.7.6　其他运算符 ·· 33
2.8　Python 代码编写规范 ··· 34
2.9　控制流 ·· 35
　　　2.9.1　顺序结构程序 ··· 35
　　　2.9.2　分支结构程序 ··· 40
　　　2.9.3　循环结构程序 ··· 45
2.10　项目训练：个人所得税计算 ··· 53
2.11　本章小结 ··· 56
2.12　练习 ··· 56
2.13　拓展训练项目 ··· 58
　　　2.13.1　Python 数值型变量的定义与赋值 ······································ 58
　　　2.13.2　Python 控制流和运算符 ··· 59
　　　2.13.3　列表的基本操作 ·· 59
　　　2.13.4　元组的基本操作 ·· 59
　　　2.13.5　字典的基本操作 ·· 59
　　　2.13.6　字符串的基本操作 ··· 60

第 3 章

函数 ·· 61

3.1　自定义函数 ·· 61
　　　3.1.1　函数定义格式 ··· 61
　　　3.1.2　函数的设计 ·· 62
　　　3.1.3　lambda 表达式 ··· 62

- 3.2 函数调用 63
- 3.3 函数参数 64
  - 3.3.1 位置参数 64
  - 3.3.2 默认参数 64
  - 3.3.3 关键参数 65
  - 3.3.4 可变长度参数 66
- 3.4 变量作用域 68
  - 3.4.1 局部变量 68
  - 3.4.2 全局变量 69
- 3.5 异常 70
  - 3.5.1 Python 标准异常类 70
  - 3.5.2 异常处理 71
- 3.6 项目训练：哥德巴赫狂想——任何大于 2 的偶数总可以分解成两个素数的和 75
- 3.7 本章小结 76
- 3.8 练习 77
- 3.9 拓展训练项目 78
  - 3.9.1 用函数实现乘法口诀 78
  - 3.9.2 Python 函数参数 78
  - 3.9.3 Python 局部变量和全局变量 78
  - 3.9.4 Python 异常捕获与处理 78

第 4 章

面向对象编程基础 79

- 4.1 类和对象 79
  - 4.1.1 类 79
  - 4.1.2 对象 80
- 4.2 属性与方法 80
  - 4.2.1 属性 80
  - 4.2.2 方法 83
- 4.3 继承 84
- 4.4 多态 86
- 4.5 项目训练：简单学生成绩管理系统 88
- 4.6 本章小结 91
- 4.7 练习 92
- 4.8 拓展训练项目 93
  - 4.8.1 Python 类与对象 93

4.8.2	类方法、实例方法和静态方法	93
4.8.3	类继承、组合	94
4.8.4	类的多重继承	94

第 5 章

模块 95

5.1 模块的创建和命名空间 95
5.1.1 模块的创建 95
5.1.2 命名空间 96

5.2 模块的导入和路径 97
5.2.1 模块的导入 97
5.2.2 模块的路径 98

5.3 包 100

5.4 Python 内置模块 100
5.4.1 math 模块 100
5.4.2 random 模块 101
5.4.3 time 模块 101
5.4.4 datetime 模块 103
5.4.5 calendar 模块 104
5.4.6 sys 模块 105
5.4.7 zipfile 模块 106

5.5 项目训练：日历 108

5.6 本章小结 110

5.7 练习 111

5.8 拓展训练项目 111
5.8.1 Python 模块导入 111
5.8.2 zipfile 模块的使用 112
5.8.3 Python 模块的属性 112
5.8.4 Python 模块内置函数 112

第 6 章

Python 文件和数据库 113

6.1 文件的基本操作 113
6.1.1 内置函数 open() 113
6.1.2 文件对象常用的属性和方法 114

  6.1.3 文件操作案例 ··· 116
6.2 **文件系统的基本操作** ·· 119
6.3 **MySQL 数据库** ·· 121
  6.3.1 MySQL 简介 ·· 121
  6.3.2 安装 MySQL ·· 122
  6.3.3 使用 Python 连接 MySQL 数据库··· 126
  6.3.4 MySQL 的基本操作··· 127
6.4 **项目训练：使用 Python 完成课程表和学生信息表的创建** ························· 128
6.5 **本章小结** ··· 131
6.6 **练习** ·· 132
6.7 **拓展训练项目** ·· 133
  6.7.1 安装 MySQL 数据库和 Python 连接数据库··· 133
  6.7.2 使用 Python 实现 MySQL 增查改删··· 133
  6.7.3 Python 文件的基本操作·· 133
  6.7.4 Python 文件目录的基本操作··· 134

第 7 章

Python 爬虫基础 ··· 135

7.1 **网络爬虫概述及其结构** ··· 135
  7.1.1 网络爬虫概述 ·· 135
  7.1.2 网络爬虫结构 ·· 136
7.2 **urllib 库** ··· 137
  7.2.1 urllib.request 模块··· 137
  7.2.2 urllib.parse 模块·· 138
  7.2.3 urllib.error 模块··· 140
7.3 **使用 urllib 爬取网页** ·· 141
7.4 **浏览器的模拟与实战** ·· 142
7.5 **正则表达式** ·· 143
7.6 **图片爬虫实战** ·· 147
7.7 **项目训练：用 urllib 库爬取百度贴吧** ·· 148
7.8 **本章小结** ··· 152
7.9 **练习** ·· 152
7.10 **拓展训练项目** ·· 153
  7.10.1 urllib 库的使用·· 153
  7.10.2 百度贴吧网页爬虫··· 153
  7.10.3 淘宝网站图片爬虫··· 153

第 8 章

Python 爬虫框架 ………………………………………………… 154

- 8.1 常见爬虫框架 ………………………………………………… 154
- 8.2 Scrapy 爬虫框架的安装 ……………………………………… 155
- 8.3 Scrapy 爬虫框架简介 ………………………………………… 156
- 8.4 Scrapy 常用工具命令 ………………………………………… 157
  - 8.4.1 创建一个 Scrapy 项目 …………………………………… 157
  - 8.4.2 Scrapy 全局命令 ………………………………………… 158
  - 8.4.3 Scrapy 项目命令 ………………………………………… 160
- 8.5 Scrapy 爬虫实战 ……………………………………………… 161
- 8.6 项目训练：用 Scrapy 爬取豆瓣图书 ………………………… 167
- 8.7 本章小结 ……………………………………………………… 171
- 8.8 练习 …………………………………………………………… 171
- 8.9 拓展训练项目 ………………………………………………… 171
  - 8.9.1 Scrapy 框架的安装及使用 ……………………………… 171
  - 8.9.2 Scrapy 命令行工具 ……………………………………… 172

第 9 章

数据分析基础 …………………………………………………… 173

- 9.1 numpy 模块 …………………………………………………… 173
  - 9.1.1 ndarray 类型数组 ………………………………………… 174
  - 9.1.2 matrix 类型矩阵 ………………………………………… 182
  - 9.1.3 matrix 类型和 array 类型的区别 ………………………… 189
- 9.2 pandas 模块 …………………………………………………… 193
  - 9.2.1 pandas 模块基础 ………………………………………… 193
  - 9.2.2 pandas 模块数据清洗 …………………………………… 199
  - 9.2.3 pandas 模块数据预处理 ………………………………… 221
  - 9.2.4 pandas 模块数据提取 …………………………………… 230
  - 9.2.5 pandas 模块数据筛选 …………………………………… 234
  - 9.2.6 pandas 模块数据汇总 …………………………………… 235
  - 9.2.7 pandas 模块数据统计 …………………………………… 237
  - 9.2.8 pandas 模块综合应用示例 ……………………………… 239
- 9.3 项目训练：清洗和预处理 8.6 节中爬取的 doubanread.csv 文件 …… 245
- 9.4 本章小结 ……………………………………………………… 247
- 9.5 练习 …………………………………………………………… 247
- 9.6 拓展训练项目 ………………………………………………… 249

9.6.1	pandas 基本功能实验	249
9.6.2	pandas 汇总和计算实验	249
9.6.3	pandas 缺失数据处理	249
9.6.4	pandas 构建层次化索引	249

第 10 章

pandas 数据分析 ……251

10.1	pandas 文件读写基础	251
10.1.1	CSV 文件的读写	251
10.1.2	Excel 文件的读写	254
10.2	pandas 与 MySQL 数据库的交互	256
10.2.1	pandas 与 MySQL 连接的步骤	256
10.2.2	pandas 与 MySQL 交互	257
10.3	pandas 字符串处理	259
10.4	pandas 数据分组与聚合	265
10.4.1	使用内置的聚合函数进行聚合运算	265
10.4.2	分组与聚合过程	267
10.4.3	agg()和 apply()聚合函数	268
10.5	项目训练：电影数据统计	271
10.6	本章小结	274
10.7	练习	274
10.8	拓展训练项目	274
10.8.1	pandas 文件读写	274
10.8.2	pandas 数据库读写	275
10.8.3	pandas 数据处理	275
10.8.4	pandas 数据聚合和组迭代	275

第 11 章

Python 可视化与可视化工具 ……276

11.1	Python 可视化与可视化工具介绍	276
11.2	pandas 基本图形绘制	278
11.2.1	折线图	278
11.2.2	柱状图	282
11.2.3	直方图	285
11.2.4	散点图	285
11.2.5	面积图	287

	11.2.6 饼图	287
	11.2.7 密度图	290
11.3	matplotlib 绘图	291
	11.3.1 matplotlib 绘图基础	291
	11.3.2 matplotlib 交互绘图	291
11.4	matplotlib.pyplot 的使用	294
	11.4.1 pyplot 绘图基础	294
	11.4.2 多种类型图的绘制	297
11.5	项目训练：电影数据信息分析	306
11.6	本章小结	310
11.7	练习	310
11.8	拓展训练项目	310
	11.8.1 pandas 绘图	310
	11.8.2 matplotlib 交互式绘图实践	310
	11.8.3 pyplot 绘图元素的设置	311
	11.8.4 子图的绘制	311

附录 **312**

参考文献 **316**

第 1 章
Python环境搭建

▶ 学习目标

① 了解 Python 的发展情况；
② 熟悉 Python 的官网内容，会下载 Python 的安装程序；
③ 会使用 Linux 的基本操作命令安装 Python 3.7.0；
④ 理解 Python 的交互模式，会在交互模式下编写简单的程序；
⑤ 了解 iPython 和 PyCharm 的功能，并基本掌握安装和使用方法。

Python 是 Guido van Rossum（吉多·范罗苏姆）于 1989 年年底开始开发的，第一个版本发行于 1991 年，比 Java 早 4 年。Python 推出后不久就迅速得到了各行业人士的青睐，经过 20 多年的发展，Python 已经渗透到计算机科学与技术、统计分析、移动终端开发、科学计算与可视化、逆向工程与软件分析、图形图像处理、人工智能、游戏设计与策划、网站开发、数据提取与大数据处理、密码学、系统运维、音乐处理、计算机辅助教育、医药辅助设计、天文信息处理、化学、生物、电子电路设计等专业和领域，在黑客领域更是一直拥有霸主地位。Python 连续多年在 TIOBE 网站编程语言排行榜中排名第 7、8 位，2019 年 5 月排名上升至第 4，可见其发展之迅速。

Python 是一种跨平台、开源、免费的解释型高级动态编程语言。它支持命令式编程、面向对象编程和函数式编程，包含了完善且易于理解的标准库，还有非常丰富的第三方开源库，使用户能轻松地完成开发任务。

1.1 Python 版本概述及下载 Python 安装文件

除机器语言外的任何一种计算机语言都需要有相应的编译器或者解释器，Python 也不例外。"工欲善其事，必先利其器"，学习 Python 的第一件事就是下载及安装相关的程序，准备好工具才能顺利进行学习。

1.1.1 Python 版本概述

Python 官网目前同时发行 Python 2.X 和 Python 3.X 两个不同的版本（其下载地址为 https://www.python.org/downloads/source/），如图 1-1 所示（2018 年 10 月 1 日界面）。这两个版本互不兼容，除了输入及输出方式有所不同外，很多内置函数的实现和使用方式也有较大的区别。Python 3.X 对 Python 2.X 的标准库也进行了一定程度的重新拆分和整合。对于初学者来说，在选择使用 Python 2.X 还是 Python 3.X 时，一定要考虑清楚学习 Python 的目的是什么，打算做哪方面的开发，有哪些扩展库可用，这些扩展库最高支持哪个版本的 Python 等。确定了这些内容后，再做出选择，才能事半功倍，而不至于在版本的选择上纠结。另外还要注意，较新的版本推出后，不要急于更新和替换，而应该在自己必须使用的扩展库更新之后再进行 Python 的更新。

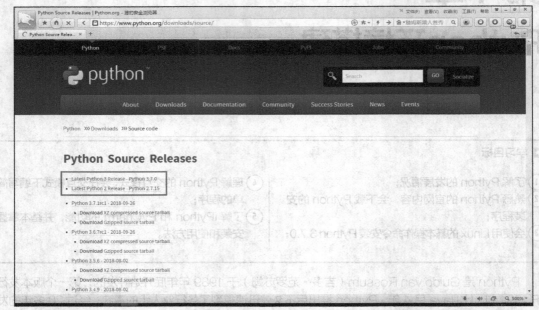

图 1-1　Python 官网下载页

目前看来，Python 3.X 的使用是大势所趋，如果读者是初学者，还没有明确应用领域，建议选择 Python 3.X 系列的最高版本。

1.1.2　下载 Python 安装文件

1. Linux 系统下的 Python 安装文件下载

Python 的官网地址是 http://www.python.org，在 Ubuntu 16.04 的虚拟机系统中，使用 Firefox 浏览器打开 Python 官网，单击"Downloads"菜单，展开子菜单，选择"Source code"选项，进入图 1-1 的下载页面。单击图 1-1 中的"Download Gzipped source tarball"选项，出现如图 1-2 所示的下载提示，单击"保存文件"按钮，开始进行下载。

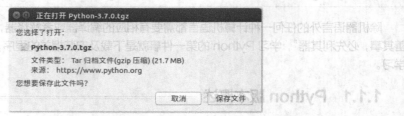

图 1-2　下载提示

下载过程中，为了观察下载的进度，可以单击界面右上角的 ⬇ 按钮，将出现如图 1-3 所示的下载列表和下载进度指示。

下载的文件 Python-3.7.0.tgz 默认存放在"/home/用户名/下载"文件夹下。"用户名"是登录 Linux 的用户名，如"ding"，因此，下载的文件存放在"/home/ding/下载"文件夹中。下载后也可单击图 1-3 中的下载文件名，打开"归档管理器"，如图 1-4 所示。

图 1-3 下载列表及下载进度

图 1-4 归档管理器

单击图 1-4 中的 + 按钮,打开如图 1-5 所示的"添加文件"窗口,在"位置"框中可以看到所下载文件的路径。

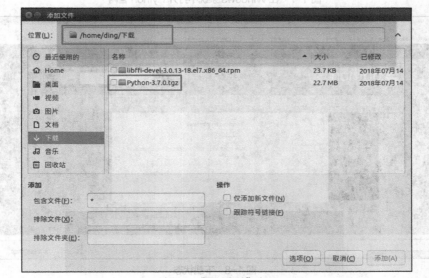

图 1-5 "添加文件"窗口

至此,Linux 操作系统下的 Python 3.7.0 安装文件下载完毕。用户可以在 Ubuntu 虚拟机的终端依次输入"cd /home/ding/下载"和"ls"命令,查看 Python-3.7.0.tgz 文件,如图 1-6 所示。

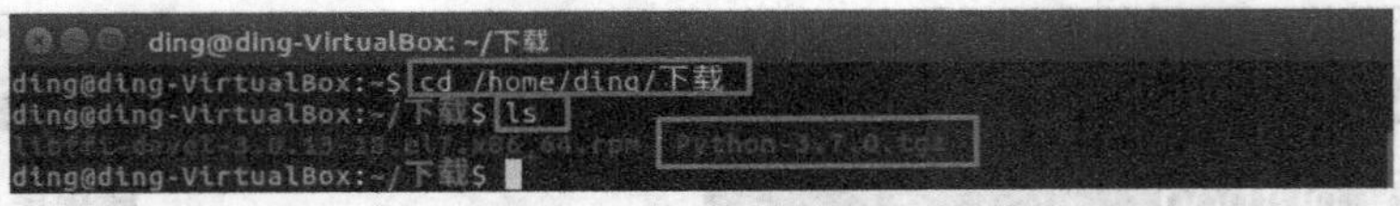

图 1-6　Ubuntu 虚拟机终端查看到的下载文件

2. Windows 系统下 Python 安装文件下载

在 Windows 系统中，使用任何可用的浏览器打开 Python 官网，如图 1-7 所示，当鼠标指针指向"Downloads"按钮时，会弹出"Download for Windows"子页面。单击"Python 3.7.0"按钮即可开始下载最新版本的 Python 安装文件。图 1-8 左下角可以看到下载的文件名为"python-3.7.0(1).exe"；单击右下角的"显示所有下载内容"选项，可以看到该浏览器最近下载的文件列表。

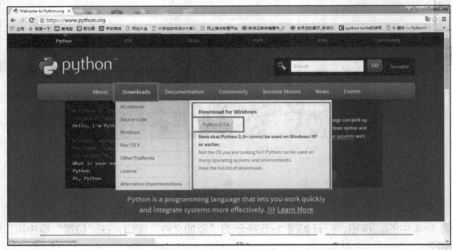

图 1-7　在 Windows 系统中打开 Python 官网

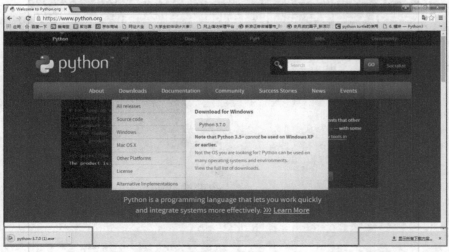

图 1-8　下载状态

☞ Windows 中下载文件名实际为"python-3.7.0.exe"，名称中出现的"(1)"表示的是本机已经下载过该文件，为了不重名而加上数字序号。

1.2 安装 Python

Python 安装文件下载完成之后，需要进行安装才能使用。下面介绍如何在 Linux 系统下安装 Python。

1.2.1 解压下载的文件

1.1.2 节已经下载了 Python 的安装文件 Python-3.7.0.tgz，并存储在"/home/ding/下载"文件夹中，文件的类型为".tgz"，是用 Linux 的打包和解包工具 tar 生成的，同时使用 gzip 进行了压缩，因此，此安装文件需要先解包及解压才能使用。

tar 命令的解包常用参数如下。

-x：从 tar 包中把文件提取出来，即解压。
-z：表示 tgz 包是被 gzip 压缩过的，所以需要用 gunzip 解压。
-v：显示详细信息，即解压的过程。
-f xxx.tgz：指定被处理的文件是 xxx.tgz，这个参数必须放在最后。

（1）解压前将 Python-3.7.0.tgz 文件复制到 /home 目录：

cp　/home/ding/下载/Python-3.7.0.tgz　/home

（2）解压 Python-3.7.0.tgz：

tar　-xvzf　Python-3.7.0.tgz

解压后，/home 文件夹下会出现一个 Python-3.7.0 文件夹。

☞ 特别注意，Linux 的文件名要严格区分大小写。

（3）进入相应目录查看文件：

cd Python-3.7.0
ls

图 1-9 为解压后的结果。

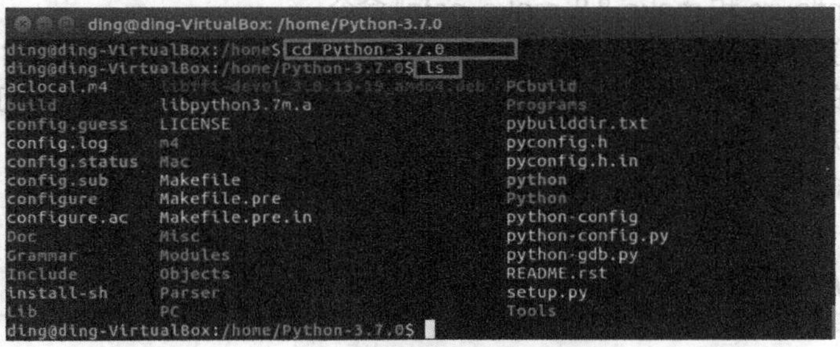

图 1-9 解压后的结果

1.2.2 运行 Python 安装文件

1. 执行脚本配置文件

./configure

执行脚本配置文件，首先要检查机器的一些配置和环境、系统的相关依赖。如果缺少相关依赖，脚本会停止执行，导致软件安装失败。其次，如果检查没有问题，则根据所检查的环境和依赖的结果，产生 Makefile 文件。

2. 编译、安装

make && make install

make 会根据 Makefile 文件中的指令来进行编译。make install 用于执行安装，将 make 阶段生成的可执行文件复制到相应的地方，例如，本次安装的路径是 /usr/local/bin。

☞ 整个安装过程中，需要有 root 权限。

3. 测试安装结果

Python3 -v

Python 安装好后，可以通过 Python3 -v 命令检查所安装的版本，如图 1-10 所示，同时打开 Python 交互界面，显示 Python 的提示符">>>"。

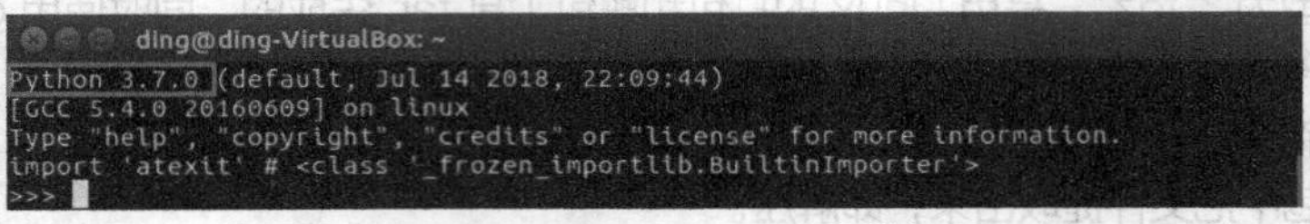

图 1-10 Python 3.7.0 版本信息

☞ 在 Ubuntu 16.04 虚拟机下安装 Python 3.7.0 时，如果出现错误，可按下述步骤进行重装。

（1）用阿里源更改/etc/apt/sources.list 的内容。

（2）依次运行更新和安装相关包的命令。

① sudo apt-get update

② sudo apt-get upgrade

③ sudo apt-get dist-upgrade

④ sudo apt-get install build-essential Python-dev Python-setuptools Python-pip Python-smbus

⑤ sudo apt-get install build-essential libncursesw5-dev libgdbm-dev libc6-dev

⑥ sudo apt-get install zlib1g-dev libsqlite3-dev tk-dev（注意 1 和 l 的区别）

⑦ sudo apt-get install libssl-dev openssl

⑧ sudo apt-get install libffi-dev

（3）运行./configure 和 make && make install 命令。

在 Windows 系统中安装 Python 非常简单，只需双击下载的 python-3.7.0(1).exe 文件，或者单击图 1-8 左下角的"python-3.7.0(1).exe"按钮，然后按默认选项进行安装即可。安装完成后，"开始"菜单的"所有程序"里会有一个"Python3.7"文件夹，单击其中的"Python 3.7(64-bit)"选项，即可打开 Python 的交互界面窗口，可以看到 Python 版本信息和 Python 提示符">>>"。

1.3 Python 交互模式

经过前面的步骤，Python 3.7.0 已经安装成功了，下面来体验一下 Python 交互模式。

1. 启动 Python

这里需要注意，安装 Ubuntu 16.04 时默认安装了 Python 2.7.12，在虚拟机终端输入 python 命令，输出结果如图 1-11 所示，显示的 Python 版本是 Python 2.7.12，输入 quit()退出 Python。要启动 Python 3.7.0，在虚拟机终端需要输入的是 python 3，如图 1-12 所示。可以看到，当前的 Python 版本是 Python 3.7.0，并且显示 Python 提示符">>>"。到此，Python 3.7.0 启动完成。

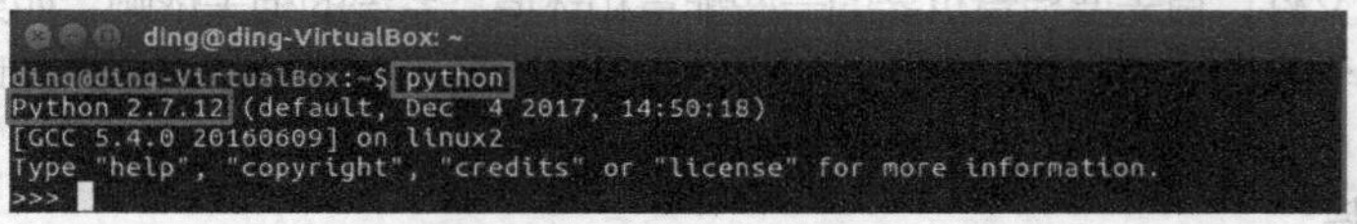

图 1-11 python 命令的运行结果

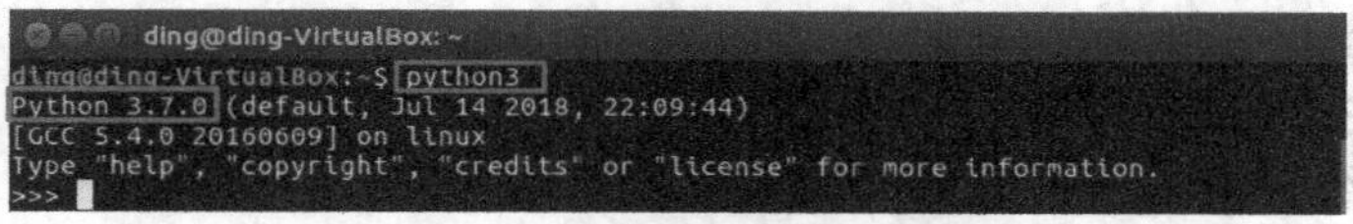

第 1 章 Python 环境搭建

图 1-12 python3 命令的运行结果

2. Python 交互模式的使用

Python 交互模式的提示符是 ">>>"，表示在其后输入 Python 语句，按 Enter 键后，立即执行输入的语句。交互模式就是以解释方式执行程序的一种方式，也就是解释一条语句，执行一条语句。

程序员都是从 "hello world！" 程序开始的，在 Python 的提示符 ">>>" 后输入以下语句，即可进入 Python 程序员角色。

>>> print("hello world!")

此语句的执行结果如下：

hello world!

再来体验一下，输入：

>>> print("I love Python!")

这次的输出结果为：

I love Python!

以上两条语句执行的结果都是 print 后括号内字符串的值。print() 是 Python 的一个内置函数，这里直接输出字符串的值。print() 也可输出一个表达式的值，例如：

>>> print(2*3+8)

14

其实，2*3+8 可以直接输入：

>>> 2*3+8

14

☞ 在 Python 中，数学运算符 "×" 用 "*" 表示，"÷" 用 "/" 表示。

上述语句的运行过程如图 1-13 所示。

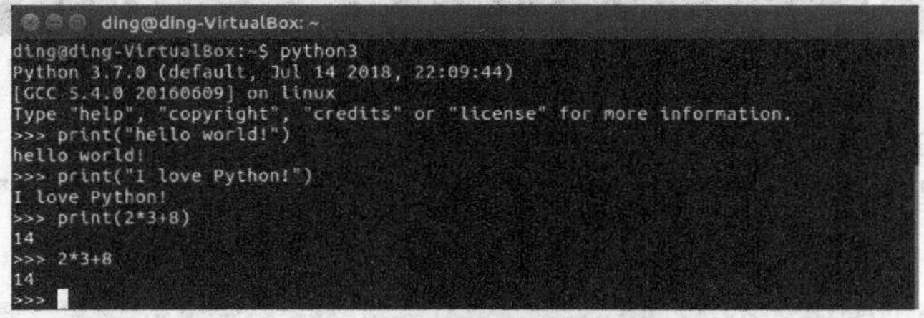

图 1-13 语句运行过程

☞ 在 Windows 中启动 Python 交互模式是和 Linux 相同的，本书不进行特别说明，都是在 Linux 系统下运行的。

1.4 iPython 3 和 PyCharm 概述

1.4.1 iPython 3 概述

1. iPython 简介

iPython 是一个交互式 Shell，内置了很多有用的功能和函数，提供了代码自动补全、自动缩进、高亮显示、Shell 命令执行等非常有用的特性，可以在任何操作系统上使用。

2. iPython 3 的安装

（1）Linux 系统中的安装

第一种方法如下。

Python 3.7.0 正常安装好后，通过以下两步即可完成 iPython 3 的安装。

- 安装 pip3：在 Ubuntu 虚拟机的终端，在 root 权限下输入 apt-get install Python3-pip 命令，安装 pip3 工具。
- 安装 iPython 3：在 Linux 终端，在 root 权限下输入 pip3 install iPython 3 命令，安装 iPython 3。

第二种方法如下。

执行以下命令即可安装。

```
apt-get install iPython3
pip install iPython
```

（2）Windows 系统中的安装

当 Windows 系统中正确安装好 Python 3.7.0 版本后，在命令窗口中依次执行下述两条命令：

```
pip3 install pyreadline
pip3 install iPython
```

☞ 在命令窗口中执行相关的命令时，如果不是在 Python 3.7.0 的安装目录下，则需要注意环境变量的设置，即需要把 Python 3.7.0 的安装路径添加到环境变量 path 中。

3. iPython 3 的简单使用

（1）打开 iPython 3

在 Linux 终端输入 ipython 3，打开 iPython 3，如图 1-14 所示。从图 1-14 可以看到，Python 的版本是 Python 3.7.0，iPython 3 的提示符是 "In [行号]:"。

图 1-14 iPython 3 界面

（2）iPython 3 的使用

在 iPython 3 提示符后输入一条语句并按 Enter 键后，结果在 "Out[行号]:" 后输出，如图 1-15 所示。

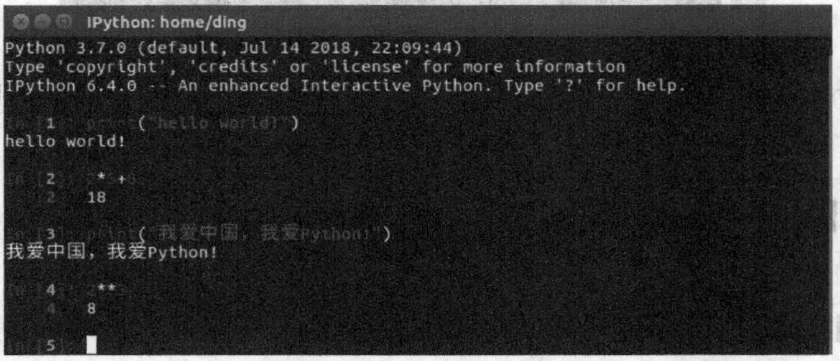

图 1-15 iPython 3 的简单使用

☞ "**" 表示指数运算。

1.4.2 PyCharm 概述

1. PyCharm 简介

PyCharm 是由 JetBrains 出品的产品，是一种 Python 集成开发环境（Integrated Development Environment，IDE），IDE 是用于程序开发环境的应用程序，一般包括代码编辑器、编译器、调试器和图形用户界面——就是集成了代码编写功能、分析功能、编译功能、debug 功能等的开发软件套。PyCharm 带有一整套可以帮助用户在使用 Python 进行开发时提高效率的工具，如调试、语法高亮、Project 管理、代码跳转、智能提示、自动完成、单元测试、版本控制等工具。此外，该 IDE 提供了一些高级功能，用于支持 Django 框架下的专业 Web 开发。

2. PyCharm 的安装

（1）Linux 系统中的安装

在 Ubuntu 虚拟机的图形界面里，选择 Ubuntu 软件，打开 Ubuntu 软件窗口，并在搜索栏中输入"pycharm"，搜索到 3 个 PyCharm 的安装选项，如图 1-16 所示。选择 PyCharm CE 社区版或者 PyCharm EDU 教育版进行安装，这两个版本是免费的，PyCharm Pro 专业版需要付费使用。本书选择社区版进行安装。安装过程中需要输入邮箱和 Ubuntu 账号，如果没有账号可以先注册，再继续进行安装。

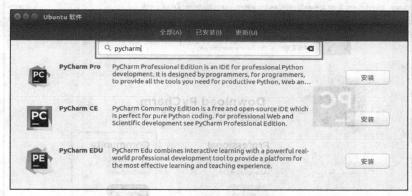

图 1-16 PyCharm 安装选项

（2）Windows 系统中的安装

在 Windows 系统中安装 PyCharm，需要先到 JetBrains 官网（www.jetbrains.com）下载 PyCharm 社区版，然后运行安装文件即可。

打开 www.jetbrains.com 主页后，找到如图 1-17 所示的"Download the tool you need"位置，在其下方的下拉列表框中选择"PyCharm"选项，单击"DOWNLOAD"按钮，出现如图 1-18 所示的页面。在页面中单击"Community"中的"DOWNLOAD"按钮，即可开始下载。下载结束后，双击"pycharm-community-2018.1.4.exe"安装文件，按默认设置进行安装即可。

3. PyCharm 的简单使用

PyCharm 安装好之后，打开 Ubuntu 虚拟机，单击 Ubuntu 图标，打开 dash 搜索中心，在搜索框里输入"pycharm"，如图 1-19 所示，在应用程序组里有一个图标，单击即可打开。在 Windows 桌面上同样也有一个图标，双击即可打开。

首次打开 PyCharm 时，将会出现如图 1-20 所示的界面，选择"Create New Project"选项，打开新建项目窗口，如图 1-21 所示，在"Location"框中输入"D:\ding\helloworld"，展开"Project Interpreter:New Virtualenv environment"，在"Base interpreter"组合框中选择 Python 解释器，单击"Create"按钮，打开 PyCharm 窗口。

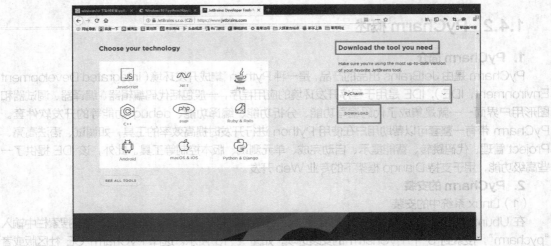

图 1-17 PyCharm 下载选项

图 1-18 PyCharm 版本选择

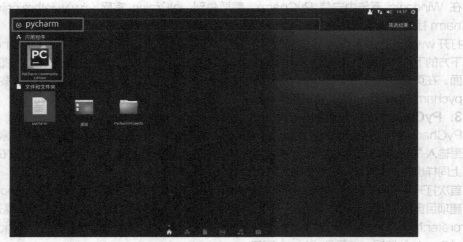

图 1-19 Ubuntu 虚拟机搜索窗口

图 1-20　PyCharm 首次打开时的界面

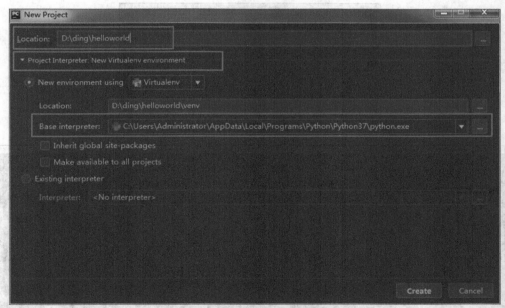

图 1-21　PyCharm 新建项目窗口

在如图 1-22 所示的窗口中，右键单击项目名称"helloworld"，在快捷菜单中选择"New"命令，在其子菜单中选择"Python File"命令，在打开的如图 1-23 所示对话框"Name"文本框中输入新建的 Python 文件名"helloworld"，单击"OK"按钮，便可在编辑窗口输入代码。

在图 1-24 右侧的代码编辑子窗口中输入相应的代码。代码输入完成后，首次运行时，单击"Run"菜单，选择"Run"命令运行代码，也可右键单击窗口，在快捷菜单中选择"Run"命令运行代码。运行的结果如图 1-24 左下角所示。以后运行时，可以直接单击图 1-24 右上角的三角形按钮，或者左下角的三角形按钮。

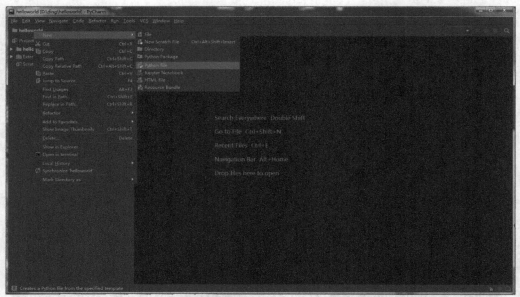

图 1-22 新建 helloworld.py 文件过程

图 1-23 新建文件名对话框

图 1-24 Python 代码的输入与运行

以上介绍了 PyCharm 的安装与简单使用，关于 PyCharm 中第三方库的安装与调试等，读者可以自行查阅相关资料了解。

1.5 项目训练：Python 的安装与使用

【训练目标】

在 Ubuntu 16.04 系统中，通过 Python 的安装与简单使用，读者可掌握 Python 环境的安装方法，熟悉 Python 交互模式的使用，了解 Python 脚本文件的运行方法，为后续实践训练的顺利开展奠定基础。

【训练内容】

（1）Python 3.7.0 的安装文件下载；
（2）Python 3.7.0 的安装；
（3）Python 交互模式的使用；
（4）Python 脚本文件的执行。

【训练步骤】

（1）在 Ubuntu 16.04 系统虚拟机的终端分别输入 python 和 python3 命令，观察输出的结果，并将过程与输出结果进行记录，如图 1-25 所示。后续实践结果的记录可参照这里。

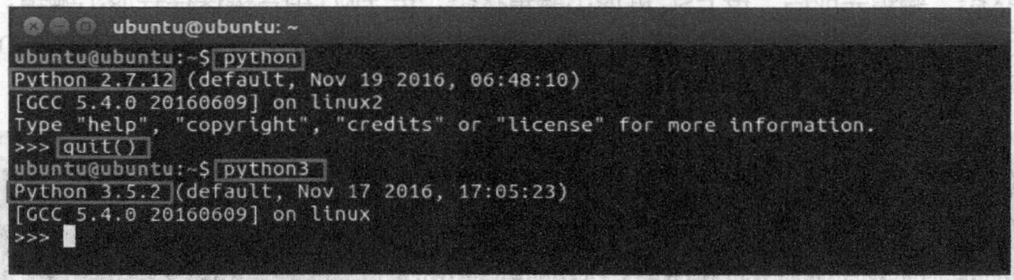

图 1-25　python 和 python 3 命令的运行结果

从实践结果可以看到，Ubuntu 系统中默认安装了 Python 2.7.12 和 Python 3.5.2 两个版本。Python 的提示符是"＞＞＞"，在交互模式下，通过 quit()函数退出 Python。

（2）在 Ubuntu 16.04 系统虚拟机中，使用 Firefox 浏览器登录 Python 官网下载 Python-3.7.0.tgz 安装文件。默认下载到"/home/用户名/下载"目录中。

（3）安装 Python 3.7.0，在 Ubuntu 16.04 虚拟机终端完成以下操作：

① 复制 Python-3.7.0.tgz 文件到"/home"目录下：使用 cp/home/用户名/下载/Python-3.7.0.tgz /home 命令；
② 解压：使用 tar –vzxf python-3.7.0.tgz 命令（注意，当前操作目录为"/home"）；
③ 脚本配置：使用./configure 命令（注意，当前操作目录为"/home/Python-3.7.0"）；
④ 编译：使用 make 命令；
⑤ 安装：使用 make install 命令；
⑥ 测试安装结果：使用 python3 命令，如果安装正确，则输出结果如图 1-26 所示。

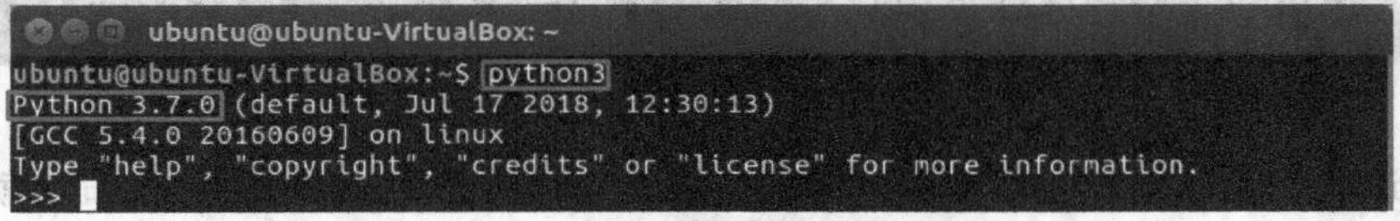

图 1-26　Python 3.7.0 成功安装

Python 3.7.0 安装完成后，python3 命令就指向 Python 3.7.0 了。

（4）Python 交互模式的使用。在 Python 提示符">>>"后，依次输入相应的语句后按 Enter 键，运行结果直接输出在其下面，如图 1-27 所示。

图 1-27 Python 交互模式的使用

（5）脚本文件的创建与执行。脚本文件可将多条语句放在一个文件里，可以连续执行。Python 脚本文件一般用".py"作为扩展名。

① 脚本文件的创建。为了对 Python 文件进行管理，可以创建一个目录存放 Python 脚本文件。Ubuntu 虚拟机终端使用 touch hello.py 命令创建 hello.py 脚本文件。

② 编辑 hello.py 文件的内容。Ubuntu 虚拟机终端使用 vim hello.py 命令进行文件的编辑。按 I 键进入到编辑状态，编辑完成后，按 Esc 键退出编辑状态，按:+wq 组合键保存并退出编辑。

③ 执行脚本文件。在 Ubuntu 虚拟机终端使用 python3 hello.py 命令执行脚本文件 hello.py。

整个过程如图 1-28 所示，图 1-29 显示了 hello.py 的内容。

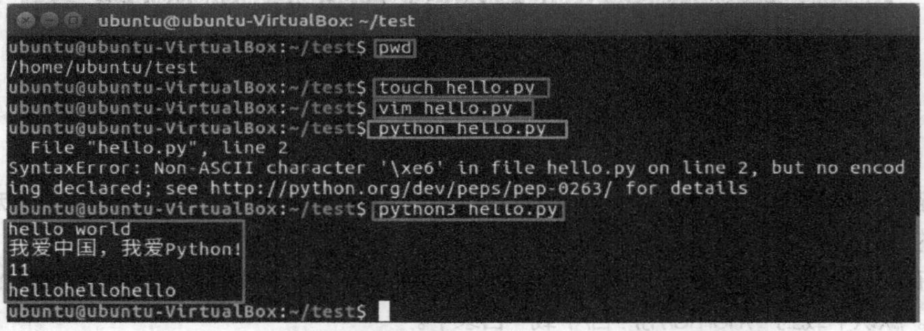

图 1-28 Python 脚本文件的创建、编辑、执行过程

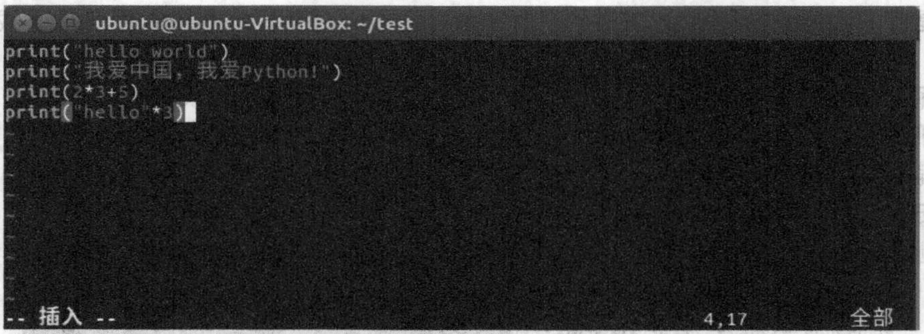

图 1-29 hello.py 文件的内容

思考：这里执行 python hello.py 后，出现错误提示，而执行 python3 hello.py 命令就正常，如图 1-28 所示，这是为什么？请查阅字符编码和 Python 版本相关的资料一探究竟。

【训练小结】
请填写如表 1-1 所示的项目训练小结。

表1-1 项目训练小结

训练项目名称				
小组成员			日期	
训练环境				
训练内容与结果					
步骤	内容			
1				
2				
……				
小结	知识方面		知道了 XX，了解了 XX	
	能力方面		会做 XX，能解决 XX 问题	
评价	自我评价			
	教师评价			
小结人				

1.6 本章小结

1. Python 的发展和版本情况。
2. Ubuntu 16.04 虚拟环境下 Python 3.7.0 的安装方法。
3. Python 交互模式的使用。
4. Ubuntu 16.04 虚拟环境下，iPython 和 PyCharm 的安装与简单使用。

1.7 练习

1. 下载并安装 Python 3.7.0。
2. 下载并安装 PyCharm 社区版。
3. 编程，在屏幕上输出"欢迎来到 Python 世界"。
4. 编程计算 39÷2.8+59.6 和 35×9÷5+32 的值。
5. 编程计算 $\frac{-b \pm \sqrt{b^2-4ac}}{2a}$，其中 $a=2$，$b=9$，$c=4$（注：x^k 可以表示成 $x**k$）。
6. 简述 Python 3.X 和 Python 2.X 不兼容的原因。
7. 编程计算 $x = \frac{2^4+7-3\times 4}{5}$。
8. 查阅资料，总结 Python 的特点和优势。
9. 你在编程中遇到了什么问题？是如何解决的？

1.8 拓展训练项目

【训练目标】

在 Ubuntu 16.04 系统中完成 PyCharm 开发工具的安装，并创建 Hello 项目和 helloworld.py 文件，会用 PyCharm 集成开发环境。

【训练内容】

（1）在 JetBrains 官网（http://www.jetbrains.com）下载 PyCharm 在 Linux 系统下的社区版安装文件。

（2）在 Ubuntu 16.04 虚拟机下解压所下载的安装文件。

（3）启动 PyCharm。

（4）创建 Hello 项目。

（5）新建 helloworld.py 文件。

（6）输入 helloworld.py 文件内容（代码）。

（7）运行 helloworld.py 文件。

（8）修改 helloworld.py 的代码并运行。

☞ 所有拓展训练项目的详细指导，可参见西普教育大数据教学实训系统。

第 2 章
Python编程基础

学习目标

① 理解变量与对象引用的关系；
② 熟悉 Python 内置的数据类型及基本的操作方法；
③ 熟悉各类运算符的功能；
④ 能够根据处理对象选择合适的数据类型进行表达；
⑤ 能通过编程解决简单的计算问题。

学习计算机语言，就是为了用计算机语言编写程序，指挥计算机有条不紊地按要求进行工作，从而解决实际问题。本章将介绍程序设计方法和三种基本的程序结构，并通过编程解决一些简单的问题。通过编程解决问题就是通过编写程序对数据进行处理，最终获得想要的结果。对于要处理的数据对象，首先要进行恰当的表达，其次才能进行处理。Python 中不同的数据对象采用不同的数据类型进行存储与表达。

2.1 变量

1. 变量与引用

变量就是在程序执行过程中其值可变化的量。Python 属于动态数据类型语言，变量是没有类型的，因此不需要先定义后使用。Python 中的一切皆对象，如字符串 "hello" "Python"，整数 100，浮点数据 2.98、-3982.32 等。对象在内存中进行存储时，存放对象的单元地址称为对象的引用。例如：

```
x = 100
str = "hello"
```

对于这些赋值语句，Python 在执行每条语句时，执行过程分为以下 3 步：

第一步：在内存中创建 100、"hello" 对象；
第二步：检查变量 x、str 是否存在，不存在则创建；
第三步：建立变量与对象引用之间的关系，也就是变量指向相应对象的引用。

通过下面语句的执行，可以更好地理解变量和对象引用之间的关系，如图 2-1 所示。

（1）前面的两条语句建立了变量和引用的关系。

（2）Python 内置函数 id() 的功能是返回对象的内存地址。第 3 行和第 4 行分别返回了变量 x 所指对象的地址和对象 100 的内存地址，都是 9416352，这两个值相同说明变量 x 指向了对象 100 的引用。其后的变量 str 所指对象的地址和 "hello" 对象的地址相同，说明变量 str 指向了 "hello" 对象的引用。通过这里的测试结果可以更好地理解 Python 中的变量是没有类型的，变量指向的是对象的引用。

（3）第 7 行的 "y=x" 语句，其实是变量 y 指向了对象 100 的引用，第 8 行的输出结果 9416352 也说明了这个情况。

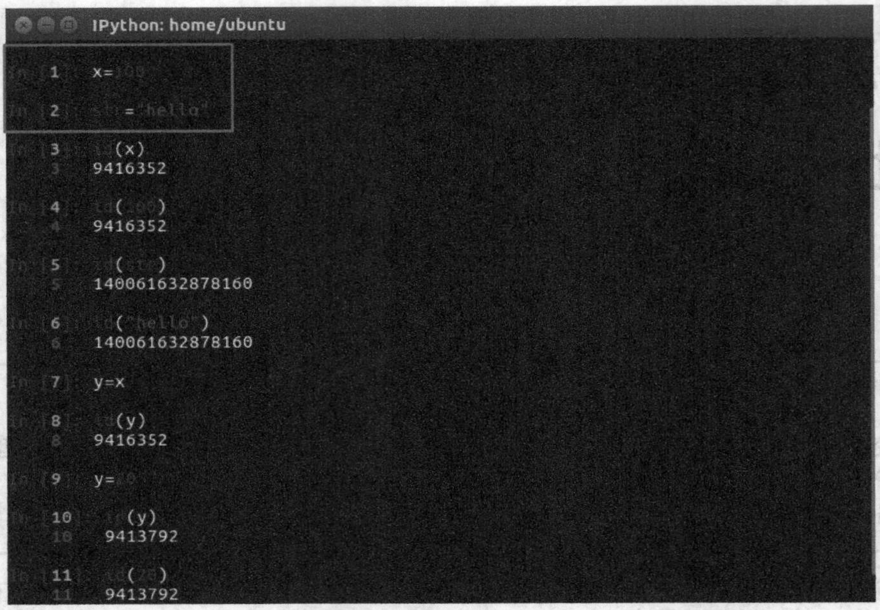

图2-1 变量和对象的引用

（4）第 9 行的"y=20"语句，使变量 y 指向了对象 20 的引用，第 10、11 行的测试结果说明了这个情况。

编程时，调用变量所获得的是对象的值，如图 2-2 所示。第 12～14 行分别输出了变量 x、str、y 的值，对应的就是所指对象的值。第 15 行是求 x+y 的和，并使 z 指向所求值对象的引用，z 的值是 120。

图2-2 调用变量

2. 标识符

标识符是指用来标识某个实体的符号。在 Python 中，标识符用来标识变量、函数、模块、文件、类等。

（1）标识符的命名规则。在 Python 3.X 中，标识符可以由非数字字符开头，后跟除空格外的任意字符。Python 默认的关键字不能作为标识符。如_doc_、str、姓名、性别、年龄、机电 18331、var、stu_1、stu_2 等都是合法的标识符，而 12__str、%stu、#bin 等是非法的标识符。Python 标识符对大小写敏感，例如，case 与 Case 是不一样的。

（2）Python 的关键字。使用 Python 的内置函数 help() 可以查看 Python 的关键字。如图 2-3 所示，共 35 个关键字。

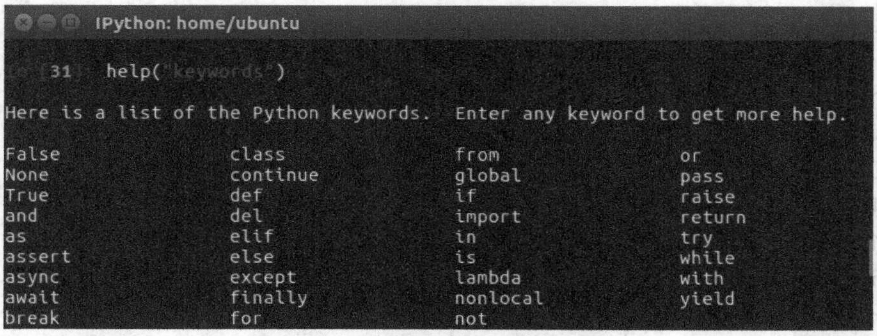

图 2-3　Python 3.X 中的关键字

2.2 数值

Python 数值类型包括整型、浮点型、复数型和布尔型。

2.2.1 整型

整型（int）数据就是平时所见的整数。Python 3.X 中的整型可以表示任意大的整数，不再区分 int 型和 long 型。

```
>>> x = 5433344443
>>> print(x)
5433344443
>>> y = x*x
>>> print(y)
29521231836278980249
>>> z = x**3
>>> print(z)
160399020948161083133610906307
>>> f = -z
>>> print(f)
-160399020948161083133610906307
```

可以看到，Python 中的整型可以表示很大或很小的数。

可以用 Python 内置函数 type() 查询对象的类型。

```
>>> type(x)
<class 'int'>
>>> type(23)
<class 'int'>
>>> type(f)
<class 'int'>
```

2.2.2 浮点型

浮点型（float）数据就是平时所用的带小数的数。

```
>>> f = 0.5
```

```
>>> print(f)
0.5
>>> type(f)
<class 'float'>
>>> 0.5 + (-12.97)
-12.47
>>> 1.345563948038940938
1.345563948038941
>>> -3782.47837847874673536275
-3782.478378478747
>>> 2e-9                        #表示的是 $2\times10^{-9}$
2e-09
```

☞ 浮点型数据的精度是 17 位。

2.2.3 复数型

Python 中复数型（complex）数据和数学中复数的定义一样，由实部和虚部构成，如 3+4j。

```
>>> s1 = 1 + 3j
>>> s2 = -4 + 9j
>>> s3 = s1 + s2
>>> s3
(-3+12j)
>>> s4 = s1 * s2
>>> s4
(-32-3j)
>>> type(s4)
<class 'complex'>
```

☞ 复数输出时，注意加 "()"，如(-32-3j)。

2.2.4 布尔型

Python 中布尔型（bool）的值只有 True 和 False 两个。True 在数学运算时表示 1，False 表示 0。

```
>>> type(True)
<class 'bool'>
>>> type(False)
<class 'bool'>
>>> x = 1+True
>>> x
2
>>> y = 1+False
>>> y
1
```

2.3 字符串

Python 中的字符串就是用单引号"'"、双引号"""、3 个单引号"'''"和 3 个双引号""""""括起来的字符序列。字符串属于不可变序列。

```
>>>"Python"
'Python'
>>> type("Python")
<class 'str'>
>>> str = '''This is a function
Return a tuple.
'''
>>> str
'This is a function\nReturn a tuple.\n'
```

三引号括起来的字符串通常用在多行字符串中。

☞ 单引号和双引号都是西文符号。

2.3.1 转义字符

如果要在字符串中包含控制字符和特殊含义的字符,就需要使用转义字符。常见的转义字符如表 2-1 所示。

表 2-1 转义字符

转义字符	含义	转义字符	含义
\n	换行	\\	字符串中的"\"号本身
\t	制表符(Tab)	\"	字符串中的双引号本身
\r	回车	\ddd	3 位八进制数对应的 ASCII 码字符
\'	字符串中的单引号本身	\xhh	两位十六进制数对应的 ASCII 码字符

```
>>> print('This is a function\nReturn a tuple.\n')
This is a function
Return a tuple.
>>> '\123'          #3 位八进制数对应的 ASCII 码字符 S
'S'
>>> '\x2f'          #两位十六进制数对应的 ASCII 码字符 "/"
'/'
>>> 'asdf\"hjk'
'asdf"hjk'
```

2.3.2 字符串运算

在 Python 中,字符串可使用"+""*"运算符进行运算,其应用如下:

```
>>> sentence = "Python"+"is a programming language."
>>> print(sentence)
```

```
Python is a programming language.
>>> str = " Python "*3
>>> str
' Python  Python  Python '
```
"+"就是连接的意思,"*"是将字符串重复 n 次。

2.3.3 字符串操作方法

除了用运算符对字符串进行运算外,Python 还提供了很多对字符串进行操作的方法。常用方法如表 2-2 所示。

表 2-2 常用字符串操作方法

方法	功能描述
string.capitalize()	将字符串中的第一个字母大写
string.count(sub[start[,end]])	统计字符串中某一子字符串从 start 位置开始到 end 位置为止出现的个数
string.find(sub[start[,end]])	返回某一子字符串出现的起始位置,无则返回-1
string.isalnum()	检测字符串是否仅包含 0~9、a~z、A~Z
string.isalpha()	检测字符串中是否只包含 a~z、A~Z
string.isdigit()	检测字符串中是否只包含 0~9
string.islow()	检测字符串是否均为小写字母
string.isspace()	检测字符串中是否均为空白字符
string.istitle()	检测字符串中的单词是否均为首字母大写
string.issupper()	检测字符串中是否均为大写字母
string.join(iterable)	连接字符串
string.lower()	将字符串中的字母全部转换为小写
string.split(sep=None)	分割字符串,默认用空格分割
string.swapcase()	将字符串中的大写字母转换为小写,将小写字母转换为大写
string.title()	将字符串中单词的首字母大写
string.upper()	将字符串中的全部字母大写
len(string)	返回字符串的长度
string.strip([chars])	去除字符串首尾的空格、\n、\r、\t,如果指定,则去除首尾指定的字符

下面是部分方法的使用示例:
```
>>> str = 'I am a student.'
>>> print(str)
I am a student.
>>> list = str.split(sep=' ')    # "sep=' '"表示以空格作为分割符,将字符串分割为一个列表 list
>>> list
['I', 'am', 'a', 'student.']
>>> str.title()            #将字符串的首字母大写
'I Am A Student.'
>>> lag = "Python"
```

```
>>> lag
'Python'
>>> 'G'.join(lag)          #用"G"连接字符序列
'pGyGtGhGoGn'
>>> lag
'Python'
>>> ' '.join(list)    #用空格将字符序列连接成字符串
'I am a student.'
```

☞ 可以使用 dir(object)查看实例对象的属性和方法，如 dir(str)可以查看字符串实例对象的属性和方法（函数）。

```
>>> dir(str)
['__add__', '__class__', '__contains__', '__delattr__', '__dir__', '__doc__', '__eq__', '__format__',
'__ge__', '__getattribute__', '__getitem__', '__getnewargs__', '__gt__', '__hash__', '__init__',
'__init_subclass__', '__iter__', '__le__', '__len__', '__lt__', '__mod__', '__mul__', '__ne__', '__new__',
'__reduce__', '__reduce_ex__', '__repr__', '__rmod__', '__rmul__', '__setattr__', '__sizeof__', '__str__',
'__subclasshook__', 'capitalize', 'casefold', 'center', 'count', 'encode', 'endswith', 'expandtabs', 'find', 'format',
'format_map', 'index', 'isalnum', 'isalpha', 'isdecimal', 'isdigit', 'isidentifier', 'islower', 'isnumeric', 'isprintable',
'isspace', 'istitle', 'isupper', 'join', 'ljust', 'lower', 'lstrip', 'maketrans', 'partition', 'replace', 'rfind', 'rindex', 'rjust',
'rpartition', 'rsplit', 'rstrip', 'split', 'splitlines', 'startswith', 'strip', 'swapcase', 'title', 'translate', 'upper', 'zfill']
```

2.4 列表

列表是 Python 的一种内置数据类型。把所有元素放在一对"[]"内，用","进行分隔，同一个列表中的元素可以是不同的类型。列表是一种可变序列类型，可以进行添加、删除元素等操作。

2.4.1 列表的创建与删除

使用赋值运算符"="直接将一个列表赋值给一个变量即可创建列表。

```
>>> alist = [1,2,3,4]
>>> alist
[1, 2, 3, 4]
>>> print(alist)
[1, 2, 3, 4]
>>> list_x = [1,'a','Python',9,[1,2,3]]
>>> list_x
[1, 'a', 'Python', 9, [1, 2, 3]]
>>> type(list_x)        #列表类型
<class 'list'>
```

上述代码分别创建了 alist 和 list_x 两个列表，alist 中的所有元素都是同一类型，而 list_x 中的元素包含数值、字符串和列表。

```
>>> del list_x
>>> list_x
Traceback (most recent call last):
```

```
    File "<stdin>", line 1, in <module>
NameError: name 'list_x' is not defined
```
del 命令的功能是删除一个实例对象。删除 list_x 后,再次访问 list_x 时,会抛出异常。

2.4.2 列表操作方法

通过列表的操作方法可实现对列表元素的添加、删除、排序等操作。有关列表的操作方法如表 2-3 所示。

表 2-3 列表操作方法

方法	功能描述
list.append(object)	在列表的尾部追加元素
list.count(value)	返回列表中某元素出现的次数
list.extend(iterable)	在列表的尾部追加另一个列表
list.index(value,[start[,stop]])	返回某元素在列表中的位置
list.insert(index,object)	在列表的某个位置插入一个元素
list.pop([index])	返回列表中 index 位置的元素,并删除该元素;省略 index 则指返回列表尾部元素,并删除该元素
list.remove(value)	删除列表中指定元素,若有多个,则删除第一个
list.reverse()	将列表中元素的顺序颠倒
list.sort(reverse=False)	将列表中的元素默认按升序排序

部分方法应用示例如下:
```
>>> alist = [1,4,2,2,3,4,4]
>>> alist
[1,4,2,2,3,4,4]
>>> alist.append(2)    #在列表尾部追加元素"2"
>>> alist
[1,4,2,2,3,4,4,2]
>>> alist.insert(3,8)   #在第3个位置(左边第一个元素的位置为0)插入元素"8",
>>> alist
[1, 4, 2, 8, 2, 3, 4, 4, 2]
>>> alist.pop()
2
>>> alist
[1, 4, 2, 8, 2, 3, 4, 4]
>>> alist.reverse()
>>> alist
[4, 4, 3, 2, 8, 2, 4, 1]
>>> alist.sort()
>>> alist
 [1, 2, 2, 3, 4, 4, 4, 8]
```

```
>>> alist.sort(reverse=True)
>>> alist
[8, 4, 4, 4, 3, 2, 2, 1]
>>> alist.count(4)
3
```

"reverse=True"表示降序排列,省略或者"reverse=False"表示升序排列。

☞ 在输入实例对象的方法和属性时,可以用 Tab 键列出方法和属性,然后进行选择。在表示语法格式或者函数参数等内容时,用"[]"括起来的部分是可选内容,可以根据实际需要进行选择。

2.4.3 列表切片操作

切片是 Python 序列的重要操作之一,适用于列表、元组、字符串、range 对象等。可以用切片截取列表中任何部分来获得一个新的列表,也可进行元素的增、删、改。

在 Python 中,序列的序号既可以从左向右以 0 开始依次增加,也可以从右向左以 -1 开始依次减少,如图 2-4 所示。因此通过序号来访问序列中的元素,同一元素可以有两个序号。

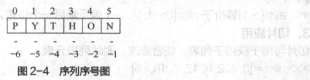

图 2-4 序列序号图

1. 列表元素的访问与修改

```
>>> alist = [3,4,2,9]
>>> print(alist[0])              #输出左边第 0 个位置的元素
3
>>> print(alist(-len(alist))     #输出最左边的元素
3
>>> print(alist[3])              #输出左边第 3 个位置的元素
9
>>> print(alist[-1])             #输出最右边的元素
9
>>> print(alist[2], alist[-2])   #输出左边第 2 个位置的元素
2 2
>>> alist[0] = 88                #修改列表元素的值
>>> print(alist[0])
88
```

☞ len() 是 Python 的内置函数,用于获得序列中元素的个数。

2. 列表切片

切片是为了获得序列某个区间的元素序列。切片操作通过使用两个冒号分隔 3 个数字来实现,第一个数字表示切片的开始位置,默认为 0;第二个数字表示切片的终止位置(但不包含该位置的元素),默认为列表的长度;第三个数字为切片的步长,默认为 1,当省略步长时,可以同时省略后一个冒号。

```
>>> alist = [3, 4, 2, 9, 12, 6, 18, -6]
>>> alist[:]                     #取全部元素
```

```
[3, 4, 2, 9, 12, 6, 18, -6]
>>> alist[0:]                    #取全部元素
[3, 4, 2, 9, 12, 6, 18, -6]
>>> alist[:-1]                   #取除最后一个元素外的所有元素
[3, 4, 2, 9, 12, 6, 18]
>>> alist[2:5]                   #取序号是2、3、4的元素，不包含最后一个序号的元素
[2, 9, 12]
>>> alist[::2]                   #从0开始隔一个取一个元素
[3, 2, 12, 18]
>>> alist[1:5:2]                 #从1开始，每隔一个取一个元素，直到5为止
[4, 9]
>>> alist[::-1]                  #从右向左取全部成员
[-6, 18, 6, 12, 9, 2, 4, 3]
>>> alist[5:0:-2]                #从右向左隔一个取一个元素，不包含0
[6, 9, 4]
```

☞ alist[:-1]等价于 alist[0:-1:1]，-1表示最后一个位置。

3. 切片应用

切片可用于获得子列表，或者修改、删除列表元素。

```
>>> alist = [3, 4, 2, 9, 12, 6, 18, -6]
>>> alist_x = alist[1:6:2]
>>> alist_x
[4, 9, 6]
>>> alist[1:6:2] = [28,38,48]    #修改元素值
>>> alist
[3, 28, 2, 38, 12, 48, 18, -6]
```

☞ 修改元素值时要求"="左右两侧的元素个数相同。

```
>>> del alist[3:5]               #删除元素
>>> alist
[3, 28, 2, 48, 18, -6]
```

☞ 字符串也可以按切片来进行操作，获取部分字符。例如：

```
>>> str = "Python"
>>> str[0]
'P'
>>> str[-1]
'n'
>>> str[1:5:2]
'yt'
>>> str[0] = 'r'
Traceback (most recent call last):
  File "<pyshell#6>", line 1, in <module>
    str[0]='r'
TypeError: 'str' object does not support item assignment
```

这里抛出了异常，因为字符串是不可变序列，即不能修改其值，这里要修改就会出现错误。

2.5 元组

元组也是 Python 的一个重要内置数据类型，元组属于不可变序列。元组一旦创建，用任何方法都不可以修改其元素的值，也不可以增删元素。因此可以利用元组的不可修改特性，保存一些固定值。

元组用 "()" 将数据元素括起来，元素之间用 "," 进行分隔。一个元组的元素可以是不同类型的。

1. 元组的创建与删除

```
>>> tuple = (1,2,3,'k','Python')
>>> tuple
(1, 2, 3, 'k', 'Python')
>>> type(tuple)
<class 'tuple'>
>>> tup1 = ()            #创建一个空元组
>>> tup1
()
>>> tup2 = (8,)          #创建只含一个元素的元组时要注意，元素后要加一个 ","
>>> tup2
(8,)
>>> tup3 = (8)           #未加 ","，则视为一个括号表达式，所以 tup3 为 8
>>> tup3
8
>>> del tup2             #删除 tup2
>>> tup2                 #删除后再访问，则抛出异常
Traceback (most recent call last):
  File "<pyshell#23>", line 1, in <module>
    tup2
NameError: name 'tup2' is not defined
```

2. 元组中元素的访问

元组也可以进行切片操作，规则同列表切片操作。

```
>>> tuple[0]             #元组中元素的访问同列表，也是通过下标和切片进行访问的
1
>>> tuple[2],tuple[4]
(3, 'Python')
>>> tuple[-1]
'Python'
>>> tuple[1:5:2]
(2, 'k')
```

3. 元组的运算

```
>>> tuple = (1,2,3,'k','Python')
>>> language = ("Java","C#","PHP")
>>> merge = tuple+language       #连接运算
>>> merge
(1, 2, 3, 'k', 'Python', 'Java', 'C#', 'PHP')
```

```
>>> language*3                    #重复运算
('Java', 'C#', 'PHP', 'Java', 'C#', 'PHP', 'Java', 'C#', 'PHP')
```

4. 元组操作方法

元组只有两个操作方法，分别是 tuple.index(value,[start[,stop]]) 和 tuple.count(value)，定义也和列表相同。

```
>>> merge.index('Java')     #所有序列的下标从左到右从 0 开始增加，从右到左从-1 开始减小
5
>>> merge.count('C#')
1
```

☞ 不可变序列字符串和元组是不能修改其值的。

2.6 字典

字典是 Python 的一种内置数据类型，每个元素都以键:值对的形式存在，用"{ }"将所有元素括起来，各元素之间用","分隔。字典与字符串、列表和元组主要的不同是，字典是无序的，其元素的访问是通过"键"实现的，而不是通过元素的位置（下标），并且字典中的"键"不能重复。字典是 Python 中最强大的数据类型之一。

2.6.1 字典的创建与访问

在 Python 中，创建实例对象时，通过赋值号"="将一个实例赋值给一个变量即可。

```
>>> dict = {}                     #创建一个空字典
>>> adct = {'a':1,'b':2,'c':3.4}
>>> adct
{'a': 1, 'b': 2, 'c': 3.4}
>>> lag = {'Python':1,'c':2,'Java':3}
>>> lag
{'Python': 1, 'c': 2, 'Java': 3}
>>> adct['a']                     #通过键访问元素的值
1
>>> lag['Java']
3
>>> xuesheng = {'xm':['ding','wang','li'],'xb':['f','f','m'],'fs':[67,78,87]}
>>> xuesheng
{'xm': ['ding', 'wang', 'li'], 'xb': ['f', 'f', 'm'], 'fs': [67, 78, 87]}
```

字典的键可以是字符串、数值、逻辑值，字典的值可以是单个的值，也可以是列表、元组等。

2.6.2 字典元素的修改

1. 修改值

```
>>> lag['Java'] = 5
>>> lag
{'Python': 1, 'c': 2, 'Java': 5}
```

2. 增加元素

```
>>> lag["c#"] = 4            #直接将值赋给一个新的键，就添加了一个元素
>>> lag
{'Python': 1, 'c': 2, 'Java': 5, 'c#': 4}
```

3. 元素的删除

del 命令可以删除元素，也可以删除整个字典。

```
>>> del lag['Java']
>>> lag
{'Python': 1, 'c': 2, 'c#': 4}
>>> del lag
>>> lag
Traceback (most recent call last):
  File "<pyshell#31>", line 1, in <module>
    lag
NameError: name 'lag' is not defined
```

2.6.3 字典操作方法

字典操作方法如表 2-4 所示。

表 2-4 字典操作方法

方法	功能描述
dict.clear()	清空字典
dict.copy()	复制字典
dict.get(k,[default])	获得 k（键）对应的值，不存在则返回 default
dict.items()	获得由键和值组成的元组，作为元素的列表
dict.keys()	获得键的迭代器
dict.pop(k[,d])	删除 k（键）对应的键:值对
dict.update(adict)	从另一个字典更新字典元素的值，如果不存在，则添加此元素
dict.values()	获得值的迭代器
dict.fromkeys(iter,value)	以列表或元组中给定的键建立字典，默认值为 value
dict.popitem()	从字典中删除任一 k:v 元素，并返回它
dict.setdefault(k[,default])	若字典中存在键为 k 的元素，则返回其对应的值，否则在字典中建立一个 k:default 的元素

☞ 可以用 dir(dict)查看字典相关的属性和方法（函数）。

部分方法应用示例如下。

```
>>> xuesheng = {'name':'ding','age':18,'score':[112,145,80]}
>>> xuesheng
{'name': 'ding', 'age': 18, 'score': [112, 145, 80]}
>>> xuesheng.get('addr',"jiangsu")    #"addr"键不存在，返回默认值"Jiangsu"
'jiangsu'
>>> xuesheng.popitem()                #随机删除一个元素（键:值对），并返回该元素
```

```
('score', [112, 145, 80])
>>> xuesheng.setdefault('addr',"shanghai")
'shanghai'
>>> xuesheng                            #删除了'score':[112,145,80]，增加了'addr':'shanghai'元素
{'name': 'ding', 'age': 18, 'addr': 'shanghai'}
>>> for key in xuesheng.items():        #获得键:值对的列表
    print(key)

('name', 'ding')
('age', 18)
('addr', 'shanghai')
```

☞ 可以简单理解为，字典可存储一个二维表，如表2-5所示的学生表，可以定义一个字典来存储。

表2-5 学生表

姓名（xm）	性别（xb）	分数（fs）
Xu	F	58
Wang	M	78
Jiang	F	83

```
>>> xsxx = {'xm': ['Xu', 'Wang', 'Jiang'], 'xb': ['F', 'M', 'F'], 'fs': [58, 78, 83]}
>>> xsxx
{'xm': ['Xu', 'Wang', 'Jiang'], 'xb': ['F', 'M', 'F'], 'fs': [58, 78, 83]}
```

2.7 运算符

运算符是一种"功能"符号，用来进行相应的运算。Python 运算符分为算术运算符、位运算符、逻辑运算符、比较（关系）运算符、赋值运算符以及其他运算符。

2.7.1 算术运算符

表2-6列出了Python中的算术运算符。

表2-6 Python中的算术运算符

运算符	功能描述	运算符	功能描述
+	加法运算	/	除法运算
-	减法运算	//	整除运算
*	乘法运算	%	取余运算
**	幂运算（指数运算）		

"//"用于整除运算，取商的整数部分。

```
>>> 7 // 3
2
>>> 7.4 // 5
1.0
```

"%"用于取余运算，取除法运算后的余数部分。

```
>>> 8 % 3
2
```

2.7.2 位运算符

表 2-7 列出了 Python 中的位运算符。

表 2-7 Python 中的位运算符

运算符	功能描述	运算符	功能描述
^	异或运算	<<	左移运算
&	与运算	>>	右移运算
|	或运算	~	按位取反运算

逻辑运算都是按位进行的，依据二进制形式进行运算。

```
>>> print(3 ^ 8,3 | 8,3 & 8,8 >> 1,8 << 2,sep = ',')
11,11,0,4,32
```

☞ sep=','表示多个输出项之间用","进行分隔。

```
>>> print(8 >> 3)          #右移，高位补符号位，低位丢弃
1
>>> -109 > 2
-28
>>> print(12 << 2)         #左移，高位丢弃时保留符号位，低位补 0
48
>>> -12 << 13
-98304
>>> 5 & 6
4
>>> 3 & 4
0
>>> 5 & 6
4
>>> 3 ^ 5
6
>>> 3 | 5
7
>>> ~3                     #先按位取反，正数取反为负数，负数再按补码规则转换为实际原码
-4
>>> ~-4
3
```

2.7.3 逻辑运算符

Python 中的逻辑运算符有 and（与）、or（或）、not（非）3 个。Python 中非 0 即为真，0 为假。
```
>>> 3 and 4   #3 和 4 进行"与"运算，结果为真，取后一个值 4
```

```
4
>>> 3 or 4    #3 "或" 4 运算，结果为真，取前一个值 3
3
>>> not 3    #3 的反为假（False）
False
>>> [1,2] and 4
4
>>> 4 and 5
5
>>> [] and ()    # "[]" "()" "{}" 表示空值，都为假
[]
```

- Python 中还有一个表示什么值都没有的常量，即 None。

2.7.4 比较运算符

比较运算符也称关系运算符，其意义与数学中的定义相同，如表 2-8 所示。

表 2-8 Python 中的比较运算符

运算符	意义	运算符	意义
>	大于	>=	大于等于
<	小于	<=	小于等于
==	等于	!=	不等于

比较运算的结果为逻辑 True 和 False。

```
>>> 3 > 4
False
>>> 3 >= 3
True
>>> 4 != 4
False
>>> 5 > 4 < 3    #等价于 5>4 and 4<3
False
```

2.7.5 赋值运算符

Python 中的赋值运算符如表 2-9 所示。

表 2-9 Python 中的赋值运算符

运算符	意义	运算符	意义
=	基本的赋值运算	*=	乘法赋值运算
-=	减法赋值运算	/=	除法赋值运算
+=	加法赋值运算	%=	取余赋值运算
**=	幂赋值运算	//=	整除赋值运算

部分方法运用示例如下。

```
>>> x = 6
>>> x += 12
>>> x
18
>>> x %= 5        #与表达式 x = x%5 等价
>>> x
3
>>> x **= 3       #与表达式 x = x**3 等价
>>> x
27
>>> x //= (-5)    #与表达式 x = x//(-5)等价
>>> x
-6
```

2.7.6 其他运算符

1. in 和 not in

这两个是成员运算符,用于检查某个数据对象是否存在于具有多个元素(列表、元组、字典、字符串等)的数据对象之中,运算结果为 True 或 False。例如:

```
>>> 3 in [1,2,3,4]
True
>>> 6 in [1,2,3,4]
False
>>> 8 not in [1,2,3,4]
True
>>> dict={'Java':1,'Python':2,'C#':3,'PHP':4}
>>> dict
{'Java': 1, 'Python': 2, 'C#': 3, 'PHP': 4}
>>> 'C#' in dict
True
>>> 'c#' in dict     #Python 是区分大小写的
False
```

☞ 对于字典,成员运算符检查字典的键。

2. is 和 is not

is 和 is not 是两个实例对象同一性测试运算符,用于判断左右变量是否指向同一个实例,运算结果为 True 或 False。例如:

```
>>> x = 5
>>> y = 6
>>> x is y
False
>>> x is not y
True
```

当一个表达式中同时出现多个运算符时，按表 2-10 的优先级顺序进行运算，优先级小的级别最高。

表 2-10　运算符优先级

优先级	运算符	描述
1	**	指数（最高优先级）运算
2	~ + -	按位取反，一元加号和减号（符号位运算）
3	* / % //	乘、除、取余和整除运算
4	+ -	加法、减法运算
5	>> <<	右移、左移运算
6	&	位"与"运算
7	^ |	位"异或""或"运算
8	<= < > >=	比较（不等）运算
9	<> == !=	比较（等于）运算
10	= %= /= //= -= += *= **=	赋值运算
11	is is not	身份运算
12	in not in	成员运算
13	not or and	逻辑运算

2.8　Python 代码编写规范

用任何计算机语言编写程序都需要遵守一定的编写规范。Python 本身的语法简洁优雅，语句功能强大，既适合初学者，又能应用于各类开发。Python 代码编写规范也相对简洁，主要有以下几点规范。

1. 缩进

Python 程序是通过代码的缩进来体现代码之间的逻辑关系即层次结构的。Python 的代码块从尾部带":"的行开始。":"及其后所有缩进的行，表示一个代码块。同一级别代码块的缩进量必须相同。例如：

```
k=0
for i in [1,2,3,4,5]:
    k = k+i
    print(k)
    print(i)
```

这段代码中：

```
for i in [1,2,3,4,5]:
    k = k+i
    print(k)
    print(i)
```

是一个代码块，其中：

```
    k = k+i
    print(k)
    print(i)
```

上述代码属于 for 语句，所以向后缩进。

再例如：

```
if a > b:
```

```
if a == 1:
    print(a)
else:
    print(a+1)
else:
    print(b)
```

在这段代码中，根据缩进量及对齐关系，可以很容易知道代码的逻辑关系，以及 if 与 else 的对应关系。即：

```
if a == 1:
    print(a)
else:
    print(a+1)
```

这是一个代码块，这个代码块又属于外层的 if…else…代码块。

2. 代码注释

代码的注释是程序中不可缺少的部分，良好的注释可以增强程序的可读性，同样也方便程序员后期进行代码维护。Python 代码的注释有两种形式。

第一种是单行注释，以"#"开始，表示本行是注释行，也就是"#"之后的内容是注释信息。

第二种是多行注释，用 3 个单引号"'''"或者是 3 个双引号"""""将注释的内容括起来。例如：

```
'''这段程序的功能是:
求 1～100 的和'''
sum = 0
for k in range(101):
    sum = sum+k
print(sum)
```

3. 其他规范

（1）一个语句行太长时，可以在行尾用"\"来续行。

（2）一般来说，一个 import 语句只导入一个模块，尽量避免导入多个模块。

（3）使用必要的空格及空行来增强代码的清晰度和可读性。一般建议在运算符的两侧、逗号两侧增加空格，在代码块之间增加空行。

Python 官网有关于代码风格的指南 PEP 8，详见 https://www.python.org/dev/peps/pep-0008/。

2.9 控制流

控制流可控制程序逻辑执行的先后顺序，即按一定的顺序排列程序语句来决定语句执行顺序。Python 有 3 种控制流结构，分别是顺序结构、分支（选择）结构及循环结构。控制分支（选择）结构的语句是 if…[else…]，控制循环结构的语句是 while 和 for 语句。

2.9.1 顺序结构程序

顺序结构程序指的是执行顺序是语句的书写顺序的程序。

1. 程序设计的 IPO 模式

程序设计的关键是对问题进行分析，弄清楚输入数据是什么，需要得到什么结果。重点是如何根据输入数据获得输出结果，也就是如何对输入数据进行处理，以得出最后的结果，这个处理过程称为算法。

将程序设计分为 3 步,即输入数据分析、输出结果分析、处理过程(算法),这被称为 IPO 程序设计模式,I(Input)表示输入、O(Output)表示输出、P(Process)表示处理。

【例 2-1】已知圆柱体的底半径 r=3.5,高 h=6.7,请编程计算圆柱体的体积和表面积。

(1)采用 IPO 程序设计模式分析如下。

I:底半径 r=3.5,高 h=6.7,即两个输入数据。

O:圆柱体的体积 v 和表面积 s,即两个输出结果。

P:① 计算底面积 $s1=\pi r^2$;② 计算体积 v=s1×h,③ 计算底的周长 l=2πr;④ 计算表面积 s=l×h+2×s1;⑤ 输出结果 v 和 s。

(2)根据 IPO 程序设计模式的分析结果,编写如下程序:

```
#ch2_1.py
#导入 math 模块
import math

#输入数据
r = 3.5
h = 6.7

#中间处理
s1 = math.pi*r*r
v = s1*h
l = 2*math.pi*r
s = l*h+2*s1

#输出结果
print("圆柱体的体积=%f,表面积=%f"%(v,s))
```

(3)程序运行结果如下:

圆柱体的体积=257.846217,表面积=224.309715

☞ import math 语句用来导入模块 math,然后使用 π,使用格式为 math.pi,即"模块名.属性名"。

2. 算法描述方法

算法就是解决问题的方法或步骤,是程序设计的灵魂。

算法的描述方法很多,常见的有自然语言法、伪代码法、控制流图法、NS 控制流图法等,例 2-1 "P"中的算法就是用自然语言描述的。这里介绍常用的控制流图法,其他描述方法请查阅相关资料。

(1)常用控制流图符号

图 2-5(a)是开始与结束框,用来表示一个过程的开始或结束。"开始"或"结束"写在框内。

图 2-5(b)是输入/输出框,用于数据的输入和输出。

图 2-5(c)是判定框,用来表示过程中的一项判定或一个分岔点。判定或分岔的条件写在菱形内,常以问题的形式出现。对该问题的回答决定了要走判定符号之外引出的哪条路线,每条路线都标上了相应的回答。

图 2-5(d)是处理框,用来表示过程的一个单独步骤。具体内容写在框内。

图 2-5(e)是流线,用来表示步骤在顺序中的进展。流线的箭头表示一个过程流的流向。

图 2-5(f)是连接框,用来表示控制流图的待续,圈内有一个字母或数字。在相互联系的控制流图内,连接框内使用同样的字母或数字,表示各个过程是如何连接的。

图 2-5　常用控制流图符号

（2）例 2-1 的控制流图

例 2-1 的控制流图如图 2-6 所示。

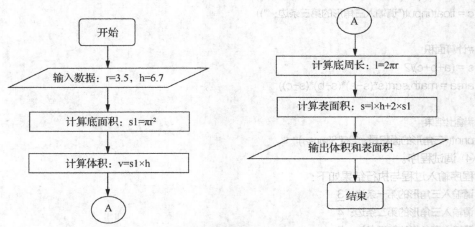

图 2-6　例 2-1 的控制流图

【例 2-2】已知三角形的 3 条边 a、b、c，请编程求三角形的面积。面积的计算公式为 $s=(a+b+c)\div 2$，$area=\sqrt{s(s-a)(s-b)(s-c)}$。

① 根据 IPO 程序设计模式分析如下。

I：3 个输入数据，分别是三角形的 3 条边。

O：三角形的面积。

P：根据公式 $s=(a+b+c)\div 2$，$area=\sqrt{s(s-a)(s-b)(s-c)}$，即可计算出三角形面积。

② 算法设计（控制流图如图 2-7 所示）。

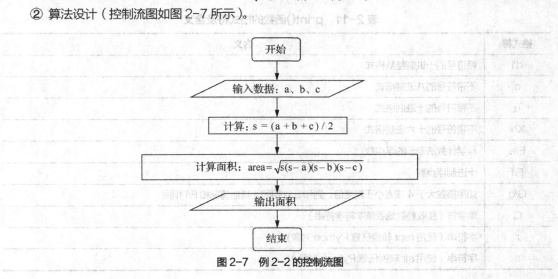

图 2-7　例 2-2 的控制流图

③ 编写程序。

```
#ch2_2.py
#计算三角形的面积
import math

#输入 3 条边
a = float(input("请输入三角形的第一条边："))
b = float(input("请输入三角形的第二条边："))
c = float(input("请输入三角形的第三条边："))

#计算面积
s = (a+b+c)/2
area = math.sqrt(s*(s-a)*(s-b)*(s-c))

#输出结果
print("三角形的面积是：""%f"%area)
```

④ 调试程序。

程序输入过程与执行结果如下：

请输入三角形的第一条边：<u>3</u>
请输入三角形的第二条边：<u>4</u>
请输入三角形的第三条边：<u>5</u>
三角形的面积是：6.000000

☞ 带下划线的是用户从输入设备输入的数据，全书都遵守这样的约定。

⑤ print()是 Python 的内置函数。其功能是输出信息，常用格式如下：

- 输出实例对象或表达式列表的值：print('23+45=',23+45)。
- 格式化输出对象或表达式列表的值：print("三角形的面积是：""%.2f"%area)。其中，"%"为格式符，print()函数的格式符及其含义如表 2-11 所示。在%m.nf 格式中，n 表示小数部分的位数，m 表示输出的总宽度，当 m 不够时，按实际输出，如 print('%2.3f'%123.5678)，实际输出结果为 123.568。

表 2-11　print()函数的格式符及含义

格式符	含义
d/i	带符号的十进制整数格式
o	不带符号的八进制格式
u	不带符号的十进制格式
X/x	不带符号的十六进制格式
E/e	科学计数法表示的浮点数
F/f	十进制浮点数
G/g	如果指数大于 4 或者小于精度值，则和 E/e 相同，其他情况和 F/f 相同
C	单字符（接收整数或者单字符字符串）
r	字符串（使用 repr 转换任意 Python 对象）
s	字符串（使用 str 转换任意 Python 对象）

- 控制输出项分隔符及换行设置通过参数"sep"和"end"的设置来实现。"sep"是设置输出项的分隔符,如 sep=',',表示输出项之间用","进行分隔。"end"是用于设置结束符的,每个 print()默认是进行换行的,如果设置了 end='X',则不换行,以所设置的符号作为结束符。

⑥ input()也是 Python 的内置函数。其功能是从控制台获取(输入)一个字符串,调用格式为 input([提示字符串])。例如,input('请输入三角形的第一条边:')执行时,屏幕上先显示提示字符串"请输入三角形的第一条边:",再等待用户输入。

☞ 对于 print()和 input()函数,可以用 help()函数查看其功能和参数,即 help(print)、help(input)。Python 的对象、函数、模块等都可用 help()函数查看。

⑦ Python 常用的内置函数如表 2-12 所示,可以用 dir(__builtins__)查看 Python 所有的内置函数和内置对象。

表 2-12 Python 常用内置函数

函数	功能描述
abs(x)	返回 x 的绝对值或复数的模
hasattr(object,name)	测试 object 是否具有 name 元素
input(["提示字符串"])	从控制台获得输入字符串
isinstance(object,class_or_tuple)	测试 object 是否属于指定类型的实例,如果有多个类型,需要放入元组中
list([x])、tuple([x])、dict([x])	把 x 转换为列表、元组、字典,或生成空列表、元组、字典
map(func,seq)	返回以 seq 序列的元素作为 func 参数进行计算得到的新序列
open(filename[,mode])	以指定的模式 mode 打开文件 filename,并返回文件对象
print(value,…,sep='',end='\n',file=sys.stdout,flush=False)	基本输出函数
range([start,]end[,step])	返回 range 对象,包含区间[start,end)内以 step 为步长的整数
reversed(seq)	将 seq 序列反转(逆序)
round(x[,小数位数])	对 x 进行四舍五入,保留指定的小数位数,省略小数位数则返回整数
str(object)	将 object 转换为字符串
sorted(iterable, key=None, reverse=False)	对 iterable 进行排序,key 指定排序的规则,reverse 指定升序或降序排列
zip(sqe1[,seq2[…]])	返回以 sqe1[,seq2[…]]序列对应元素形成的元组
dir([obj])	列出对象的所有属性和方法
help([obj])	函数或模块的详细说明
id(obj)	获取对象的内存地址
type(obj)	返回对象的类型
divmod(a,b)	把除数和余数的运算结果结合起来,返回一个包含商和余数的元组(a // b, a % b)
filter(function,iterable)	用于过滤序列,过滤掉不符合条件的元素,返回由符合条件元素组成的新列表
hex(x)	用于将一个整数转换成十六进制,以字符串形式表示
bin(x)	用于将一个整数转换成二进制,以字符串形式表示
oct(x)	用于将一个整数转换成八进制,以字符串形式表示
ord(char)	将字符转换成对应的十进制 ASCII 码
chr(x)	将一个 ASCII 码转换成对应的字符

续表

函数	功能描述
all(iterable)	判断给定的可迭代参数 iterable 中的所有元素是否都为 True，如果是，返回 True，否则返回 False
any(iterable)	any() 函数用于判断给定的可迭代参数 iterable 是否全部为 False。如果是则返回 False，如果有一个为 True，则返回 True

内置函数的数量多，功能强大，后续章节中将会逐步演示更多函数的功能和使用技巧。

⑧ 类型转换。input()输入的是一个字符串，可实际上三角形的边长都是浮点数，因此需要利用类型转换函数将字符串转换成需要的类型。转换格式为"类型符（转换对象）"，如 a=float(input("请输入三角形的第一条边：")),将输入的边长转换为 float 类型，再赋值给 a 变量。

☞ 调用 sqrt()方法的格式为 math.sqrt(x)，功能是求 x 的平方根。math 是一个包含数学函数和常量的模块，有三角函数 sin()、cos()等，平方根函数 sqrt()，常量 π、e 等，可以用 dir(math) 函数查看。

2.9.2 分支结构程序

生活中经常会通过决策选择某种方案。例如，学校有多个食堂，中午选择去哪个食堂吃饭呢？根据什么来选择食堂呢？再如购物，有微信、现金、支付宝、银行卡等多种支付方式，选择哪种支付方式呢？根据什么来选择支付方式呢？程序也是一样的，有时候需要根据条件编写不同的处理程序，实现用户的需求，如银行自动柜员机，当正确输入密码后，会出现多个选项，用户选择某个选项后，将自动进入相应的功能界面。这类程序就是分支（选择）结构程序。

1. 表达式

表达式就是用运算符将运算量连接起来的式子。例如，"3+5**8"就是一个算术表达式，其运算结果是一个数值；"a>b"是一个关系表达式，运算结果是布尔型，即 True 或 False；"i and j or k"是一个逻辑表达式，其结果的类型由 i、j、k 中的一个来确定。复杂的表达式会出现多种类型运算符，这时候需要根据运算符的优先级进行计算。

（1）算术表达式

```
>>> 3 + 5 ** 8
390628
>>> type(3 + 5 ** 8)
<class 'int'>
```

（2）关系表达式

```
>>> a = 6
>>> b = 8
>>> a > b,a <= b
(False, True)
>>> type(a > b)
<class 'bool'>
>>> 1 < 3 > 8      #等价于 1<3 and 3>8
False
```

（3）逻辑表达式

```
>>> a and b
8
```

```
>>> type(a and b)
<class 'int'>
```

（4）复杂表达式

判断一个年份是否是闰年的表达式为：

year % 4==0 and year %100!=0 or year % 400==0

判断年龄大于 50 岁女性的表达式为：

年龄>50 and 性别=='女'

2. 单分支结构程序

单分支结构程序是最简单的一种分支结构程序。

（1）if 语句格式

```
if 表达式：
    语句块
```

（2）if 语句的执行

当 if 表达式的值为 True 或者其他等价值（非空）时，表示条件满足，则语句块将被执行，否则该语句块不被执行。

（3）应用示例

求 x 的绝对值。

```
x = float(input("please input a number:"))
if x < 0:
    x = -x
print(x)
```

此程序中，当输入 -4 时，表达式 "x<0" 的值为 True，则执行语句 "x=-x"，最后执行 "print(x)" 语句，输出结果为 4。当输入 8 时，表达式 "x<0" 的值为 False，则不执行语句 "x=-x"，最后执行 "print(x)" 语句，输出结果为 8。

此示例对应的控制流图如图 2-8 所示。当 "x<0" 时，程序沿着 "Y" 分支执行，也即执行语句块 "x=-x"。否则沿着 "N" 分支执行（N 分支是空分支）。

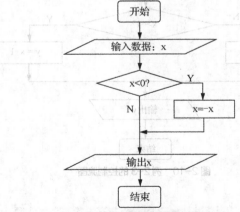

图 2-8 单分支结构程序控制流图

3. 双分支结构程序设计

（1）if…else…语句格式

```
if 表达式：
    语句块 A
```

```
else:
    语句块B
```

（2）if…else…语句的执行

当表达式的值为 True 或者其他等价值（非空）时，执行语句块 A，否则执行语句块 B。也即任何一次执行，只会选择其中一个语句块执行，或者称为选择其中一个分支执行。其对应的控制流图如图 2-9 所示。

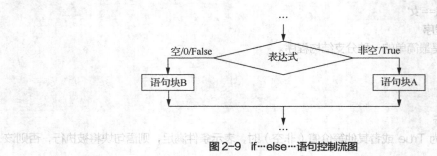

图 2-9　if…else…语句控制流图

【例 2-3】请编程，根据公式 $y=\begin{cases} x-1, & x \geq 1 \\ -x+1, & x<1 \end{cases}$ 计算 y。

① 根据 IPO 程序设计模式分析如下。

I：一个输入数据 x。
O：一个输出结果 y。
P：x 大于等于 1，y=x-1，否则 y=-x+1。

② 算法设计（控制流图如图 2-10 所示）。

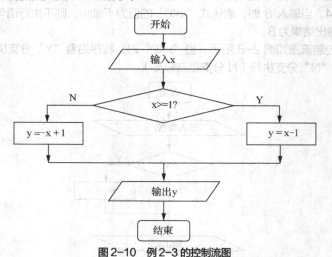

图 2-10　例 2-3 的控制流图

③ 编写程序。

```
#ch2_3.py
#计算分段函数
x = float(input("请输入 x: "))        #输入 x
#计算 y
if x >= 1:
```

```
    y = x - 1
else:
    y = -x + 1
#输出计算结果
print("y=%f"%y)
```

④ 调试程序。

请输入x: 5
y=4.000000
请输入x: -5
y=6.000000

上面执行了两次程序，输入x，都能按要求计算并输出相应的y。对于分支结构的程序，在调试时，至少要保证每个分支都执行一次。

4. 多分支结构程序

多分支结构程序可以实现更多的分支选择，表示复杂的业务逻辑。

（1）多分支 if 语句格式

```
if 表达式A:
    语句块A
elif 表达式B:
    语句块B
elif 表达式C:
    语句块C
    ...
else:
    语句块N
```

（2）多分支 if 语句的执行

首先计算表达式A，如果其值为True或者其他等价值（非空），则执行语句块A；否则计算表达式B，如果其值为True或者其他等价值（非空），则执行语句块B；否则计算表达式C，如果其值为True或者其他等价值（非空），则执行语句块C。以此类推，如果所有表达式计算的结果都为False（空值/0），则执行else后的语句块N。其对应的控制流图如图2-11所示。

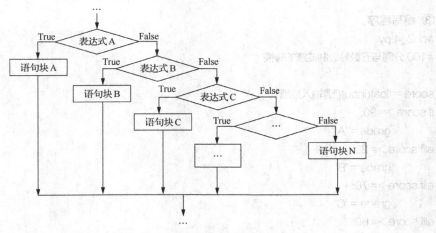

图2-11　多分支 if 语句控制流图

【例 2-4】请编程，实现 100 分制成绩转换为 A、B、C、D、E 五级等级制成绩。100 分制与五级等级制的对应关系：90 分及以上为 A，80～89 分为 B，70～79 分为 C，60～69 分为 D，60 分以下为 E。

① 根据 IPO 程序设计模式分析如下。
I：一个输入数据，即学生的成绩。
O：A、B、C、D、E 中的一个。
P：90 分及以上为 A，80～89 分为 B，70～79 分为 C，60～69 分为 D，60 分以下为 E。

② 算法设计（控制流图如图 2-12 所示）。

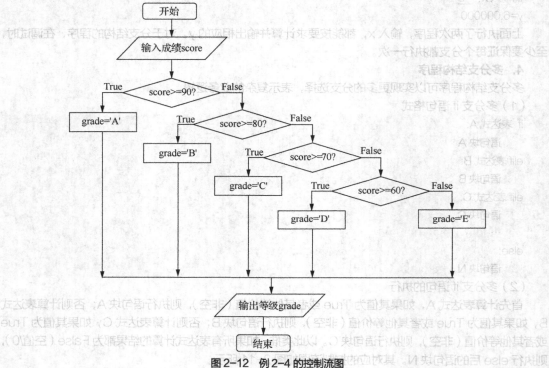

图 2-12　例 2-4 的控制流图

③ 编写程序。

```
#ch2_4.py
#100 分制与五级等级制成绩的转换

score = float(input("请输入成绩："))
if score >= 90:
    grade = 'A'
elif score >= 80:
    grade = 'B'
elif score >= 70:
    grade = 'C'
elif score >= 60:
    grade = 'D'
```

```
else:
        grade = 'E'
print("等级为: ",grade)
```

④ 调试程序。

```
请输入成绩: 93
等级为: A
请输入成绩: 84
等级为: B
请输入成绩: 78
等级为: C
请输入成绩: 64
等级为: D
请输入成绩: 42
等级为: E
```

上面运行 5 次程序，分别输入 5 个成绩，都能输出期望的等级。

☞ 对于分支结构程序的调试，应注意至少要保证每个分支都被执行一次，因此所提供的调试数据要分布在每个分支里。例 2-4 提供了 5 组调试数据。另外，对于分界点的值，如"elif score > = 70"，当输入 69.999999999999999 时，输出结果为"C"，作为一个程序设计人员要做到认真仔细，养成精益求精的工匠精神。

2.9.3 循环结构程序

日常生活中，很多现象和事件是重复出现的，如每天时间的循环、地球自转等。这些现象和事件在不断重复，程序设计时如何处理这些现象和事件呢？程序设计中，通过编写循环结构程序来解决这类问题。如求 1+2+3+…+100 的值，或者是求 1×2×3×…×n=n!的值，需要重复进行加法、乘法操作。如时钟程序，需要重复进行加法和判断等操作。Python 中实现循环结构控制流的语句有 while 和 for 两种语句。

1. while 语句

（1）while 语句的格式

```
while 表达式:
        语句块
```

（2）while 语句的执行

① 计算表达式的值。

② 如果表达式的值为 True（非空值/非 0），则执行语句块，执行后，回到①；如果表达式的值为 False（空/0），则结束 while 语句，执行其后的语句。

while 语句执行控制流图如图 2-13 所示。

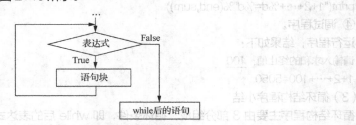

图 2-13 while 语句执行控制流图

【例2-5】编程，求1+2+…+100。

① 根据IPO程序设计模式分析如下。

I：本题可以把求和的终止值100作为输入，因此是一个输入数据。

O：仅一个，为所求的和。

P：重复进行求和及加1的计算。

② 算法设计（控制流图如图2-14所示）。

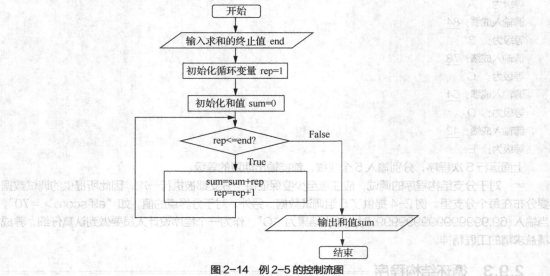

图2-14 例2-5的控制流图

③ 编写程序。

```
#ch2_5.py
#求1+2+…+100 的值
#输入终止值
end = int(input("请输入求和的终止值："))
#初始化
rep = 1
sum = 0     #存放和值
#求和，循环计算
while rep <= end:
    sum = sum + rep
    rep = rep + 1
#输出结果
print("1+2+…+%d=%d"%(end,sum))
```

④ 调试程序。

运行程序，结果如下：

请输入求和的终止值：100
1+2+…+100=5050

（3）循环结构程序小结

循环结构程序主要由3部分组成：循环条件，即while后的表达式；重复执行的部分，通常称为循环体，如本例中的sum = sum + rep 和 rep = rep + 1 语句；循环的初始化，如本例中的 rep = 1

和 sum = 0 语句。

循环结构程序需要注意的是，循环的条件通常情况下要能使循环结束，否则会进入死循环。一般人们不期望出现死循环。当然，死循环在日常生活中也是有需要的，如地球的自转、时间的计算，就需要不停地进行着，而不能终止。例如：

```
while 1:
    …
```

这是一个死循环。

2. for 语句

（1）for 语句格式

```
for <取值>   in <序列或迭代对象>:
    语句块 A
[else:
    语句块 B]
```

（2）for 语句的执行

① 从序列或迭代对象中依次取一个值。

② 执行语句块 A。

③ 不断重复①和②，直到序列或迭代对象全部取完。然后，如果有 else 部分，则执行语句块 B，执行完结束 for 语句，执行 for 之后的语句；如果没有 else 部分，则结束 for 语句，执行其后的语句。

☞ while 语句也可以有 else 部分，其执行同 for。当循环到 while 表达式的值为 False(空/0)时，才执行 else 部分。如果是 break 结束的循环，则不执行 else 部分。

【例 2-6】根据下列程序的执行结果，理解 for 语句的执行过程。

程序：

```
#ch2_6.py
word = 'hello'
for str in word:
    print(str)
else:
    print("Warmly Welcome!")
```

输出结果：

```
h
e
l
l
o
Warmly Welcome!
```

从输出结果可以看到，print()函数执行了 5 次，每次输出一个字母。print()函数的执行是由 for 循环语句控制的，当 str 每从 word 中取一个字母，则执行一次 print()函数，输出 str 的值，直到 word 中的字母取完，这样重复执行 5 次。当 5 次循环结束后，执行 else 部分，输出字符串"Warmly Welcome!"。当整个 for 语句执行完，执行 for 之后的语句，本例其后没有语句，所以结束整个程序的执行。

【例 2-7】用 for 语句编程求 1+2+…+100。

① IPO 分析同例 2-5。

② 编写程序。

```
#ch2_7.py
#用 for 语句实现 1+2+…+100 的程序
end = int(input("请输入计算的终止值："))
sum = 0
for rep in range(end+1):
    sum = sum + rep
print("1+2+…+%d=%d"%(end,sum))
```

③ 调试程序。

请输入计算的终止值：<u>100</u>
1+2+…+100=5050

④ range()函数。

range()是 Python 的内置函数，函数原型为 range([start,]stop,[step])，功能是从 start 值开始，以 step 为步长，直到 stop 为止，产生的序列为[start,start+step, start+2*sep,…start+(stop-start-step)//step*step]。应用示例如下：

```
>>> for i in range(1,5,1):
        print(i,end=' ')
1 2 3 4
>>> for i in range(5,0,-1):
        print(i,end=' ')
5 4 3 2 1
```

当 start 省略时，表示为 0；当 step 省略时，表示为 1。

```
>>> for i in range(5):
        print(i,end=' ')
0 1 2 3 4
```

☞ 注意，序列不包含 stop。
☞ 如果 start=0，stop=9，step=2，则 start 不能省略，否则变为 range(9,2)，程序将没有输出结果。即：

```
for i in range(5,2):
    print(i,end=' ')
```

【例 2-8】观察下列程序的输出结果，理解列表元素的循环访问。

```
#ch2_8.py
list = ['Python','Java','c','c#','delphi']
for word in list:
    print(word)
print('********')
for i in range(len(list)):
    print(list[i])
```

输出结果：
Python
Java
c
c#
delphi

```
*******
Python
Java
c
c#
delphi
```

由例 2-8 可见,对列表元素的访问,可以直接对序列进行循环,也可以通过下标进行访问。请读者把上述列表改成元组,再采用同样的方法进行访问。

【例 2-9】观察下列程序的输出结果,理解字典元素的循环访问。

```
#ch2_9.py
#字典的访问
dict = {1:'Python',2:'Java',3:'c',4:'c#',5:'delphi'}
for s in dict:
    print(s,':',dict[s])
```

输出结果:
```
1 : Python
2 : Java
3 : c
4 : c#
5 : delphi
```

可以看到,字典在 for 循环中取出的是每个元素的键。对于字典,还可以通过字典的方法 keys()(键)、values()(值)、items()(键:值对)来获得相应的迭代序列。应用示例如下:

```
#字典的多种访问方式
dict = {1:'Python',2:'Java',3:'c',4:'c#',5:'delphi'}
print('**键**')
for s in dict.keys():
    print(s,dict[s])
print('**值**')
for values in dict.values():
    print(values)
print('**键:值对**')
for s,val in dict.items():
    print(s,val)
```

输出结果:
```
**键**
1 Python
2 Java
3 c
4 c#
5 delphi
**值**
Python
Java
```

```
c
c#
delphi
**键:值对**
1 Python
2 Java
3 c
4 c#
5 delphi
```

3. break 和 continue 语句

while 实现的循环结构程序执行到表达式条件为 False（空/0）时会结束，for 实现的循环结构程序执行到序列或迭代器全部遍历后结束。如果要中途结束循环程序，跳过部分语句，则需要使用 break 或 continue 语句。

（1）break 语句

break 语句没有语句体，其功能是结束当前循环程序的执行。以下为示例程序：

```
for letter in 'hello':
    if letter == 'l':
        break
    print(letter)
print("end")
```

其输出结果为：

```
h
e
end
```

从输出结果看，for 语句取 "h" 和 "e" 时，if 语句的表达式 letter=='l'的值为 False，不会执行 break 语句，分别输出 "h" 和 "e"；当取 "l" 时，表达式 letter=='l'的值为 True，执行 break 语句，结束当前 for 循环语句的执行。接着执行 for 的下一条语句，输出 "end"。

☞ while 实现的循环结构程序中，一样可以使用 break 语句终止循环的执行。

（2）continue 语句

continue 语句也没有语句体，其功能是结束当次循环的执行，即跳过当次循环语句块中剩余的语句，继续进行下一轮的循环。以下为示例程序：

```
k = 4
while k>0:
    k = k-1
    if k == 2:
        continue
    print(k)
print("end")
```

输出结果为：

```
3
1
0
end
```

从输出结果可以看到,当循环到 k=2 时,if 语句的表达式 k==2 的值为 True,则执行 continue 语句,跳过后面的 print(k)语句,直接转入 while 语句表达式 k>0 的计算,即 k=2,2>0 为 True,继续执行循环体,直到 k=0 时结束循环,执行 print("end")语句,输出"end"。由此可见,执行到 continue 语句时,就结束当次的循环。

☞ for 实现的循环结构程序中,同样可以使用 continue 语句结束当次循环。

使用中要注意区分 break 语句和 continue 语句的功能,正确选择。break 语句可结束循环的执行,continue 语句只结束当次的循环。

【例 2-10】编程判断一个非负整数是否为素数。

① 根据 IPO 程序设计模式分析如下。

I:一个整数。

O:是或者不是。

P:见②。

② 算法设计(控制流图如图 2-15 所示)。

素数的判断是根据素数的定义来进行的。只能被 1 和本身(m)整除的数是素数,因此分别用 2 到 m-1 的整数去除 m,如果都除不尽,则说明 m 是素数。只要有一个数能被除尽,则可判断 m 不是素数。

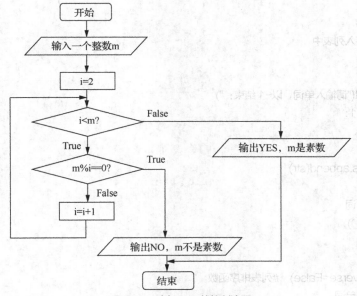

图 2-15 例 2-10 的控制流图

③ 编写程序。

```
#ch2_10.py
#判断一个整数是不是素数
m = int(input("请输入一个非负整数: "))
for k in range(2,m):
    if m%k == 0:
        print("%d 不是素数"%(m))
        break
```

```
        else:
            print("%d 是素数"%(m))
```
④ 程序分析。

这段程序还可以进行改进以提高判断效率，如只需要用 $2\sim\sqrt{m}$ 去除 m 即可，请读者自己改写程序。

☞ 对于例 2-10，如果输入一个负数，结果可能是用户不期望的。例如，如果输入-8，则输出结果为"-8 是素数"，很显然结果是错误的。错误的原因是不管输入什么数，程序都会对输入的数进行是否为素数的判断，这是程序不完备导致的，即没有对输入的数据进行合法性检验，也就是说对于输入的数据是否是题目要求的，程序没有进行检验。所以，在程序设计时，还需要对输入的数据进行合法性检验，以保证后续处理的数据对象是正确的。

【例 2-11】 编程实现对任意输入的 n 个英文单词进行排序。

字符比较大小是按字符的 ASCII 码进行的，ASCII 码小，则字符就小。例如，字母 A 的 ASCII 码是 65，b 的 ASCII 码是 98，则 A<b；两个字符串比较大小时，从左向右依次比较对应字符，直到遇到不相同的字符为止，由不相同字符的大小决定整个字符串的大小。两个字符串相同，必须对应字符相同，而且字符个数也要相同。

本题需要依次输入英文单词，然后使用列表排序方法实现排序。这里用"-1"作为输入结束标志。程序如下：

```
#ch2_11.py
#单词排序程序
#输入单词，存入列表中
words = []
while True:
    str = input("请输入单词，以-1 结束：")
    if str == '-1':
        break
    else:
        words.append(str)

#排序前输出单词
print("排序前：")
print(words)
#排序（升序）
words.sort(reverse=False)    #列表排序函数
#输出排序后的单词
print("排序后：")
print(words)
```

sort()方法有一个参数 reverse，省略时，默认是升序排列，即 reverse=False；如果设置 reverse=True，则是降序排列。

【例 2-12】 请编程打印如图 2-16 所示的九九乘法表。

```
1*1=1
2*1=2  2*2=4
3*1=3  3*2=6  3*3=9
4*1=4  4*2=8  4*3=12  4*4=16
5*1=5  5*2=10 5*3=15  5*4=20  5*5=25
6*1=6  6*2=12 6*3=18  6*4=24  6*5=30  6*6=36
7*1=7  7*2=14 7*3=21  7*4=28  7*5=35  7*6=42  7*7=49
8*1=8  8*2=16 8*3=24  8*4=32  8*5=40  8*6=48  8*7=56  8*8=64
9*1=9  9*2=18 9*3=27  9*4=36  9*5=45  9*6=54  9*7=63  9*8=72  9*9=81
```

图 2-16　九九乘法表

对于九九乘法表，使用 Python 编写如下程序即可实现。

```
#ch2_12.py
for i in range(1,10):           #外循环决定行数
    for j in range(1,i+1):      #内循环控制每行的列数
        print(("%d*%d=%d")%(i,j,i*j),end=' ')
    print()                     #每行打印后要进行换行
```

① 这是一个循环的嵌套，外循环内嵌套另一个循环，这里的外循环就是 for i in range(1,10)开始的程序块，内循环是 for j in range(1,i+1)开始的程序块。执行循环的嵌套时，外循环 i 改变 1 次，内循环 j 就从 1 开始循环到终止值。

② 每一行打印完之后，要用空的 print()语句进行换行。

for 和 while 语句实现的循环是有区别的，for 语句主要用于对序列或迭代对象进行遍历的循环，while 语句主要用于对具体条件进行判断的循环。

2.10 项目训练：个人所得税计算

【训练目标】

通过对个人所得税计算程序的编写，熟悉 Python 内置的数据类型及其相关方法的使用，能编写程序来解决一般的计算问题。

【训练内容】

设计个人所得税计算器，要求当劳资人员输入员工姓名和应纳税收入后，能够自动计算出该员工当月应交的个税。个人所得税税率如表 2-13 所示。

计算公式：应纳个人所得税税额=应纳税所得额×适用税率-速算扣除数。

表 2-13　个人所得税税率表

级数	应纳税所得额	税率(%)	速算扣除数
1	不超过 3000 元	3	0
2	超过 3000 元至 12000 元的部分	10	210
3	超过 12000 元至 25000 元的部分	20	1410
4	超过 25000 元至 35000 元的部分	25	2660
5	超过 35000 元至 55000 元的部分	30	4410
6	超过 55000 元至 80000 元的部分	35	7160
7	超过 80000 元的部分	45	15160

【训练步骤】

（1）运用 IPO 程序设计模式进行分析

I：每个员工的姓名和收入，人数不确定，采用"-1"作为输入结束标志。姓名和收入存入字典中，字典格式如表 2-14 所示。字典的键就是表头，字典的值是每一列的数据，所以是一个列表。

表 2-14　字典格式

姓名	收入	税率（%）	应交所得税
张丽	6738.9	10	463.9
王平	12329.12	20	1055.8

O:全部员工的姓名和应交个人所得税。

P 如下:

① 输入所有员工的姓名和收入,存入字典中;
② 判断每个员工应纳税所得额所属的范围,按税率计算所得税并存入字典;
③ 输出每位员工应交的所得税。

(2)编写程序

```python
#ch2_p_1.py
#个人所得税计算器
print("个人所得税计算")
#初始化
tax = {"姓名":[],"收入":[],"税率":[],"应交所得税":[]}
#输入员工信息
while True:
    name = input("请输入姓名: ")
    if name == '-1':
        break;
    income = float(input("请输入收入:"))
    #将输入的信息存入字典
    tax["姓名"].append(name)
    tax["收入"].append(income)
#计算个人所得税
for i in range(len(tax["姓名"])):
    if tax["收入"][i] > 80000 :
        tax["税率"].append(45)
        tax["应交所得税"].append(tax["收入"][i] * 0.45 -15160)
    else:
        if tax["收入"][i] > 55000 :
            tax["税率"].append(35)
            tax["应交所得税"].append(tax["收入"][i] * 0.35 -7160)
        else:
            if tax["收入"][i] > 35000 :
                tax["税率"].append(30)
                tax["应交所得税"].append(tax["收入"][i] * 0.3 -4410)
            else:
                if tax["收入"][i] > 25000 :
                    tax["税率"].append(25)
                    tax["应交所得税"].append(tax["收入"][i] * 0.25 -2660)
                else:
                    if tax["收入"][i] > 12000 :
                        tax["税率"].append(20)
                        tax["应交所得税"].append(tax["收入"][i] * 0.2 -1410)
                    else:
                        if tax["收入"][i] > 3000 :
```

```
            tax["税率"].append(10)
            tax["应交所得税"].append(tax["收入"][i] * 0.1 -210)
        else:
            tax["税率"].append(3)
            tax["应交所得税"].append(tax["收入"][i] * 0.03)
#输出计算结果
print("%-10s%-10s%-4s%-10s"%("姓名","收入","税率","应交所得税"))        #输出表头
for i in range(len(tax["姓名"])):
    print("%-10s%-14.2f%-8.0f%-6.2f"%(tax["姓名"][i],tax["收入"][i],tax["税率"][i],tax["应交所得税"][i]),sep=' ')
```

（3）调试程序

此处使用 PyCharm 进行调试。调试程序时要注意，需要提供每种税率对应的收入，这样能保证每个分支都被执行到。给出如表 2-15 所示的调试数据，调试结果如图 2-17 所示，结果与表 2-15 一致，因此可以说，针对表 2-15 的数据，程序执行结果和预期一致。

表 2-15 个人所得税调试数据

姓名	收入	税率(%)	应交所得税
Ding	1235.6	3	37.07
Wang	3560	10	146
Xu	15200.1	20	1630.02
Liu	33500	25	5715
Li	48695.3	30	10198.59
Zhang	75612.5	35	19304.38
Yao	93564.8	45	26944.16

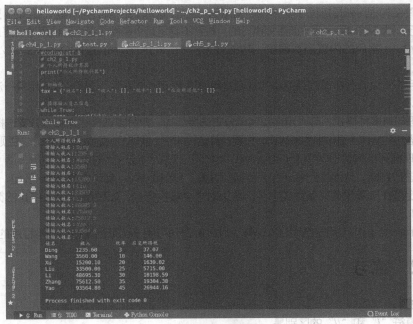

图 2-17 调试结果

思考：
① 如果输出采用表格的形式，应该怎样修改程序？
② 输入员工姓名和收入时，用"-1"作为输入结束标志，可否使用其他的结束标志？if 语句开始的判断条件是大于 80000，如果从 1500 开始进行判断，应如何修改程序？
③ 随着国力的增强，个人所得税的起征点不断提高，征收办法也在调整，如何修改程序适应新的变化，同时推进数字中国的建设？

【训练小结】
请填写如表 1-1 所示的项目训练小结。

2.11 本章小结

1. Python 常用的数据类型有数值、字符串、列表、元组和字典，其中，字符串和元组是不可变序列。可以使用 type(object) 来检测对象的类型。
2. 字符串、列表和元组都可以通过下标进行元素的访问。字典只能通过键来访问元素。
3. 字符串、列表、元组、字典分别有不同的方法和属性，可以通过 dir(object) 函数来检查。
4. Python 中，同一个列表中元素的数据类型可以各不相同，并且支持复杂数据类型。
5. 切片操作不仅可对列表进行操作，也适用于获取元组和字符串的部分序列，只是通过切片只能修改列表元素的值。
6. 字典中的键可以是 Python 中的任意不可变数据，如整数、字符串、元组等。字典中的键不允许重复。
7. 算术运算符、逻辑运算符、位运算符、比较运算符、赋值运算符等的运算对象、优先级是不同的。
8. 程序设计的 IPO 模式，就是分析编程要解决问题的输入数据、输出结果、处理过程（算法）。
9. 算法常用的描述方法有控制流图、自然语言、伪代码等。
10. 顺序结构程序就是指程序按书写顺序执行；分支（选择）结构程序在每次执行时，只会选择其中一个分支执行；循环结构程序是不断重复执行的，直到不满足某个条件或者遍历结束才会终止循环。
11. Python 常用的内置函数很多，功能强大。input() 和 print() 是两个基本的输入和输出内置函数。
12. 使用 Python 代码编程最基本的规则是用缩进表示层次关系，注释可以使用单行注释和多行注释两种方式。
13. if 语句有多种格式，可以用来实现单分支选择结构、双分支选择结构和多分支选择结构。
14. if 语句和 while 语句中的表达式，只要计算结果非空（或非 0）则认为是 True，否则为 False。
15. 实现循环结构的语句有 for 和 while，for 用于对序列或迭代对象进行遍历，而 while 则用于对具体条件进行判断，从而决定循环是否继续。注意，for 和 while 都可以有 else 子句，当有 else 子句时，其一定是在不满足循环条件或者遍历结束时才会被执行到。如果是 break 终止的循环，则不执行 else 子句。
16. continue 语句可用于结束当次循环，break 语句可用于结束当前循环结构程序的执行。

2.12 练习

1. 填空题

（1）运算符 "/" 和 "//" 的区别是_____。
（2）运算符 "%" _____（可以/不可以）对浮点数进行求余数操作。

（3）列表、元组、字符串是 Python 的_____（有序/无序）序列。

（4）_____命令既可以删除列表中的一个元素，也可以删除整个列表或其他任意类型的 Python 实例对象。

（5）print(34,"abc", 3, sep=':')的输出结果为_____。

（6）表达式 9 ** (1/2)的值为_____。

（7）Python 中，字典、列表、元组分别用_____、_____、_____做定界符。字典的每个元素由两部分组成，分别是_____和_____，其中_____不允许重复。

（8）假设有一个字符串"studentteacher"，现在要求从该字符串中每隔 3 个字母取一个字母，则切片表达式为_____。

（9）Python 提供了两种实现循环的语句，分别是_____和_____。

（10）以下程序循环执行的次数是_____。

```
for i in range(0,10,3):
    pass
```

注：pass 是一个占位语句，可理解为一个语句块。

2. 选择题

（1）以下是正确的 Python 字符串的是（　　）。
A. 'abc"dd"　　　B. 'abc"dd'　　　C. "abc"dd"　　　D. "abc\"dd"

（2）'ab'+'c'*2 的结果是（　　）。
A. 'abc2'　　　B. 'abcabc'　　　C. 'abcc'　　　D. 'ababcc'

（3）以下运算结果为假的是（　　）。
A. '36'.isalnum()　　　B. '36'.isdigit()
C. '36'.islower()　　　D. 'ab'.isalnum()

（4）以下不是 Python 整数的是（　　）。
A. 0897　　　B. 0x57　　　C. 987　　　D. 0b1011

（5）以下 Python 语句中错误的是（　　）。
A. [2,3,4][2]=5　　　B. (2,3,4)[2]=5
C. {'a':3,}['a']=8　　　D. {'a':3,}.get('b')

（6）以下 Python 表达式返回值为 True 的是（　　）。
A. 3 and 1 or 4　　　B. not 0
C. 3<4>5　　　D. 1 not in [1,2,3]

（7）[0,1,2,3][1:3]返回的是（　　）。
A. [0,1,2,3]　　　B. [1,2,3]　　　C. [1,2]　　　D. [0,1,2]

3. 编程题

（1）已知圆的半径 r=3.5，请编程计算圆的面积和周长。

（2）已知华氏温度为 78°F，请转换为对应的摄氏温度。其中，摄氏度=（华氏度－32）÷9×5。

（3）创建一个字典，保存表 2-16 中的信息。

表 2-16　创建字典

Name	Sex	Age	Score
Ding	Female	18	78	82
Wang	Male	21	67	89

（4）在（3）的基础上，对表 2-4 的方法进行验证测试。

（5）创建一个列表，包含"wang""man"、36、187.5这4个元素。
（6）在（5）的基础上，对表2-3的方法进行验证测试。
（7）创建一个元组，包含"Monday""Tuesday""Wednesday""Thursday""Friday""Saturday""Sunday"这7个元素。
（8）通过字符串"yqw20168+qq"对表2-2进行验证测试。
（9）编程测试：s = "hello"，t ="world"，s += t，则s、s[-1]、s[2:8]、s[::3]、s[-2::-1]分别是多少？
（10）编程计算平面上两点之间的距离。
（11）编程实现输入3个整数后按从小到大的顺序输出。
（12）某商品零售价为每千克8.5元，批发价为每千克6.5元，购买量在10千克以上，按批发价计算。设某顾客购买该商品x千克，试编写程序计算该顾客应付多少钱？要求先画出控制流图，再写程序。
（13）输入一个年份，请编程判断是否是闰年。
（14）请编程找出任意范围内的素数。
（15）请编程求0+2+4+…+500 的值（均为偶数）。
（16）请编程求1*2*3*…*20。
（17）求出所有的3位水仙花数（如$153=1^3+5^3+3^3$）。
（18）求1～1000 之间能被7和3整除的所有整数。
（19）请编程求解鸡兔同笼问题。设鸡和兔子同笼，共有90只脚和30个头，问鸡和兔各有多少只？
（20）请分析以下程序的输出结果。

```
for i in range(3):
    for j in range(i,3):
        print("+",end='')
    print()
```

（21）请编程求两个整数的最大公约数和最小公倍数。
（22）请编程统计任意输入的20个数中正数、负数、0的个数。
（23）一年365 天，如果初始能量水平值为1.0，每天平均增加0.001，则一年后的能量水平值是多少？
（24）请编程对输入的明文进行加密处理。加密方法是每个明文字母变成其后的第5个字母，如果超过Z或z，则循环进行，即Z或z后接A或a。
（25）请编程打印如图2-18所示的三角形。

图2-18 三角形

2.13 拓展训练项目

2.13.1 Python 数值型变量的定义与赋值

【训练目标】

在Ubuntu 16.04、Python 3.7.0 环境下，通过实验掌握变量的定义和赋值方法，理解变量的定义规则，会根据题目要求命名变量并进行赋值。

【训练内容】
（1）理解数值型数据对应的整型、实型、复数型、逻辑值（True、False）；
（2）理解变量的赋值运算符"="；
（3）熟悉变量的命名规则，即标识符命名规则。

2.13.2　Python 控制流和运算符

【训练目标】

在 Ubuntu 16.04、Python 3.7.0 环境下，通过实验理解算术运算符、成员运算符、逻辑运算符等的功能，初步使用 if、while 和 for 控制语句编程。

【训练内容】
（1）while 语句和 for 语句实现的循环程序调试；
（2）break 语句和 continue 语句功能测试；
（3）各类运算符功能的测试；
（4）打印九九乘法表。

2.13.3　列表的基本操作

【训练目标】

在 Ubuntu 16.04、Python 3.7.0 环境下，通过实验理解可变序列列表（list）的特征，熟悉列表的主要操作方法和 Python 内置函数 len()、min()、max() 的功能，会创建列表、访问列表的元素，能够使用列表的方法进行列表的排序、统计等操作。

【训练内容】
（1）列表的创建和元素的访问；
（2）len()、min()、max() 函数的测试；
（3）列表方法的测试。

2.13.4　元组的基本操作

【训练目标】

在 Ubuntu 16.04、Python 3.7.0 环境下，通过实验理解不可变序列元组（tuple）的特征，会创建元组、访问元组的元素，能够使用 Python 内置函数 len()、max()、min() 对元组进行操作。

【训练内容】
（1）元组的创建；
（2）元组元素的访问；
（3）tuple()、len()、max()、min() 函数的测试。

2.13.5　字典的基本操作

【训练目标】

在 Ubuntu 16.04、Python 3.7.0 环境下，通过实验理解可变序列字典（dict）的特征，会创建字典、访问字典的元素，熟悉字典的基本方法。

【训练内容】
（1）字典的创建与访问；

（2）字典方法的测试。

2.13.6 字符串的基本操作

【训练目标】

在 Ubuntu 16.04、Python 3.7.0 环境下，通过实验理解不可变序列字符串（str）的特征，掌握字符串的运算符"+"和"*"的功能。

【训练内容】

（1）字符串的创建；
（2）字符串的"+"与"*"运算。

第 3 章
函数

▶ 学习目标

① 掌握函数的定义方法，会根据设计要求自定义函数；
② 理解函数的各种参数，定义函数时会灵活选择；
③ 理解变量的作用域；
④ 理解异常，熟悉各种异常处理方法，会初步编写异常处理代码。

函数是组织好的、可重复使用的、用来实现单一或相关联功能的代码段。函数能够增强应用的模块性并提高代码的重复利用率。Python 提供了很多内置函数，如 print()、input()、type()等。用户也可以根据需要定义函数，这样的函数称为自定义函数。

3.1 自定义函数

到目前为止，我们所用的都是 Python 的内置函数及内置方法。对于内置的函数与方法，用户只需要关心它的调用方法即可，不必关心具体的定义。

☞ 方法是在类里面定义的，属于某个对象或类，并且必须有一个 self 参数；函数是相对独立的。方法与函数在调用时基本没有区别，所以在很多时候不进行区分。

3.1.1 函数定义格式

Python 允许用户自定义函数，实现所需要的功能。Python 自定义函数的格式为：

def 函数名([形式参数列表]):
　　'''
　　多行注释，也可以是单行注释
　　'''
　　函数体

Python 中，函数定义的第一行以 def 关键字开始，然后是函数名，再接着是 "()"，"()" 内是形式参数列表，如果有多个形式参数，用 ","隔开，最后是 ":"；第二行及其后可以是多行注释，用来说明函数的功能、参数要求等；接下来是函数体语句，用来实现函数的功能。

下面是一个计算两个对象之和函数的定义：

def fun(a,b):
　　'''这是一个求两个对象之和的函数，
　　可以求数值的和、字符串的和、列表的和、元组的和等'''

```
    c = a + b
    return c
```

（1）"def fun(a,b):"是函数定义的第一行。def 是函数定义的关键字；fun 是函数名，一般约定以小写字母开头，符合标识符的命名规则；(a,b)是函数的参数；最后的"："不能省略。

（2）"""这是一个求两个对象之和的函数，可以求数值的和、字符串的和、列表的和、元组的和等"""是函数的文档，主要说明函数的功能、参数等。这个部分将存放在函数的__doc__属性中，可以使用 help(fun)、fun.__doc__查看。

```
>>> help(fun)
Help on function fun in module __main__:

fun(a, b)
    这是一个求两个对象之和的函数,
    可以求数值的和、字符串的和、列表的和、元组的和等

>>> fun.__doc__
'这是一个求两个对象之和的函数, \n 可以求数值的和、字符串的和、列表的和、元组的和等'
>>> help(len)   #查看内置函数 len()
Help on built-in function len in module builtins:

len(obj, /)
    Return the number of items in a container.
```

（3）"c = a + b"是函数体，用来具体实现函数功能。这里是求两个对象 a、b 的和，并赋值给变量 c。必须注意的是，函数体要向后缩进。

（4）"return c"是函数结束及相关值的返回语句，这里表示返回 c 的值。如果函数没有返回值，即 return 后没有参数，表示返回 None（空值）。另外，函数如果没有 return 语句，则执行到最后一条语句结束。同样，return 语句要向后缩进，并与函数体对齐。

3.1.2 函数的设计

函数设计时同样使用 IPO 模式进行分析，I（输入数据）就是对应函数的参数，O（输出结果）就是函数的返回值，也可以直接在函数体内输出。P（算法）就是函数体，对输入参数进行处理，获得返回值或者输出结果。

对于前述定义的函数 fun()，其 I 为两个参数 a、b；O 为返回值 c；P 比较简单，就是求 a+b。

再如定义一个求 x^n 的函数，其 I 为两个参数，分别为 x 和 n；O 为 x^n；P 为计算 n 个 x 相乘。因此函数定义如下：

```
def pow(x,n):
    y = 1
    for i in range(n):
        y=y*x
    return y
```

3.1.3 lambda 表达式

lambda 表达式常用来声明匿名函数，即没有函数名称的临时使用的小函数。其语法形式如下：

```
lambda params:expr
```
其中，params 表示参数，可以为多个，用","隔开；expr 是函数要返回值的表达式。例如：
```
lambda x:3*x+5
```
以下代码演示了在交互环境下 lambda 表达式的使用。
```
>>> f=lambda x:x**2+5*x+1        #定义一个 lambda 表达式，x 是参数
>>> f(4)                          #调用 lambda 表达式
37
>>> g=lambda x,y,z:x+y+z          #x、y、z 是参数
>>> g(3,7,1)
11
>>> g(x=5,z=4,y=4)                #使用关键参数调用
13
>>> g(4,y=5,z=5)                  #使用位置参数和关键参数调用
14
```
lambda 表达式一般用于以下这些情况：
① 简单的匿名函数，节省代码；
② 不复用的函数；
③ 使代码清晰简洁。

3.2 函数调用

Python 中函数调用的一般格式是：
函数名([实参列表])
调用前述自定函数 fun() 的代码如下：
```
>>> sum = fun(12,34)
>>> sum
46
>>> fun(1+3j,5-8j)
(6-5j)
>>> fun("you"," are a good boy.")
'you are a good boy.'
>>> fun([1,2,3],[4,5,6])
[1, 2, 3, 4, 5, 6]
>>> fun((9,8,7,6),(1,2,3))
(9, 8, 7, 6, 1, 2, 3)
```
Python 内置函数 abs()（求绝对值）、pow() 的调用如下：
```
>>> abs(23)
23
>>> abs(-45)
45
>>> abs(-12.78)
12.78
>>> pow(5,3)
```

```
125
>>> pow(-4,3)
-64
```

对于有参函数的调用，首先是将实际参数的值（不可变对象）或引用传递给形式参数变量，然后执行函数体语句，最后返回。如 fun(12,34)的调用，就是将 12 传递给形式参数变量 a，将 34 传递给形式参数变量 b，然后执行函数体语句，最后将所求的和 46 赋值给 sum。

☞ 通过上述 fun()函数调用的示例，可以看到使用 fun()函数可以求多类型对象的和，从而进一步说明 Python 中的变量为什么是没有类型的，变量是指向实际对象的引用。我们要勇于进行理论探索和创新，课后请同学探讨，该函数能否求两个字典的和，如果不能，应该如何定义新的函数？

3.3 函数参数

Python 函数定义非常简单，但是非常灵活，如前述 fun()函数，只要传递两个实际参数对象就可以进行"+"运算。Python 函数定义时，形式参数不需要进行类型说明，同样返回值也不需要进行类型说明，这给函数功能等带来了很大的灵活性。另外，Python 函数的形式参数可以为多种形式，如默认参数、可变参数、关键参数，以增强函数的灵活性，简化调用。

3.3.1 位置参数

前述定义的 fun()函数有两个形式参数，当调用该函数时需要传递两个实际参数，依次传递给形式参数变量 a 和 b。如 fun(-12,78.5)的调用，将-12 传递给 a，将 78.5 传递给 b，由于 a、b 在定义函数时顺序已经确定了，因此传递时也是按顺序依次进行传递的。a、b 这样的形式参数称为位置参数。

调用函数时，位置参数必须按次序传递，如果调用 fun()函数时只给了一个实际参数，例如：

```
>>> fun(12)
Traceback (most recent call last):
  File "<pyshell#21>", line 1, in <module>
    fun(12)
TypeError: fun() missing 1 required positional argument: 'b'
```

可从上面输出的错误提示中发现这样的关键词"positional argument"，从而说明 a、b 属于位置参数。
再如：

```
>>> pow(6)
Traceback (most recent call last):
  File "<pyshell#22>", line 1, in <module>
    pow(6)
TypeError: pow() missing 1 required positional argument: 'n'
```

提示缺少了位置参数 n。pow()函数有两个参数，分别是 x 和 n。

3.3.2 默认参数

在定义函数时，会为某些形式参数设置默认值，这类参数称为默认参数。函数调用时，对于默认参数，如果没有提供实际参数（实参），则使用默认值，如果提供了实际参数，则使用实际参数值。也就是说，在调用函数时，是否为默认参数传递实参是可选的，具有较大的灵活性。带有默认参数的函数定义格式如下：

```
def 函数名(…,形参名=默认值[,…]):
    '''多行或单行注释
```

"""

　　函数体

如下代码定义了一个函数 my_pow()，求 x^y：

```
def my_pow(x,y=2):
    """求 x 的 y 次方"""
    s=1
    for i in range(y):
        s=s*x
    return s
```

此函数有两个参数 x，y，其中 y 属于默认参数。调用时如果不给 y 提供实际参数，则采用默认值 2，即求 x^2。如果给 y 提供实际参数，则将实际参数传递给 y。调用示例如下：

```
>>> my_pow(3,5)    #求 3 的 5 次方，将 3 传递给 x，将 5 传递给 y
243
>>> my_pow(-3)     #只提供了一个实参-3，传递给 x，形参 y 使用默认值 2，即求-3 的 2 次方
9
```

再如 Python 内置函数 print()，通过 help() 查看，结果如下：

```
>>> help(print)
Help on built-in function print in module builtins:

print(...)
    print(value, ..., sep=' ', end='\n', file=sys.stdout, flush=False)

    Prints the values to a stream, or to sys.stdout by default.
    Optional keyword arguments:
    file:  a file-like object (stream); defaults to the current sys.stdout.
    sep:   string inserted between values, default a space.
    end:   string appended after the last value, default a newline.
    flush: whether to forcibly flush the stream.
```

可以看到 print() 函数有 4 个默认参数，即 sep=' '，end='\n'，file=sys.stdout，flush=False。sep=' ' 表示各输出项目之间用空格分隔；end='\n'表示一个 print() 函数输出后，默认回车换行；file=sys.stdout 表示默认输出信息输出到标准设备上（一般就是显示器）；flush 表示是否将输出结果立即刷新到 file 所指的文件里，True 表示立即刷新，False 表示到关闭 file 所指的文件时才刷新。"value, ..." 表示多个输出项。print() 函数的功能是将一个或多个 value 输出到一个数据流文件，默认输出到标准输出设备上（sys.stdout）。

☞ 默认参数要放在位置参数之后。使用如下代码定义函数，就会出现错误提示：

```
>>> def pow(y=2,x):
        s=1
SyntaxError: non-default argument follows default argument
```

代码中显示错误的中文意思是，非默认参数在默认参数后。

3.3.3 关键参数

如果一个函数有多个参数，在调用时，不想按位置顺序提供实际参数，那么可以按形式参数名来传递

参数，这种参数传递方式称为关键参数。对前面定义的 pow()、fun()函数使用关键参数调用的代码如下：

```
>>> pow(n=5,x=4)
1024
>>> fun(b=' czili.',a='My school is ')
'My school is czili.'
```

采用关键参数进行参数传递，可以不用考虑参数传递的顺序，避免了用户需要牢记参数顺序的麻烦，使函数调用更加灵活、方便。

3.3.4 可变长度参数

可变长度参数，顾名思义就是传入的参数个数是可变的。Python中的可变长度参数有两种形式，分别是*args 和**kwds。*args 用来接收任意多个实际参数并将其放在一个元组中，**kwds 用来接收类似于显式赋值形式的多个实际参数并放入字典中。

例如，定义一个函数，求不定长序列的和，即求 a+b+c+…，这里所求序列的长度是不确定的，为此采用*args 这种不定长参数的形式来定义函数代码：

```
>>> def sum(*args):
        print(type(args))      #查看 args 的类型
        s=0
        for k in args:
            s=s+k
        print(s)               #输出所求的和
```

以下为 sum()函数的调用结果：

```
>>> sum(1,2,3)
<class 'tuple'>                #形式参数 args 是一个元组
6
>>> sum(-34.5,23,79.8,234)
<class 'tuple'>
302.3
```

下面再看一下**kwds 形式，有以下函数定义：

```
>>> def fun_1(**kwds):
        print(type(kwds))               #查看 kwds 的类型
        for key,v in kwds.items():      #遍历 kwds
            print(key,v)
```

fun_1()函数的调用方式：

```
>>> fun_1(name='wang',sex='F',age=18)   #其实就是采用关键参数的形式进行调用
<class 'dict'>                          #形式参数保存成字典的类型
name wang
sex F
age 18
```

☞ 调用含有可变长度参数的函数时，可以使用列表、元组、集合、字典及其他可迭代序列（对象）作为实际参数。如果是*args 形式参数，则需要在实参前加一个"*"；如果是**kwds 形式参数，则需要在实参前加"**"，以将实际参数解包成序列，然后传递给形式参数变量。

```
>>> list = [1,2,3,4,5]
```

```
>>> sum(*list)        #将 list 列表解包成一个序列，然后传递给形式参数
<class 'tuple'>
15
>>> d = {"course":"english","score":85,"order":5}
>>> fun_1(**d)
<class 'dict'>
course english
score 85
order 5
```

☞ 函数定义时，可以使用位置参数、默认参数和可变长度参数等多种形式参数的组合，但是需要注意，参数定义的顺序是位置参数、默认参数、可变长度参数。例如：

```
def f1(a,b,c=0,*args,**kwds):
    pass        #空语句，就是一个占位符，此处表示函数体有待进一步完善
```

关于参数传递，需要理解的是值传递还是引用传递。如果实际参数是不可变对象，则是值的传递；如果实际参数是可变对象，则是引用传递。当引用传递在函数内修改引用对象的值时，这个修改也会改变实际参数引用对象的值。但是如果在函数内又重新创建了对象，并且形式参数指向了新的对象，则不会修改实际参数引用对象的值。下面通过以下示例来进一步理解引用传递。

```
>>> def fun_1(x):           #定义一个函数
        print(x)            #输出传递过来的列表
        x.append(8)         #给列表追加一个元素 8，修改了列表的值
        print(x)            #输出新列表的值
>>> list = [0,1,2,3]
>>> fun_1(list)             #实际参数列表为可变对象
[0, 1, 2, 3]
[0, 1, 2, 3, 8]
>>> list                    #调用函数后 list 的值
[0, 1, 2, 3, 8]
```

这个示例说明，在用列表做实际参数调用函数时，如果在函数内部修改了列表的值，则实际参数引用变量 list 的值也改变了。

```
>>> def fun_2(x):
        print(x)
        x=x+[88]            #创建了一个新的列表
        print(x)
>>> list = [0,1,2,3]
>>> fun_2(list)
[0, 1, 2, 3]
[0, 1, 2, 3, 88]
>>> list
[0, 1, 2, 3]                #此处的 list 没有改变
```

由于函数内的语句"x=x+[88]"创建了新的列表对象，所以实际参数引用对象就不会改变了。

☞ 下面使用 id()验证新对象的创建。

```
>>> lm = [0,1,2,3]
>>> id(lm)
```

```
50238152
>>> lm = lm + [88]    #创建了一个新的列表对象
>>> id(lm)
50172168
```

由上述 id()函数输出不同地址可以发现,"lm=lm+[88]"语句创建了一个新的列表对象,从而说明了函数调用时,即使实际参数是引用传递,但是在函数内部创建了新的对象,并且形式参数指向了新的对象时,实际参数引用对象的值不会改变。

3.4 变量作用域

变量的作用域就是变量起作用的范围,或者说是可以被哪部分程序访问,也可称为命名空间。Python中可根据作用域将变量分为局部变量和全局变量两种。

3.4.1 局部变量

在函数内部定义的变量(包括形式参数变量),其作用范围从定义之后开始,到函数结束为止,这类变量是局部变量。

【例 3-1】局部变量应用示例。

```
#ch3_1.py
#局部变量示例
import math
#定义一个求圆面积的函数
def circle(r):
    print("circle()函数内局部变量 r=%.2f"%r)
    s = math.pi*r*r                        #求面积
    r = 8                                  #修改函数内的变量 r 的值
    print("修改后,circle()函数内局部变量 r=%.2f"%r)
    return s                               #返回所求的面积

r = float(input("请输入圆的半径: "))
print("circle()函数外全局变量 r=%.2f"%r)

#调用函数求圆的面积
area = circle(r)
print("circle()函数调用后,全局变量 r=%.2f"%r)
print("在函数外输出 circle()函数内变量 s 的值%.2f"%(s))
```

程序运行结果如下:
```
请输入圆的半径: 6
circle()函数外全局变量 r=6.00
circle()函数内局部变量 r=6.00
修改后,circle()函数内局部变量 r=8.00
circle()函数调用后,全局变量 r=6.00
Traceback (most recent call last):
```

```
File "E:/ding/Python-code/ch3_1.py", line 21, in <module>
    print("在函数外输出 circle()函数内变量 s 的值%.2f"%(s))
NameError: name 's' is not defined
```

从例 3-1 的输出结果可以看到，函数 circle()内部和外部分别定义了变量 r，这两个 r 分别属于不同的命名空间，所以是不同的变量，其作用域也不相同。当输入 6 之后，将 6 赋值给 circle()函数外的全局变量 r，因此输出结果为"circle()函数外全局变量 r=6.00"。调用函数 circle()之后，将实参 r 的值 6 传递给 circle()内的局部变量（形式参数变量）r，所以输出结果为"circle()函数内局部变量 r=6.00"。当在 circle()内部修改局部变量 r 后，输出结果为"修改后，circle()函数内局部变量 r=8.00"，从 circle()返回后，再次输出 circle()函数外全局变量 r 的值为"circle()函数调用后，全局变量 r=6.00"。程序的最后一条语句"print("在函数外输出 circle()函数内变量 s 的值%.2f"%(s))"是希望输出函数内变量 s 的值，但由于 s 是局部变量，在函数外调用时则出现错误提示"NameError: name 's' is not defined"，表示变量 s 未定义，其实就是表示 s 的有效范围只在函数内。

由例 3-1 可见：

（1）函数内的局部变量，其作用域仅为函数内部从其定义之后开始到函数返回为止，如局部变量 r 和 s；

（2）函数内、外有相同名称的变量时，它们分别属于不同的命名空间，互不影响，即在函数内部修改局部变量 r 的值不影响函数外部全局变量 r 的值，就像两个家庭里都有一个同名同姓的人"张涛"，但是这两个"张涛"分别有不同的父母，他们是各自独立的，在各自的作用域内有效。

3.4.2 全局变量

在函数外定义的变量是全局变量，其作用域是整个程序范围。

【例 3-2】全局变量应用示例。

```
#ch3_2.py
#全局变量应用示例
total = 0          #定义一个全局变量
print("全局变量初始值为：%d"%total)
def sum(a,b):
    '''使用关键字"global"说明全局变量之后才可以修改其值，否则只能引用其值，不能修改'''
    global total
    total = a+b
sum(25,38)
print("全局变量修改后的值为：%d"%total)
```

上述程序的输出结果为：

全局变量初始值为：0
全局变量修改后的值为：63

全局变量 total 的初始值为 0，在函数 sum()内部对其进行修改后，其值为 63。全局变量在函数内外都可以使用。需要注意以下两点：

（1）在函数内部使用全局变量，如果只是引用其值，则可以直接使用；如果需要修改全局变量的值，则需要使用关键字"global"进行说明之后才能修改。

（2）当局部变量和全局变量同名时，在局部变量作用域内会隐藏全局变量，即暂时不能访问全局变量。如例 3-1 中的 r，在函数 circle()内部时，是局部变量 r 有效。

☞ 虽然全局变量的作用范围是整个程序，但是不建议多用全局变量。全局变量的使用可降低软件的质量，使程序的调试、维护变得困难。

3.5 异常

异常是程序执行过程中的错误，它影响程序的正常执行。如例 3-1 中的最后一条语句"print("在函数外输出 circle()函数内变量 s 的值%.2f"%(s))"执行时，抛出了一个异常"Traceback (most recent call last): ……NameError: name 's' is not defined"，从而使程序的执行终止。

对于这样的异常，如果不进行处理，则会终止程序的执行，影响整个系统的运行。因此 Python 设计了强大的异常处理机制，对程序执行过程中出现的异常进行捕获并处理，使程序能够继续执行下去。

3.5.1 Python 标准异常类

Python 常见的异常和错误类型如表 3-1 所示。

表 3-1 Python 常见的异常和错误类型

序号	异常或错误名称	功能描述
1	BaseException	所有异常的基类
2	SystemExit	解释器请求退出
3	KeyboardInterrupt	用户中断执行（通常是输入 Ctrl+C）
4	Exception	常规错误的基类
5	StopIteration	迭代器没有更多的值
6	GeneratorExit	生成器（Generator）发生异常来通知退出
7	StandardError	所有的内置标准异常的基类
8	ArithmeticError	所有数值计算错误的基类
9	FloatingPointError	浮点计算错误
10	OverflowError	数值运算超出最大限制
11	ZeroDivisionError	除（或取模）零（所有数据类型）
12	AssertionError	断言语句失败
13	AttributeError	对象没有这个属性
14	EOFError	没有内置输入，到达 EOF 标记
15	EnvironmentError	操作系统错误的基类
16	IOError	输入/输出操作失败
17	OSError	操作系统错误
18	WindowsError	系统调用失败
19	ImportError	导入模块/对象失败
20	LookupError	无效数据查询的基类
21	IndexError	序列中没有此索引（Index）
22	KeyError	映射中没有这个键
23	MemoryError	内存溢出错误（对于 Python 解释器不是致命的）
24	NameError	未声明/初始化对象（没有属性）
25	UnboundLocalError	访问未初始化的本地变量

续表

序号	异常或错误名称	功能描述
26	ReferenceError	弱引用（Weak Reference）试图访问已经被垃圾回收了的对象
27	RuntimeError	一般的运行时错误
28	NotImplementedError	尚未实现的方法
29	SyntaxError	Python 语法错误
30	IndentationError	缩进错误
31	TabError	Tab 和空格混用
32	SystemError	一般的解释器系统错误
33	TypeError	对类型无效的操作
34	ValueError	传入无效的参数
35	UnicodeError	Unicode 相关的错误
36	UnicodeDecodeError	Unicode 解码时错误
37	UnicodeEncodeError	Unicode 编码时错误
38	UnicodeTranslateError	Unicode 转换时错误
39	Warning	警告的基类
40	DeprecationWarning	关于被弃用的特征的警告
41	FutureWarning	关于构造将来语义会有改变的警告
42	OverflowWarning	旧的关于自动提升为长整型（Long）的警告
43	PendingDeprecationWarning	关于特性将会被废弃的警告
44	RuntimeWarning	可疑的运行时行为（Runtime Behavior）的警告
45	SyntaxWarning	可疑的语法的警告
46	UserWarning	用户代码生成的警告

3.5.2 异常处理

在程序设计中对各种可以预见的异常情况进行的处理称为异常处理。合理恰当地使用异常处理可以使程序更加健壮，具有更强的容错性和更好的用户体验，不会因为用户无心的错误输入或其他原因而造成程序运行终止。Python 中的异常处理是通过一些特殊的结构语句实现的，主要有以下几种结构形式。

1. try…except…结构

Python 中最基本及最简单的异常处理结构是 try…except…结构，try 子句中放置可能出现异常的代码块，except 子句放置处理异常的代码块。

语法格式如下：

```
try:
    #此处放置可能引起异常的代码块
except Exception:
    #如果 try 中的代码块不能正常执行，则执行此处处理异常的代码块
```

try…except…结构在程序执行时直接执行 try 子句，如果 try 子句没有发生异常，则 except 子句不执行；如果 try 子句中有异常发生，则 try 子句中其他的语句被跳过，直接执行 except 部分，对异常进行处理。

【例 3-3】try…except…应用示例。

```
#ch3_3.py
#try…except…应用示例

def div(x,y):
    try:
        z = x/y
        return z
    except ZeroDivisionError:
        print("程序出现异常,异常类型为:除数为 0")

print(div(5,0))
```

程序运行结果为:

程序出现异常,异常类型为:除数为 0

调用 div(5,0),在执行函数时,抛出了"ZeroDivisionError"异常,被捕获后,执行异常处理代码,此例异常处理的代码就输出了"程序出现异常,异常类型为:除数为 0"的字符串。也可将异常处理代码改为其他的,例如:

```
#ch3_3_1.py
#try…except…应用示例

def div(x,y):
    try:
        z = x/y
        return z
    except ZeroDivisionError:
        print("出现了以 0 为除数的异常")        #提示出现了异常
        y=float(input("请输入一个非 0 的值:"))   #要求重新提供一个非 0 的值
        z=x/y
        return z

print(div(5,0))
```

修改后,程序执行结果为:

出现了以 0 为除数的异常
请输入一个非 0 的值:3
1.6666666666666667

2. try…except…else…结构

语法格式如下:

```
try:
    #可能引发异常的代码块
except Exception:
    #用来处理异常的代码块
else:
    #如果 try 中的代码没有引发异常,则在执行完 try 中的代码后继续执行此处代码块
```

在此结构中,如果 try 代码块内抛出了异常,就执行 except 子句;如果 try 代码块内没有捕获异常,则执行完 try 内的代码后,就执行 else 子句。

【例 3-4】try…except…else…应用示例。

```
#ch3_4.py
#try…except…else…应用示例

def div(x,y):
    try:
        z = x/y
    except ZeroDivisionError:
        print("出现了以 0 为除数的异常")          #提示出现了异常
        y=float(input("请输入一个非 0 的值: "))   #要求重新提供一个非 0 的值
        z = x/y
        return z
    else:
        return z
print(div(5,0))
```

程序执行结果为：
出现了以 0 为除数的异常
请输入一个非 0 的值：3
1.6666666666666667

因为 div(5,0)调用时抛出了异常，所以执行 except 代码块，要求重新输入一个值，并进行计算。如果改用 div(5,7)调用，则不会抛出异常，所以执行 else 子句的代码块，结果为：
0.7142857142857143

3. 带有多个 except…的 try…结构

带有多个 except…的 try…结构可以实现抛出多种异常，一旦某个 except 子句捕获异常，则其他的 except 子句将不会再尝试捕获异常。

语法格式如下：

```
try:
    try 块                  #可能引发异常的代码块
except Exception1:          # Exception1 是可能出现的一种异常
    except 块 1             #处理 Exception1 异常的语句
except Exception2:          # Exception2 是可能出现的另一种异常
    except 块 2             #处理 Exception2 异常的语句
…
[else:                      #可以没有 else 子句块
    else 子句块]
```

如果有 else 子句块，则在 Exception1 和 Exception2 异常都未出现时，执行此处的代码块。

【例 3-5】多个 except 应用示例。

```
#ch3_5.py
#try…except…else…应用示例
def div(x,y):
    try:
        z = x/y
    except ZeroDivisionError:
```

73

```
            print("出现了以 0 为除数的异常!")          #提示出现了异常
    except TypeError:                                    #类型错误异常
            print("被除数和除数应为数值类型!")
    else:
            return z
print(div(5,"b"))
```

程序执行结果为:

```
被除数和除数应为数值类型!
None
```

此例设置了捕获的两种异常,分别是"ZeroDivisionError"和"TypeError"。调用 div(5,"b")时,出现的异常是"TypeError",即类型错误,因为两个数值型对象才能进行除法运算,但现在除数是字符串"b",所以抛出了异常。

4. try…except…finally…结构

语法格式如下:

```
try:
        #可能引发异常的代码块
except exception                    #这里也可以是多个 except
        #用来处理异常的代码块
finally:
        #无论异常是否发生,此处的代码块都会执行
```

在 try…except…finally…异常处理结构中,finally 子句中的内容无论是否发生异常都会被执行,因此常用来做一些清理工作以释放 try 子句中申请的资源。

```
>>> try:
            1/0
    except:             #不带异常类型,表示捕获所有的异常类型
            print("发生了异常,在 except 子句块中进行了异常处理!")
    finally:
            print("finally 子句中的内容无论是否发生异常总会被执行!")
发生了异常,在 except 子句块中进行了异常处理!
finally 子句中的内容无论是否发生异常总会被执行!
```

Python 异常处理结构中可以同时包含多个 except 子句、else 子句和 finally 子句。

```
>>> def div(x, y):
        try:
                print(x / y)
        except ZeroDivisionError:
                print("除 0 错误! ")
        except TypeError:
                print("类型错误! ")
        except NameError:
                print("名字错误! ")
        else:
                print("正确! ")
        finally:
```

```
        print("执行 finally 语句块！")
>>> div(1,0)
除 0 错误！
执行 finally 语句块！
>>> div('a',1)
类型错误！
执行 finally 语句块！
>>> div(10,5)
2
正确！
执行 finally 语句块！
```

异常的捕获与处理增强了程序的健壮性，在程序设计时，要全面分析可能出现的异常现象，并进行必要的处理。

3.6 项目训练：哥德巴赫狂想——任何大于 2 的偶数总可以分解成两个素数的和

【训练目标】

通过编程验证哥德巴赫狂想，掌握函数的定义、调用和参数传递方法，会根据用户需求进行模块划分，并编写函数来实现各模块。

【训练内容】

众所周知，哥德巴赫狂想的证明是一个世界性数学难题，至今未能完全解决。我国著名数学家陈景润为哥德巴赫狂想的证明做出过杰出贡献。

所谓的"哥德巴赫狂想"，是说任何一个大于 2 的偶数都能表示成两个素数之和。应用计算机工具可以快速地在一定范围内验证哥德巴赫狂想的正确性，也就是近似证明哥德巴赫狂想。

【训练步骤】

（1）功能分析

验证一定范围内的哥德巴赫狂想，就是通过程序将一定范围内的所有偶数都分解成两个素数之和，从而说明其正确性。判定任意一个数是不是素数，可用一个函数来实现（素数的判断见例 2-10），然后通过循环对每个偶数进行分解。

（2）编写程序

```
#ch3_p_1.py
#验证哥德巴赫狂想

#素数判定函数
def judge_prime(n):
    for i in range(2,n):
        if n%i == 0:
            return False
            break
        else:
            return True
```

```python
def main():
    s = int(input("请输入范围的起始值："))
    e = int(input("请输入范围的终止值："))
    if s%2 == 0:
        for j in range(s,e+1,2):              #s 是偶数，则从 s 开始判断
            for k in range(2,int(j/2)+1):     #对每个偶数进行分解
                if judge_prime(k) and judge_prime(j-k):
                    print("%d=%d+%d"%(j,k,j-k))
                    break
    else:
        for j in range(s+1,e+1,2):            #s 是奇数，则从 s+1 开始判断
            for k in range(2,int(j/2)+1):     #对每个偶数进行分解
                if judge_prime(k) and judge_prime(j-k):
                    print("%d=%d+%d"%(j,k,j-k))
                    break

if __name__ == '__main__':
    main()
```

（3）调试程序

此例代码的调试比较简单，任意输入一个正数范围即可，如 3～28、6～12393。对于此例中的代码，需要注意的是：

① 起始循环值要确保是偶数；

② "for k in range(2,int(j/2)+1)" 中的 "int(j/2)+1"，主要是防止漏掉 4、6；

③ Python 中的 main()可以理解为一个测试函数，当单独运行上述程序时，才会执行 main()函数的代码。

思考：上述代码中，如果用户输入的数据范围不是正数范围，如何进行异常处理？

【训练小结】

请填写如表 1-1 所示的项目训练小结。

3.7 本章小结

1. 函数是用来实现代码复用的一种方法。
2. 函数定义的关键字是 def。
3. 学习 Lambda 表达式的使用。
4. 函数定义时，开头部分用一对三引号括起来的内容，通常说明函数的功能、参数等，其将会保存到函数的文档中，即 __doc__ 属性中。
5. Python 函数的参数不需要指定类型。
6. 调用函数需要注意是值的传递还是可变序列引用传递，如果是可变序列引用传递，在函数内部如果对可变序列进行了修改，则修改后的结果可以反映到函数外，即改变了实参。
7. 函数的参数分为位置参数、默认参数和可变长度参数。关键参数是一种参数传递方式。默认参数要求放置在位置参数之后。
8. 函数的返回值由 return 语句返回，如果没有返回值，则默认返回 None。

9. 变量分为局部变量和全局变量，分别有不同的作用范围。当全局变量和局部变量同名时，在局部变量有效时，则全局变量被隐藏。在函数内部要改变全局变量的值，需要使用 global 关键字来声明。尽量不要使用全局变量。

10. 异常的发生影响了程序的正常执行。当 Python 检测到一个错误时，解释器就会指出当前程序流程已无法继续执行下去，这时候就会抛出异常。Python 常见的异常类型有 46 种。

11. 异常处理的意义在于，正确合理使用异常处理可以使程序具备较强的容错能力，即使遇到各种错误和异常，也能做出恰当的处理，在一定程度上增强了 Python 程序的健壮性和友好性。

12. Python 中处理异常的结构有 try…except…、try…except…else…、带有多个 except…的 try…、try…except…finally…等。

3.8 练习

1. 有以下函数的定义，（　　）调用会出错。

```
def fun(outputs):
    for item in outputs:
        print(item)
```

A. fun([1,2,3])　　B. fun("abcd")　　C. fun(3.4)　　D. fun((1,2,3))

注：形式参数实际上是一个序列。

2. 对于以下代码，输出结果依次是（　　）。

```
a = 3
b = [1,2]
def test(a,b):
    #定义一个局部变量a
    a = 9
    #参数为可变序列引用传递时，可以改变序列中元素的值
    b.append(3)
    print(a,b)
test(a,b)
print(a,b)
```

A. 3[1,2]3[1,2]　　　　　　　　B. 9[1,2,3]3[1,2,3]
C. 9[1,2,3]9[1,2,3]　　　　　　D. 3[1,2,3]9[1,2,3]

3. 编写一个对列表进行从小到大排序的函数。
4. 编写一个函数，统计字符串中非字母的符号个数。
5. 编写一个函数，用来判断一个三位的整数是否是水仙花数，如 $153=1^3+5^3+3^3$。
6. 编写一个函数求 x 的绝对值。
7. 请编写一个函数来模拟微信红包金额的分配。
8. 下面是一个求 1×2×3×…×n（即求 n!）的函数。请用不同的数据进行调试，并仔细体会在函数内调用函数本身这种递归函数的形式。

```
def fact(n):
    if n == 1:
        return 1
    else:
        return n*fact(n-1)
```

3.9 拓展训练项目

3.9.1 用函数实现乘法口诀

【训练目标】

在 Ubuntu 16.04、Python 3.7.0 环境下,通过乘法口诀函数的定义和调用,掌握 Python 函数的定义和调用方法,会根据模块功能自定义函数,并能进行调用。

【训练内容】

(1)定义并调试一个求 x^2 的函数;
(2)函数相关属性查看;
(3)高阶函数;
(4)乘法口诀函数的编写与调试。

3.9.2 Python 函数参数

【训练目标】

在 Ubuntu 16.04、Python 3.7.0 环境下,通过实验理解位置参数、默认参数、可变长度参数及关键参数,会根据函数文档信息正确调用函数。

【训练内容】

(1)关键参数;
(2)默认参数;
(3)可变长度参数。

3.9.3 Python 局部变量和全局变量

【训练目标】

在 Ubuntu 16.04、Python 3.7.0 环境下,通过实验理解局部变量和全局变量的作用范围,会正确使用局部变量和全局变量。

【训练内容】

(1)局部变量的使用;
(2)全局变量的使用。

3.9.4 Python 异常捕获与处理

【训练目标】

在 Ubuntu 16.04、Python 3.7.0 环境下,通过实验理解 Python 中异常的类型与处理机制,会编写异常处理代码。

【训练内容】

(1)异常的捕获与单一异常的处理方法——try…except…;
(2)多个异常的捕获与分别处理方法——带有多个 except…的 try…结构;
(3)多个异常的捕获与集中处理方法——try…except(多个异常类型);
(4)异常的捕获与处理方法——try…except…else…;
(5)异常的捕获与处理方法——try…except…[else…]finally…。

第 4 章
面向对象编程基础

> **学习目标**
>
> ① 理解类与对象的关系；
> ② 理解类和对象的属性；
> ③ 理解类方法、静态方法、公有方法；
> ④ 会定义类及实例对象；
> ⑤ 会初步用面向对象方法进行简单应用系统的开发。

面向对象编程（Object Oriented Programming，OOP）是一种程序设计思想，能够很好地支持代码复用和设计复用。面向对象编程把对象作为程序的基本单元，就是把对象包含数据和操作数据的方法封装在一起，组成一个相互依存、不可分割的整体。对对象进行分类、抽象后，将所具有的共同特征定义为类，面象对象程序设计的关键是如何合理地定义和组织这些类及类之间的关系。

Python 完全采用面向对象程序设计的思想，是真正面向对象的高级动态编程语言，完全支持面向对象的封装、继承、多态，以及对基类方法的覆盖或重写等。在 Python 中，所有数据类型都被视为对象，如字符串、列表、字典、元组等内置数据类型都具有和对象相似的语法和用法。

4.1 类和对象

4.1.1 类

类是对一类具有共同特征对象的抽象。例如，可以定义一个学生类 Student，该类指学生这一类抽象群体，这个类的对象就是一个个具体的学生；可以定义一个汽车类 Car，该类指汽车这一类抽象事物，这个类的对象就是一个个具体的汽车。面向对象程序设计就是先定义类，然后根据类来创建具体的实例，即对象。例如，在 Python 中定义一个如下的汽车类：

```
>>> class Car:                    #定义汽车类，类名称为 Car
        name = 'passat'           #定义类属性：name，值为 passat
        price = '190000'          #定义类属性：price，值为 190000
        def drive(self):          #定义类方法，方法名称：drive
            print('I can run.')
```

Python 中，类定义的一般格式如下：

```
class 类名:
    类体
```

类的定义由类头和类体两个部分组成。类头使用 class 关键字来定义类，class 关键字之后是一个空格，然后是类的名字。类名的首字母一般大写，然后是一个冒号，最后换行并定义类的内部实现，即类体。类体定义类的成员，包括数据成员和方法（函数）成员。数据成员描述类的属性；方法（函数）成员描述类的行为，即类的方法。这样类就把数据和操作（方法）封装在一起，体现了类的封装性。

4.1.2 对象

当定义了一个类以后就产生了一个类对象。类对象可以进行两种操作：一种是引用，即通过类本身这个对象来引用（访问）类中的属性或方法，如 Car.name，Car.price，Car.drive；另外一种是实例化，即通过类来产生一个具体的实例对象，然后通过实例对象来访问类中定义的属性或方法。类对象虽然可以直接使用，但有一些限制。更多的时候是将类实例化，即创建实例对象，通过实例对象来访问类的属性和方法。实例对象创建和使用的一般格式如下：

```
实例对象名 = 类名([参数列表])          #通过类名来实例化对象
```

实例对象创建后，就可以使用"."运算符来访问这个实例对象所源自的类的属性和方法，即：

```
实例对象名.属性名                    #通过"实例对象名.属性名"来访问实例对象的属性
实例对象名.函数名()                  #通过"实例对象名.函数名()"来访问实例对象的方法
```

例如，利用定义的汽车类 Car 创建一个汽车实例对象 car1：

```
>>> car1 = Car()                    #利用定义的汽车类 Car 创建一个汽车实例对象 car1
>>> car1.name                       #访问对象的属性
'passat'
>>> car1.name = 'ford'              #给对象 car1 的 name 属性赋值 ford
>>> car1.price = '180000'           #给对象 car1 的 price 属性赋值 180000
>>> car1.name                       #查看 car1.name 的值
'ford'
>>> car1.price                      #查看 car1. price 的值
'180000'
>>> car1.drive()                    #访问 car1 的方法
I can run.
```

☞ 以后如果不特别说明，对象一般指实例对象。实例对象有时候又简称实例。

4.2 属性与方法

4.2.1 属性

1. 类属性

类属性就是类（即类对象）中所定义的属性，有公有的类属性和私有的类属性两种。

```
>>> class Car:                      #定义汽车类，类名称为 Car
        name = 'passat'             #定义公有的类属性 name，值为 passat
        __color= 'red'              #定义私有的类属性__color，值为 red
>>> car1 = Car()                    #利用定义的汽车类 Car 创建一个汽车实例对象 car1
>>> car1.name                       #通过实例对象 car1 访问公有的类属性 name
'passat'
>>> Car.name                        #通过类对象 Car 访问公有的类属性 name
'passat'
```

```
>>> car1.__color                    #通过实例对象 car1 访问私有的类属性__color，错误
Traceback (most recent call last):   #错误信息提示
  File "<pyshell#13>", line 1, in <module>
    car1.__color
AttributeError: 'Car' object has no attribute '__color'
```
☞ 属性名前加两个下划线"__"即为私有属性。
```
>>> Car.__color                     #通过类对象 Car 访问私有的类属性__color，错误
Traceback (most recent call last):   #错误信息提示
  File "<pyshell#14>", line 1, in <module>
    Car.__color
AttributeError: type object 'Car' has no attribute '__color'
```

类的所有实例对象都共有这个类中定义的属性，这些属性在内存中只存储一份，即类属性是类实例化对象公有的。公有的类属性在类定义的外部可以通过类对象和实例对象访问。同时，在类中也可以定义私有的类属性。私有的类属性以两个下划线"__"开始，后跟私有的属性名。私有类属性不能在类定义的外部通过类对象和实例对象访问。

类属性还可以在类定义结束之后通过"类名.新属性"增加，如下代码是给汽车类 Car 增加 id 属性：
```
>>> Car.id = '201805150010001'
>>> Car.id          #在类定义结束之后增加的 id 属性为汽车类 Car 的公有属性
'201805150010001'
>>> car1.id         #汽车类 Car 的任何一个实例化对象都可以访问新增加的 id 属性
'201805150010001'
```
如果给已存在的类属性赋新值，则类的默认值和实例对象的值都变为新的值。
```
>>> Car.name                   #查看汽车类 Car 中定义的公有属性 name
'passat'
>>> Car.name = 'polo'          #在类外部给汽车类 Car 的公有属性 name 赋新的值 polo
>>> Car.name                   #查看类对象 Car 的 name 值
'polo'                         #汽车类对象 Car 的公有属性 name 值变为 polo
>>> car1.name                  #查看实例对象 car1 的 name 值
'polo'                         #汽车类 Car 实例化对象 car1 的 name 值也变为 polo
```

如果在类定义的外部对汽车类 Car 进行实例化，产生实例对象 car1，然后对 car1 增加产地属性 address，则该属性为实例对象 car1 所特有，汽车类 Car 和 Car 的其他实例对象（如 car2）并没有该属性。
```
>>> car1.address = 'beijing'
>>> car1.address
'beijing'
>>> car2 = Car()
>>> car2.address
Traceback (most recent call last):   #错误信息提示
  File "<pyshell#11>", line 1, in <module>
    car2.address
AttributeError: 'Car' object has no attribute 'address'
>>> Car.address
Traceback (most recent call last):
```

```
    File "<pyshell#19>", line 1, in <module>
        Car.address
AttributeError: type object 'Car' has no attribute 'address'
```

2. 实例属性

实例属性一般是在 __init__() 构造函数中定义的，定义时以 self 作为构造函数的第一个形式参数，其中函数体中的属性前缀是 self，即 self.实例属性。在其他方法中虽然也可以添加新的实例属性，但一般来说，所有的实例属性都在 __init__() 构造函数中定义。实例属性只能通过实例对象名访问，不能通过类名访问。

```
>>> class Car:
        price ='180000'                #定义类属性
        def __init__(self, c):         #定义构造函数
            self.color = c             #定义实例属性
        def setaddress (self):
            self.address ='beijing'    #在类的其他方法中给实例添加属性，一般不提倡
>>> car1 = Car('red')                  #实例化对象
>>> car2 = Car('red')                  #实例化对象
>>> car1.color                         #查看实例 car1 属性的值
'red'
>>> car2.color                         #查看实例 car2 属性的值
'red'
>>> Car.price                          #查看类 Car 属性的值
180000
>>> Car.color                          #不能通过类对象来查看实例对象属性 color 的值
Traceback (most recent call last):     #错误信息提示
    File "<pyshell#38>", line 1, in <module>
        Car.color
AttributeError: type object 'Car' has no attribute 'color'
>>> Car.price = 200000                 #修改类属性值
>>> car1.color = 'yellow'              #修改实例 car1 属性
>>> Car.price                          #查看类 Car 属性的值
200000
>>> car1.color                         #查看 car1 属性的值
'yellow'
>>> car2.color                         #查看 car2 属性的值
'red'
>>> car1.price
200000
>>> car2.price
200000
>>> car1.setaddress()       #查看在 Car 类的其他方法中添加的实例属性，要先通过实例调用该方法
>>> car1.address            #查看在 Car 类的其他方法中添加的实例属性 address 的值
'beijing'
```

类中所定义的公有属性是所有实例共有的，因此通过类对象修改公有属性后，每个实例对象的公有属性也会随之改变；而类的构造方法__init__()所定义的属性是属于实例的，其他方法中添加的属性也是属于实例的。

4.2.2 方法

类的方法就是对类的数据进行操作的函数，以完成相应的功能，如改变类的状态，进行某个计算等。类中方法的定义与函数基本相同，有以下几点区别。

（1）类方法的第一个参数必须是 self，而且不能省略。
（2）方法的调用是使用"实例对象.方法"的形式进行的。
（3）类的方法属于类，函数是独立的。

类中定义的方法可以粗略地分为特殊方法、公有方法、私有方法、静态方法和类方法等。

```
>>> class Car:
        __distance = 0                      #私有的类属性
        def __init__(self,name):            #构造函数
            self.__name=name
            Car.__distance+=1
        def show(self):                     #公有的实例方法
            print("self.__name",self.__name)
            print("Car.distance",Car.__distance)
        @classmethod                        #修饰器，声明类方法
        def classShowdistance(cls):         #类方法
            print(cls.__distance)
        @staticmethod                       #修饰器，声明静态方法
        def staticShowdistance():           #静态方法
            print(Car.__distance)
>>> car1 = Car('passat')
>>> car1.classShowdistance ()               #通过实例对象来调用类方法
1
>>> car1.staticShowdistance ()              #通过实例对象来调用静态方法
1
>>> car1.show()                             #通过实例对象来调用公有实例方法
self.__ name: passat
Car.__distance: 1
>>> car2 = Car('benz')
>>> Car.classShowdistance ()                #通过类名调用类方法
2
>>> Car.staticShowdistance ()               #通过类名调用静态方法
2
>>> Car.show()                              #通过类名直接调用实例方法失败，错误
Traceback (most recent call last):
  File "<pyshell#72>", line 1, in <module>
    Car.show()
```

```
TypeError: show() missing 1 required positional argument: 'self'
>>> Car.show(car1)          #通过类名调用实例方法时为 self 参数显式传递对象名，访问实例属性
self.__ name: passat
Car.__ distance: 2
>>> Car.show(car2)          #通过类名调用实例方法时为 self 参数显式传递对象名，访问实例属性
self.__ name:benz
Car.__ distance: 2
```

　　Python 中类的构造函数（即构造方法）是 __init__(self,…)，一般用来为对象属性设置初值或进行其他必要的初始化工作，在创建对象时被自动调用和执行。如果用户没有在类中显式设计构造函数，Python 将提供一个默认的构造函数来进行必要的初始化工作。除构造函数之外，Python 还支持析构函数、运算符重载等大量的特殊方法。

　　类方法是类所拥有的方法，需要用修饰器@classmethod 来声明。第一个参数必须是类对象，一般将 cls 作为类方法的第一个参数名称，但也可以使用其他名称作为参数，并且在调用类方法时不需要为该参数传递值。

　　静态方法需要用修饰器@staticmethod 来声明，静态方法可以没有参数，但如果要在静态方法中引用类属性，则必须通过类。类方法和静态方法都可以通过类名和对象名调用，但不能直接访问属于实例对象的属性，只能访问属于类的属性。

　　实例对象可以调用公有的实例方法、类方法和静态方法；类对象只能调用类方法和静态方法，要调用公有的实例方法，必须为 self 参数显式传递实例对象名，即以实例对象为参数。

4.3 继承

　　继承是为代码复用和设计复用而设计的，是面向对象程序设计的重要特性之一。在继承关系中，已有的、设计好的类称为父类、超类或基类，新设计的类称为子类或派生类。派生类可以继承父类的公有属性和方法，但不能继承其私有属性和方法（即以两个下划线"__"开头，不以两个下划线"__"结尾的属性和方法）。如果要在派生类中调用基类的方法（包括构造方法），则可以使用内置函数 super() 或者通过"基类名.方法名"的方式来实现。

　　Python 中类继承定义的一般形式如下：

```
class 子类名(父类名):
    类体
```

　　在定义一个类时，关键字 class 与子类名间要有空格，子类名首字母一般大写，子类名后的小括号中可有多个父类，各父类间用英文的逗号分开。

```
>>> class Person(object):      #定义父类，其实父类本身也继承了 Python 中的 object 类
        def __init__(self, name, age, sex):   #定义构造方法
            self.name = name
            self.age = age
            self.sex = sex
            print('init person:',self.name)
        def showinfor(self):                  #定义公有的实例方法
            print(' name:%s;age:%d;sex:%s' %(self.name, self. age, self. sex))
>>> class Teacher(Person):                    #定义 Teacher 子类，继承 Person 类
        def __init__(self, name, age, sex , department):
            Person.__init__( self,name, age, sex)    #必须在子类中显式调用父类的构造方法
```

```
            print('init Teacher name:', self.name)
            self.department = department
        def showinfo(self):
            Person.showinfor(self)      #显式调用父类的实例方法,必须以 self 传递参数
            print('department: ',self.department)
>>> class Student(Person):      #定义 Student 子类,继承 Person 类
        def __init__(self, name, age, sex , marks):
            Person.__init__( self,name, age, sex) #必须在子类中显式调用父类的构造方法
            self.marks = marks
            print(' init Student name:', self.name)
        def showinfo(self):
            Person.showinfor(self)      #显式调用父类的实例方法,必须以 self 传递参数
            print('marks:', self.marks)
>>> t = Teacher('Jake',36, 'M' ,'compute')
init person: Jake
init Teacher name: Jake
>>> t.showinfo()        #调用派生类的方法
name:Jake;age:38;sex:M
department: computer
>>> s = Student('Rose',23, 'F',90)
init person: Rose
init Student name: Rose
>>> s.showinfo()        #调用派生类的方法
name:Rose;age:23;sex:F
marks: 90
```

Python 支持多重继承。所谓"多重继承",是指子类有两个或两个以上的父类。如果基类有相同的方法名,而在子类中使用时没有指定基类名,则 Python 解释器将按从左到右的顺序搜索,执行第一个搜索到的父类中同名方法。

```
>>> class A():
        def show(self):
            print("I come from class A")
>>> class B(A):     #类 B 继承了类 A
        def show(self):
            print("I come from class B")
>>> class C(A):     #类 C 继承了类 A
        def show(self):
            print("I come from class C")
>>> class D(B,C):   #类 D 是多重继承,分别继承类 B 和类 C
        pass        #占位作用,不执行
>>> d = D()
>>> d.show()        #执行类 B 的方法
I come from class B
```

4.4 多态

多态指的是一类事物有多种形态，一个抽象类有多个子类，因而多态的概念依赖于继承。例如，Animal（动物）类，又有子类 Dog（狗）类、Cat（猫）类、Tiger（虎）类。

```
>>> class Animal(object):        #定义基类（父类），基类本身也继承了 Python 中的 object 类
        def __init__(self, name):
            self.name = name
        def saymyself (self):    #定义基类的方法
            print(' In_Animal_class : I am a %s .' %self.name)
>>> class Cat(Animal):           #定义子类
        def saymyself (self):    #同名的方法实现不同的功能
            print(' In_Cat_class : I am a %s .'%self.name)
>>> class Dog(Animal):           #定义子类
        def saymyself (self):    #同名的方法实现不同的功能
            print(' In_Dog_class : I am a %s .'%self.name)
>>> class Tiger(Animal):         #定义子类
        def saymyself (self):    #同名的方法实现不同的功能
            print(' In_Tiger_class: I am a %s .'%self.name)
```

通过上述示例可以看到，基类的同一个方法在不同派生类中具有不同的表现和行为。派生类继承了基类的方法和属性之后，还会增加某些特定的方法和属性，同时还可能会对继承来的某些方法进行一定的改变，这都是多态的表现形式。下述示例代码可以看到多态的不同表现形式。

```
>>> def testfunc(obj):            #定义一个调用函数
        print('%s say :'%obj.name) #输出实例的 name 属性值
        obj.saymyself()            #调用实例的方法
>>> animal1 = Animal('animal')    #分别创建不同的对象
>>> cat1= Cat('cat')
>>> dog1 = Dog(' dog ')
>>> tiger1 = Tiger('tiger')
>>> lst = [animal1,cat1,dog1,tiger1]
>>> for i in lst:
        print(i.name)
        testfunc(i)
animal                            #输出基类实例对象的属性
animal   say :
In_Animal_class : I am a animal . #通过基类实例对象调用基类实例对象的方法
cat                               #输出子类实例对象的属性
cat   say :
In_Cat_class: I am a cat .        #通过子类实例对象调用子类实例对象同名的方法，表现出多态
dog                               #输出子类实例对象的属性
dog   say :
In_Cat_class: I am a   dog .      #通过子类实例对象调用子类实例对象同名的方法，表现出多态
tiger                             #输出子类实例对象的属性
```

```
tiger    say :
In_Tiger_class: I am a tiger .    #通过子类实例对象调用子类实例对象同名的方法，表现出多态
>>> isinstance(animal1,Animal)
True
>>> isinstance(cat1,Animal)
True
>>> isinstance(cat1,Cat)
True
>>> isinstance(dog1,Animal)
True
>>> isinstance(dog1,Dog)
True
>>> isinstance(dog1,Cat)
False
```

多态体现在以下方面。

① 方法的多态性。上面所定义的 Car、Dog、Tiger 类都继承了 Animal 类，但是每个子类都对父类的 saymyself()进行了重新定义，从而体现了方法的多态性。

② 变量的多态性。通过 isinstance()函数的测试可以看到，dog1 既是 Animal 的实例，又是 Dog 的实例，由此可以看到变量的多态性。

③ 参数的多态性。def testfunc(obj): 所定义函数的参数 obj 可以是任何的对象，因此在下面的语句中调用 testfunc()时，分别传递了 animal1、cat1、dog1 和 tiger1 实例对象，从而体现了参数的多态性。其实，在第 3 章函数部分就已经体现了参数的多态性。当时定义了 fun(a,b)函数，可以对整数、实数、复数、列表、元组和字符串求和，所求的和是根据输入参数来确定的。

```
>>> for i in lst:
        print(i.name)
        testfunc(i)
```

【例 4-1】请用面向对象的方法编程计算圆和矩形的面积。要求定义一个形状基类，圆和矩形是子类。

分析：对于形状基类的定义，由于不同形状所具有的属性不相同，因此形状基类只定义了一个 area() 方法。在各子类中分别定义各自形状的特征属性，并且在各子类中分别重载 area()方法。

```
#ch4_1.py
import math
#定义一个基类
class Shape:
    def area(self):
        return 0.0
#定义子类圆
class Circle(Shape):
    def __init__(self, r=0.0):
        self.r = r
    def area(self):
        return math.pi * self.r * self.r
#定义子类矩形
```

```
class Rectangle(Shape):
    def __init__(self, a, b):
        self.a, self.b = a, b
    def area(self):
        return self.a * self.b
if __name__ == "__main__":
    #计算半径为 5 的圆的面积
    c = Circle(5)
    print("半径=",c.r,"   面积=",c.area())
    #计算矩形的面积
    r = Rectangle(12.5,5.6)
    print("矩形的边长分别是: ",r.a,",",r.b,"面积是: ",r.area())
```

Python 既支持面向过程的设计,又支持面向对象的设计,读者应根据应用需求合理选择设计方法。

4.5 项目训练:简单学生成绩管理系统

【训练目标】

通过对学生成绩管理系统的设计与实现,进一步理解面向对象的程序设计方法,会用面向对象的方法完成小型系统的开发。

【训练内容】

要求简单学生成绩管理系统具有课程与成绩输入、总分计算、按总分排序、最高分和最低分计算等功能。信息输入和输出要简洁明了,并增加必要的提示等。

本学生成绩管理系统就是帮班主任完成如表 4-1 和表 4-2 所示基本信息的输入,并求总分、排名、最高分及最低分。

表 4-1 学生成绩登记表

姓名	C#	Java	英语	数学	总分
李明	65	72	36	86	
王兵	81	70	65	71	
刘萍	73	64	88	65	

表 4-2 课程与教师表

课程名称	任课教师
C#	王长荣
Java	李小小
英语	刘卫兵
数学	张常来

【训练步骤】

(1)设计分析

本系统功能相对简单,关键是如何合理地定义相关的类来描述对象。这里设计分数(Score)、课程(Subject)及学生(Student)3 个类。分数(Score)类具有分数属性以及输入、输出功能;课程(Subject)类具有课程名称和任课教师两个属性以及输入、输出功能;学生(Student)类具有姓名、成绩、课程等属性,以及输入成绩、输出成绩、求总分等功能。

(2)编写程序

```python
#ch4_p_1.py
#简单学生成绩管理系统
#定义分数类
class Score():
    def __init__(self):
        self.s = 0
    def input(self):
        self.s = float(input("请输入分数(0~100): "))
    def output(self):
        print(self.s,end=' ')

#定义课程类,包含课程名称和任课教师
class Subject():
    def __init__(self):
        self.subject = ''
        self.teacher = ''
    def input(self):
        self.subject = str(input("请输入课程名称: "))
        self.teacher = str(input("请输入任课教师: "))
    def output(self):
        print(self.subject,self.teacher)

#定义学生类
class Student():
    def __init__(self,s):
        self.name = ''
        self.sum = 0
        self.grade = {}
        self.subject = s
    #输入每门课的成绩,用字典进行存储
    def input(self):
        self.name = str(input("请输入学生姓名: "))
        for i in self.subject:    #成绩输入
            print(i.subject,'课程',end=":")
            s = Score()
            s.input()
            self.grade[i] = s
    #求总分
    def count(self):
        for i in self.subject:
            self.sum += self.grade[i].s
```

```python
        #输出每门课的成绩及总分
        def output(self):
            print(self.name,end=' ')
            for i in self.subject:
                self.grade[i].output()
            print(self.sum)

#课程输入函数,返回课程列表
def kc():
    print("***课程信息输入***")
    sub = []
    while True:
        subject = Subject()
        subject.input()
        if subject.subject == '**':    #以输入 "**" 结束
            break
        else:
            sub.append(subject)
    return sub

#学生成绩输入函数,返回全部学生列表
def cj(sub):
    print("***学生信息输入***")
    class_jd = []
    while True:
        stu = Student(sub)
        stu.input()    #输入每门课程成绩
        stu.count()    #求总分
        class_jd.append(stu)
        if input("继续输入学生吗（y/n)? ") in ['n','N']:
            break
    return class_jd

def main():
    print("****学生成绩管理系统****")
    sub = kc()        #输入课程
    class_jd = cj(sub)    #输入学生成绩
    class_jd.sort(key=lambda class_jd:class_jd.sum)  #按总分排序
    print("***结果输出***")
    print("最高分是: ",max(class_jd,key=lambda class_jd:class_jd.sum).sum)    #求最高分
    print("最低分是: ",min(class_jd,key=lambda class_jd:class_jd.sum).sum)    #求最低分
    print("姓名",end=' ')
    for i in sub:      #输出表头
```

```
        print(i.subject,end="")
    print("总分")
    for i in class_jd:  #按总分从低到高输出学生信息
        print(i.output())

if __name__ == '__main__':
    main()
```

（3）调试程序

执行程序，根据提示依次输入如表 4-1 和表 4-2 所示的信息。课程信息以输入 "**" 作为结束标志；学生成绩通过不断的提示来决定是否输入结束。程序运行过程如图 4-1 所示。

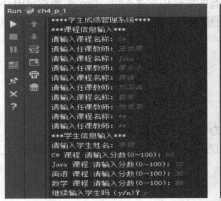 

图 4-1　程序运行过程

请思考如下问题。

① 如果改成从高到低排序，应该如何修改程序？

② 在计算最高分、最低分以及排序时，都用到了 "key=lambda class_jd:class_jd.sum" 来决定比较的对象，其中用到了 lambda 函数，请查阅资料进行学习。

③ 如果要增加按姓名查询的功能，应如何编写查询代码？

【训练小结】

请填写如表 1-1 所示的项目训练小结。

4.6　本章小结

1. 面向对象程序设计的三大特性分别是封装、继承和多态。

2. 类实现了属性和方法的封装性，类定义时使用的关键字是 class。一般通过类的实例化来访问类的属性和方法，但也可以通过类对象本身来访问类的属性和方法。

3. 类属性就是类中所定义的属性，分为公有的类属性和私有的类属性两种。实例属性一般是在 __init__()构造函数中定义的，定义时以 self 作为构造函数的第一个形式参数，其中，函数体中的属性前缀是 self，即 self.实例属性。实例属性只能通过实例对象名访问，不能通过类名访问。

4. 类中所定义的公有属性是所有实例共有的，因此通过类对象修改公有属性后，每个实例对象的共有属性也会随之改变；而类的构造方法 __init__()所定义的属性是属于实例的，其他方法中添加的属性也是属于实例的。

5. 类中定义的方法可以粗略地分为特殊方法、公有方法、私有方法、静态方法和类方法等。

6. 实例对象可以调用公有的实例方法、类方法和静态方法；类对象只能调用类方法和静态方法，要调用公有的实例方法，必须为 self 参数显式传递实例对象名，即以实例对象为参数。

7. 继承是用来实现代码复用和设计复用的机制。在继承关系中，已有的类称为父类、超类或基类，新设计的类称为子类或派生类。

8. 派生类可以继承父类的公有属性和方法，但是不能继承其私有属性和方法。如果需要在派生类中调用基类的方法，可以使用内置函数 super()或通过"基类名.方法名"的方式来实现，同时以 self 传递参数。

9. 多态指的是一类事物有多种形态。一个抽象类有多个子类，因而多态的概念依赖于继承。派生类继承了基类行为和属性之后，还会增加某些特定的行为和属性，同时还可以对继承来的某些行为进行一定的改变，这些都体现出了多态性。

10. Python 中的一切皆对象。不同的对象具有的属性和方法不同。每个对象都可用 dir()函数查看其属性和方法。在不作特别说明时，对象一般指实例对象。

4.7 练习

1. 类对象和实例对象的区别是什么？
2. 类属性和实例属性的区别是什么？
3. 为什么通过类名调用实例方法时，需要显式传递 self 参数？
4. 在 Python 中，以下划线开头的变量名和方法名有特殊的含义，尤其是在类的定义中，请仔细体会。
5. 下列说法中不正确的是（　　）。
   A. 类是对象的模板，而对象是类的实例
   B. Python 中的一切皆对象，类本身也是对象，即类对象
   C. 属性名如果以"__"开头，就变成了一个私有属性
   D. 在 Python 中，一个子类只能有一个父类
6. 在 Student 类的方法定义中，访问实例属性 name 的正确格式是（　　）。
   A. name　　　　B. self['name']　　　　C. self.name　　　　D. Student.name()
7. 面向对象程序设计的三大特性中，体现封装性的是（　　）。
   A. 对象　　　　B. 类　　　　C. 继承　　　　D. 多态
8. 下列程序运行结果是（　　）。

```
>>> class Coordinate():
        x = 11
        y = 11
        def __init__(self,x,y):
            self.x = x
            self.y = y
>>> codi = Coordinate(22, 22)
>>> print(codi.x, codi.y)
```

9. 下列程序运行结果是（　　）。

```
>>> class Student(object):
        def __init__(self,name,age,scores):
            self.name = name
```

```
            self.age = age
            self.scores = scores
        def get_name(self):
            return self.name
        def get_age(self):
            return self.age
        def get_course(self):
            return max(self.scores)
>>> stu = Student('zhangsan', 18, [88, 99, 100])
>>> print(stu.get_name())
>>> print(stu.get_age())
>>> print(stu.get_course())
```

10. 下列程序运行结果是（　　）。
```
>>> class A():
        x = 100
>>> class B(A):
        pass
>>> print(A.x, B.x)
```

11. 设计一个 Student 类，包含姓名、性别、年龄、家庭地址等属性和 display() 方法，在方法中将这些信息显示出来。

12. 假设某游戏项目中需要定义一个精灵，其需要的属性有体重、颜色、高度、能量；具有行走、跳跃、进食能力，且会在行走和跳跃时不断损耗能量，而进食则会增加能量。请根据描述定义这个精灵。

13. 定义一个花的基类，包含两个属性和至少一个方法，再定义玫瑰花和月季花两个派生类，在派生类中对基类的方法进行改写。最后分别创建实例对象：3 支玫瑰和 5 支月季花，分别给 8 个同学。

14. 用面向对象的方法设计一个手机通信管理系统，要求具有编辑、添加、删除、查询功能。

4.8 拓展训练项目

4.8.1 Python 类与对象

【训练目标】

在 Ubuntu 16.04、Python 3.7.0 环境下，通过对 Bird 类的定义与修改，熟练掌握类的定义以及实例对象的创建，理解类属性、实例对象的属性与方法的使用。

【训练内容】

（1）定义一个 Bird 类，其具有两个类属性和一个方法，并创建实例对象，调用实例对象的属性和方法。

（2）对 Bird 类进行修改，增加构造函数和新的方法，同时创建新的对象，调用实例对象的方法。

4.8.2 类方法、实例方法和静态方法

【训练目标】

在 Ubuntu 16.04、Python 3.7.0 环境下，通过对 MyClass 类的定义与修改，掌握实例方法的定义与使用，熟悉类方法、静态方法的定义与使用。

【训练内容】
（1）定义 MyClass 类，其包含构造函数和一个实例方法。
（2）对 MyClass 类进行修改，使用@classmathod 修饰符增加一个类方法，注意类方法的参数。
（3）对 MyClass 类进行修改，使用@staticmethod 修饰符增加一个静态方法。
（4）类方法、静态方法和实例方法的使用。

4.8.3 类继承、组合

【训练目标】
在 Ubuntu 16.04、Python 3.7.0 环境下，通过对 Student 类和 Teacher 类的进一步抽象定义一个 Person 类，重新定义 Student 类和 Teacher 类，使它们继承 Person 类，从而掌握类的继承；通过 Date 类的组合使用理解类的组合，从而进一步理解类的实质（实质是自定义新的数据类型）。

【训练内容】
（1）通过对已有的 Student 类和 Teacher 类的分析，定义新的类 Person，并使用继承重新定义 Student 类和 Teacher 类，创建 Student 和 Teacher 实例，通过实例调用实例方法和属性。
（2）定义 Date 类，并修改 Student 类，使其增加一个 Date 类型的属性，创建 Student 的实例对象，调用相应的属性和方法。

4.8.4 类的多重继承

【训练目标】
在 Ubuntu 16.04、Python 3.7.0 环境下定义子类 C1、C2，使其继承父类 P1、P2。C2 重写了 bar()方法。定义子类 D，继承 C1、C2。理解多重继承中父类属性和方法的继承与重写的区别。

【训练内容】
（1）分别定义父类 P1 和 P2，定义子类 C1、C2，继承 P1 和 P2。定义子类 D，继承 C1、C2。
（2）定义 D 类的实例对象 d，分别调用 foo()和 bar()方法，理解继承关系。

第 5 章
模块

05

▶ 学习目标

① 理解包与模块的管理功能，会创建模块和包；
② 理解命名空间和变量的作用域，会正确使用不同命名空间中的标识符；
③ 掌握模块的多种导入方法，会正确导入模块；
④ 熟悉常用的 Python 内置模块，初步使用 Python 内置模块编程。

前面介绍了通过设计函数和定义类来编程所需要的功能，其实很多时候要会使用别人的模块来搭建自己的程序，这将会得到事半功倍的效果。Python 的优点之一是免费开源，其自带丰富的模块，很多编程爱好者也编写了大量功能强大的第三方库。用好 Python 自带的库和第三方库是学习 Python 的基本目标。

5.1 模块的创建和命名空间

5.1.1 模块的创建

Python 中的模块实际上就是包含函数和类的 Python 程序，它以 .py 为扩展名。对于一个大型系统，人们会经常将功能细化，将实现不同功能的代码放在不同的程序文件中，在其他程序文件中以模块的形式使用，以便于程序的维护与复用。因此模块的创建就是建立 .py 程序文件。

【例 5-1】创建一个模块，包含一个判断水仙花数的函数。

水仙花数（Narcissistic Number）也被称为超完全数字不变数、自恋数、自幂数、阿姆斯壮数或阿姆斯特朗数。水仙花数是指一个 3 位数，它的每个位上数字的 3 次幂之和等于它本身（如 $1^3 + 5^3 + 3^3 = 153$）。

```
#水仙花数模块
#模块名：ch5_1.py
def narcissistic_number(x):
    z = x
    series = []
    while x:                    #取每一位数字存入列表中
        i = x % 10
        series.append(i)
        x = x // 10
```

```
        y = 0
        for i in series:              #判断是不是水仙花数
            y = y + i**3
        if  y == z:
            return True
        else:
            return False

    if __name__ == "__main__":
        print(narcissistic_number(153))
        print(narcissistic_number(161))
```

例 5-1 创建了一个模块，模块名称是 ch5_1。其他代码中如果要使用 narcissistic_number()函数，就可以像使用 math 模块一样，用 import 语句导入 ch5_1 模块，然后调用 narcissistic_number()函数。

本章之前所写的代码都是在一个.py 文件中，直接执行即可。从本章开始介绍用模块来管理代码。通常按功能来划分代码块，使代码的逻辑更加清晰。Python 中，为了区分代码块是单独运行的还是作为模块导入到另一个代码中运行，可对系统变量__name__值进行判断来识别。模块作为单独的程序运行时，__name__的值是__main__，而作为模块导入时，__name__的值就是该模块的名称了。因此，从现在开始，.py 程序文件中如果有函数、类的定义，则都进行这样的判断，即使用 if__name == "__main__"判断。因此，对于例 5-1 代码中的 "if __name__ == "__main__":……" 语句块，当单独执行 ch5_1.py 文件时，语句块内的两个 print()函数将会被执行。如果是作为模块导入，则不执行。

5.1.2 命名空间

命名空间表示标识符的可见范围。一个标识符可在多个命名空间中定义，但它在不同命名空间中的含义是互不相关的。如在同一个学校的不同班级里有两个"刘卫东"同学，老师在各自的班级里点名时直接喊"刘卫东"，自然就是指本班的"刘卫东"同学，如果在全校点名就需要区分是哪个班的"刘卫东"了，这时候需要采用"班级+刘卫东"的形式。班级就是命名空间。

在 Python 中，每个模块都会维护一个独立的命名空间。在模块外使用标识符时，需要加上模块名，如 math.pi。当然，也需要结合模块的导入方式，如果使用"from 模块名 import 函数名/属性/子模块名"方式导入，一定要注意，不同的模块里不要存在相同的标识符。

Python 命名空间采用字典进行管理，键为变量名，值是变量的值。各个命名空间是独立的，是没有关系的，一个命名空间中不能有重名的空间对象，但是不同的命名空间中可以有重名的空间对象。

Local Namespace：局部命名空间，每个函数所拥有的命名空间记录了函数中定义的所有变量，包括函数的形参、内部定义的局部变量。

Global Namespace：全局命名空间，是每个模块加载执行时创建的，记录了模块中定义的变量，包括模块中定义的函数、类、其他导入的模块、模块级的变量与常量。

Build-in Namespace：Python 自带的内建命名空间，任何模块均可以访问，存储了内置的函数和异常。

当 Python 中的某段代码要访问一个变量 x 时，Python 会在所有的命名空间中寻找这个变量，查找的顺序为：Local Namespace、Global Namespace、Build-in Namespace。

① Local Namespace：指的是当前函数或者当前类的方法。如果在当前函数中找到了变量 x，则停止搜索。

② Global Namespace：指的是当前模块。如果在当前模块中找到了变量 x，则停止搜索。

③ Build-in Namespace：如果在之前两个命名空间中都找不到变量 x，Python 会假设 x 是 Build-in 的函数或者变量。如果 x 不是内置函数或者变量，Python 会报 NameError 错。

5.2 模块的导入和路径

5.2.1 模块的导入

要使用某个模块中的函数、方法和类等，需要先导入模块。其实在前面的学习中，已经导入过 math 模块，是采用 import 语句实现的，即：

import math

Python 提供了以下 3 种导入模块方式。

（1）import 模块名。

（2）import 模块名 as 模块别名。

（3）from 模块名 import 函数名/子模块名/属性。

不同的导入方式对于模块内的方法和属性的调用是有区别的。使用"import 模块名"方式导入时，调用方法和属性格式为"模块名.属性/方法"。例如：

import math
print(math.pi)   #调用 math 模块的 pi 属性
print(math.pow(3,5))   #调用 math 模块的 pow()方法

使用"import 模块名 as 模块别名"方式导入时，使用"模块别名.属性/方法"调用。例如：

import math as shuxue
print(shuxue.pi)

一般在模块导入时添加别名，以方便操作。可以为长的模块起一个简短的别名，也可以为了方便记忆用拼音命名，如对 math 不太熟悉时，起名为拼音的 shuxue。

使用"from 模块名 import 函数名/子模块名/属性"方式导入时，可以有针对性地导入某个函数或者子模块，当然，如果用"from 模块名 import *"导入，则导入模块的全部。例如：

\>>> from math import *

此时导入了 math 模块的全部属性和方法，因此 math 模块内的全部方法和属性都可以直接调用。

\>>> pi
3.141592653589793
\>>> pow(2,3)
8.0
\>>> sqrt(67)
8.18535277187245
\>>> from math import pow
\>>> pow(3,5)
243.0
\>>> math.pi
Traceback (most recent call last):

```
    File "<pyshell#2>", line 1, in <module>
        math.pi
NameError: name 'math' is not defined
```

此方法只导入了 math 模块的 pow()方法，调用 math.pi 时则出现错误提示。用这种方法导入的子模块、方法和属性，只能直接使用子模块名、方法名和属性名。例如：

```
>>> from math import pi
>>> pi
3.141592653589793
>>> math.pi
Traceback (most recent call last):
    File "<pyshell#7>", line 1, in <module>
        math.pi
NameError: name 'math' is not defined
```

通过模块名调用属性、方法、子模块时，则会出现错误提示。

对于上述 3 种导入方式，编程时可根据个人的需要和习惯进行选择，但是对于"from 模块名 import 函数名/子模块名/属性"这种方式，由于调用时不需要再使用模块名称，因此注意程序中不要出现同名的属性和方法。

5.2.2 模块的路径

对于 Python 自带的模块或者第三方库，在安装时，系统自动将模块的存储路径记录在 sys.path 列表中；在导入时，Python 解释器会根据 sys.path 记录的路径去寻找要导入的模块。那么自己编写的模块，如何能让解释器知道路径呢？有两种方法：第一种方法是在 sys.path 列表里添加自己所写模块的路径；第二种方法是设置系统的环境变量，使其包含模块的路径。

【例 5-2】请编程找出所有的三位水仙花数。

本例直接调用例 5-1 的 narcissistic_number() 函数进行判断，把 ch5_1.py 作为模块导入。当 ch5_1.py 和 ch5_2.py 在同一个路径下时，可以直接导入。如果不在同一路径下，则需要修改 sys.path，或者设置环境变量。这里采用修改 sys.path 的方法。修改环境变量的方法请参考相关的操作。

① 查看 ch5_1.py 的存储路径。在 Linux 虚拟机终端下进行如图 5-1 所示的操作。

图 5-1 路径与文件查看操作

用 pwd 命令查看当前的路径，用 ls 命令列出当前目录下的文件和文件夹，也可用 find 命令查找文件。

② 将模块所在的目录添加到 sys.path 中。在 iPython 下进行如图 5-2 所示的操作。首先导入 sys 模块，然后查看 sys.path 的值，接着将"/usr/book"路径添加到 sys.path 中，最后查看添加的结果。

☞ sys 是 Python 的一个较为常用的内置模块，它提供了对 Python 脚本运行时环境的操作。sys 能够让用户访问与 Python 解释器联系紧密的函数和变量。

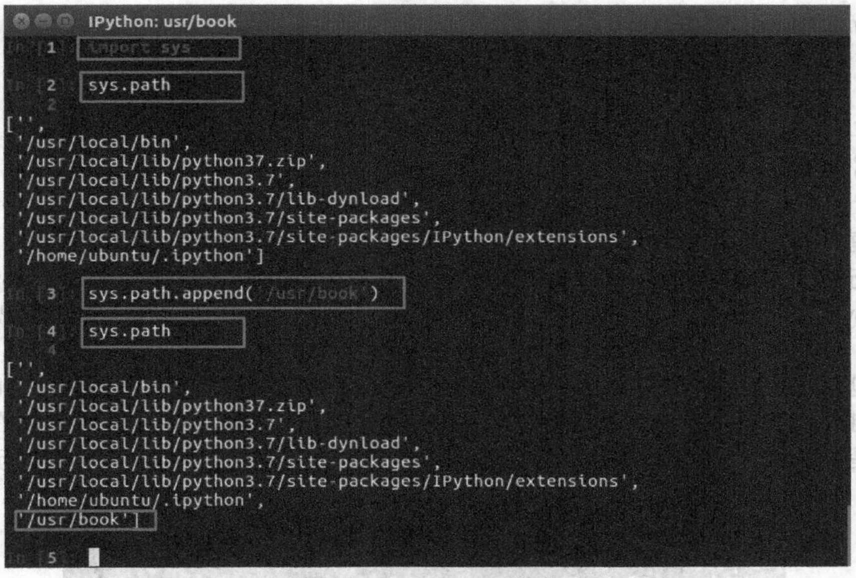

图5-2 sys.path的修改过程

③ 编写程序，调用 ch5_1.py 模块。

```
#ch5_2.py
#找出所有的水仙花数
#coding:uft-8
import ch5_1   #导入自定义的模块
if __name__ == '__main__':
    for i in range(101,1000):
        if ch5_1.narcissistic_number(i) == True:
            print(i)
```

④ 调试程序。运行上述程序，输出结果如图 5-3 所示，可见水仙花数共有 4 个。

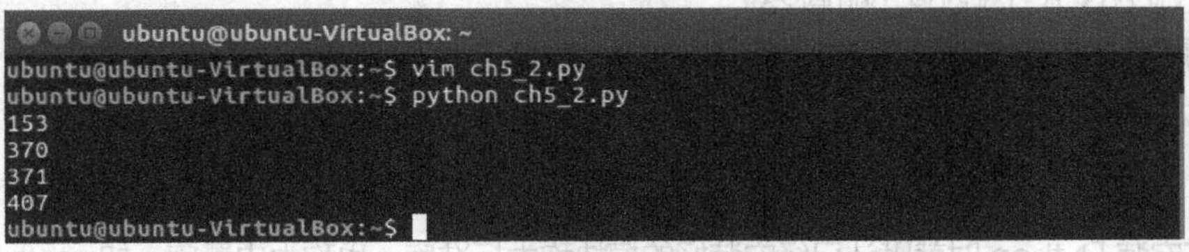

图5-3 例5-2代码的运行结果

☞ 在 sys.path 中添加路径的操作也可在.py 代码里进行，如将例 5-2 的代码作如下修改：

```
#ch5_2_1.py
#找出所有的水仙花数
#coding:uft-8
#添加路径，这里是 Linux 下的路径，如果是在 Windows 下，则路径表示为"\\usr\\book"
import sys
sys.path.append("/usr/book")
import ch5_1   #导入自定义的模块
if __name__ == '__main__':
```

```
for i in range(101,1000):
    if ch5_1.narcissistic_number(i) == True:
        print(i)
```

5.3 包

大型复杂的项目通常会有多个模块，为了更好地管理这些模块，避免命名空间的冲突，Python 中采用包进行管理。包其实就是一个文件夹或者目录，但其中必须包含一个名为 __init__.py 的文件。__init__.py 文件的内容可以为空，仅用于表示该目录是一个包。另外，包可以嵌套，即把子包放在某个包内。

有了包之后，导入模块时需要加上包的名称，即包名.模块名。例如，将哥德巴赫狂想 ch3_p_1.py（素数的判断）和例 5-1 的 ch5_1.py（水仙花数的判断）两个模块用包来进行管理，都放在/usr/book 下，也就是创建一个 book 包，并且在 book 下创建一个空文件 __init__.py，如图 5-4 所示。

图 5-4 创建 book 包

如果要判断一个数是不是素数，可使用 book 包中 ch3_p_1 模块的 judge_prime()函数进行判断。此时可进行如下操作。

① 添加包的路径到 sys.path 中。
```
>>> import sys
>>> sys.path.append("/usr")
```
② 导入 ch3_p_1 模块。
```
>>> import book.ch3_p_1
```
③ 调用 judge_prime()函数。
```
>>> book.ch3_p_1. judge_prime(23)
```
☞ 调用包内的模块，同样要加上包名，如 book.ch3_p_1.judge_prime(23)。

5.4 Python 内置模块

那些在安装 Python 时就默认已经安装好的模块称为标准库，也称为内置库，如 math 库。有人把它们称为 Python 自带的电池，意思是 Python 拥有无限能量。熟悉标准库的使用是编程所必需的。

5.4.1 math 模块

math 模块中有大量常用的数学计算函数，如三角函数（sin()、cos()、tan()）、反三角函数（asin()、acos()、atan()）、对数函数（log()、log10()、log2()）等，还有数学常量，如 pi（圆周率）、e 等。
```
>>> import math
>>> math.pi
3.141592653589793
>>> math.log2(8)
```

☞ 可以用 dir（库名）查看模块所具有的属性和方法等。例如：

```
>>> dir(math)
['__doc__', '__loader__', '__name__', '__package__', '__spec__', 'acos', 'acosh', 'asin', 'asinh', 'atan', 'atan2', 'atanh', 'ceil', 'copysign', 'cos', 'cosh', 'degrees', 'e', 'erf', 'erfc', 'exp', 'expm1', 'fabs', 'factorial', 'floor', 'fmod', 'frexp', 'fsum', 'gamma', 'gcd', 'hypot', 'inf', 'isclose', 'isfinite', 'isinf', 'isnan', 'ldexp', 'lgamma', 'log', 'log10', 'log1p', 'log2', 'modf', 'nan', 'pi', 'pow', 'radians', 'remainder', 'sin', 'sinh', 'sqrt', 'tan', 'tanh', 'tau', 'trunc']
>>> math.__doc__         #__doc__存放的是模块的文档信息
'This module is always available.  It provides access to the\nmathematical functions defined by the C standard.'
>>> math.__name__        #模块名字
'math'
```

5.4.2 random 模块

random 模块主要用来生成随机数，包括 random()、randint(a,b)、choice(seq)等函数。

（1）random()函数。可生成 0～1 之间的随机数，例如：

```
>>> import random
>>> random.random()
0.014636057019557946
```

（2）randint(a,b)函数。可生成一个在 a～b 之间的整数，例如：

```
>>> random.randint(1,20)
1
>>> random.randint(1,20)
5
>>> random.randint(1,20)
11
```

（3）choice(seq)函数。可从序列 seq 中随机地选取一个元素，例如：

```
>>> random.choice([1,2,3,4,5,6,7,8])
5
>>> random.choice([1,2,3,4,5,6,7,8])
1
```

更多函数和属性请根据需要进行查询。

5.4.3 time 模块

time 模块是和时间相关的库。

（1）time()函数。为时间戳函数，表示从 1970 年 1 月 1 日 0 时 0 分 0 秒起至当前时间的总秒数，例如：

```
>>> import time
>>> time.time()
1525930831.9476714    #这个时间戳就是运行该语句时的时间与起始时间之间的总秒数
```

（2）localtime()函数。用于获取本地时间，例如：

```
>>> time.localtime()
```

time.struct_time(tm_year=2018, tm_mon=5, tm_mday=10, tm_hour=13, tm_min=43, tm_sec=11, tm_wday=3, tm_yday=130, tm_isdst=0)

上面的输出结果是一个时间元组,各项含义如表 5-1 所示。

表 5-1 时间元组各项含义

索引	属性	含义
0	tm_year	年
1	tm_mon	月
2	tm_mday	日
3	tm_hour	时
4	tm_min	分
5	tm_sec	秒
6	tm_wday	一周中的第几天(0~6,0 代表星期一)
7	tm_yday	一年中的第几天(1~366)
8	tm_isdst	是否夏令时

通过索引可以获得某属性的值,通过属性也可以获得相应的值。

```
>>> time.localtime()[0]
2018
>>> time.localtime()[1]
5
>>> time.localtime().tm_hour
13
>>> time.localtime().tm_min
57
```

(3) ctime()函数。将时间以字符串的格式显示,例如:

```
>>> time.ctime()
'Thu May 10 13:58:31 2018'
```

(4) strftime()函数。将时间以格式化形式显示,例如:

```
>>> time.strftime("%y",time.localtime())
'18'
>>> time.strftime("%Y",time.localtime())
'2018'
>>> time.strftime("%Y,%B,%d",time.localtime())
'2018,March,22'
```

时间格式化参数及其含义如表 5-2 所示。

表 5-2 时间格式化参数及其含义

格式	含义
%a	本地简化星期名称
%A	本地完整星期名称
%b	本地简化月份名称
%B	本地完整月份名称

续表

格式	含义
%c	本地相应的日期和时间表示
%d	一个月中的第几天（01~31）
%H	一天中的第几个小时（24 小时制，00~23）
%I	一天中的第几个小时（12 小时制，01~12）
%j	一年中的第几天（001~366）
%m	月份（01~12）
%M	分钟数（00~59）
%p	本地 am 或者 pm 的相应符
%S	秒（00~61）
%U	一年中的星期数（00~53，星期天是一个星期的开始）。一年的第一个星期天之前的所有天数都放在第 0 周
%w	一个星期中的第几天（0~6，0 代表星期天）
%W	和%U 基本相同，不同的是%W 以星期一为一个星期的开始
%x	本地相应日期
%X	本地相应时间
%y	去掉世纪的年份（00~99）
%Y	完整的年份
%Z	时区的名字（如果不存在为空字符）
%%	"%"字符

同样，更多函数和属性请根据需要进行查询。

5.4.4 datetime 模块

虽然 time 模块可以实现有关时间方面的所有功能，但是使用起来略显烦琐，所以又出现了 datetime 模块。在 Python 中 datetime 模块也用来处理时间和日期。

datetime 模块定义了以下几个类来处理时间和日期。

- datetime.date：表示日期的类。常用的属性有 year、month、day。
- datetime.time：表示时间的类。常用的属性有 hour、minute、second、microsecond。
- datetime.datetime：表示日期和时间的类。
- datetime.timedelta：表示时间间隔，即两个时间点之间的长度。

```
>>> import datetime
```

（1）当前时间 now()函数

```
>>> print(datetime.datetime.now())
2018-03-23 08:35:32.266741
```

（2）当前时间 today()函数

```
>>> print(datetime.datetime.today())
2018-03-23 08:54:04.685526
```

（3）当前日期 date()函数

```
>>> print(datetime.datetime.now().date())
```

2018-03-23

（4）时间元组 timetuple()函数

```
>>> datetime.datetime.now().timetuple()
time.struct_time(tm_year=2018, tm_mon=3, tm_mday=23, tm_hour=8, tm_min=46, tm_sec=26, tm_wday=4, tm_yday=82, tm_isdst=-1)
```

（5）时间计算 timedelta()函数

使用 datetime.timedelta()可前后移动时间，可以用的参数有 weeks、days、hours、minutes、seconds、microseconds。

```
>>> print(datetime.datetime.now())
2018-06-03 15:03:09.126645
>>> print(datetime.datetime.now() + datetime.timedelta(hours=1))
2018-06-03 16:04:17.027529
>>> print(datetime.datetime.now() + datetime.timedelta(days=1))
2018-06-04 15:04:54.310661
>>> print(datetime.datetime.now() + datetime.timedelta(weeks=1))
2018-06-11 15:05:27.785576
```

（6）格式转化 strftime()函数

格式化参数同 time 模块的 strftime()函数。

```
>>> datetime.datetime.now().strftime("%Y-%m-%d %H:%M:%S")
'2018-03-23 09:18:18'
>>> print(datetime.datetime.strftime("2015-07-17 16:58:46","%Y-%m-%d %H:%M:%S"))
2015-07-17 16:58:46
```

（7）当前时间 today()函数（date 子库）

```
>>> t=datetime.date.today()        #生成一个日期对象
>>> t                              #输出 t 的值
datetime.date(2018, 5, 10)
>>> t.year                         #调用 t 的属性
2018
>>> t.month
5
>>> t.day
10
```

5.4.5 calendar 模块

calendar 是一个日历模块，用于生成日历等。

（1）calendar()函数。生成某年的日历，例如：

```
>>> import calendar
>>> print(calendar.calendar(2018))    #打印出 2018 年的日历
                                  2018

      January                February                March
Mo Tu We Th Fr Sa Su    Mo Tu We Th Fr Sa Su    Mo Tu We Th Fr Sa Su
```

```
 1  2  3  4  5  6  7              1  2  3  4                    1  2  3  4
 8  9 10 11 12 13 14        5  6  7  8  9 10 11          5  6  7  8  9 10 11
15 16 17 18 19 20 21       12 13 14 15 16 17 18         12 13 14 15 16 17 18
22 23 24 25 26 27 28       19 20 21 22 23 24 25         19 20 21 22 23 24 25
29 30 31                   26 27 28                     26 27 28 29 30 31
......
```

（2）month()函数。生成某年某月的日历，例如：

```
>>> print(calendar.month(2018,5))    #输出2018年5月的日历
     May 2018
Mo Tu We Th Fr Sa Su
    1  2  3  4  5  6
 7  8  9 10 11 12 13
14 15 16 17 18 19 20
21 22 23 24 25 26 27
28 29 30 31
```

（3）isleap()函数。判断某年是否为闰年，例如：

```
>>> calendar.isleap(2014)
False
>>> calendar.isleap(2018)
False
>>> calendar.isleap(2016)
True
```

5.4.6 sys 模块

sys 模块是和 Python 解释器关系密切的库。前面已经使用过了 sys.path 属性及 sys.path.append() 方法。读者可以通过 sys.__doc__ 查看 sys 库的文档，以便全面了解 sys 库。

（1）path 属性。用于记录 Python 中已经安装的模块（库）的路径，以列表的形式进行存储。例如：

```
>>> import sys
>>> sys.path              #显示当前的值
['', 'C:\\Users\\Administrator\\AppData\\Local\\Programs\\Python\\Python36\\Lib\\idlelib', 'C:\\Users\\Administrator\\AppData\\Local\\Programs\\Python\\Python36\\Python36.zip',......]
>>> type(sys.type)        #查看 sys.path 的类型
<class 'list'>
```

path 是列表类型，通过 dir(sys.path) 可以查看其具有的方法，如前述的 append() 方法。

（2）exit()函数。退出当前程序，一般用于主线程的退出，退出时会抛出 SystemExit 异常。这个异常需要通过捕获代码进行捕获。例如：

```
>>> try:
        for i in range(5):
            if i == 4:
                sys.exit()
            else:
                print(i,end=' ')
```

```
except SystemExit:
    print("SystemExit! ")
0 1 2 3 SystemExit!
```

通过上述代码可以看到,当 i 等于 4 时,执行 sys.exit()退出并抛出 SystemExit 异常,"except SystemExit…" 捕获了该异常。

5.4.7 zipfile 模块

zipfile 是 Python 中用来进行 zip 格式编码的压缩和解压缩的模块。zipfile 中有两个非常重要的类,分别是 ZipFile 和 ZipInfo。在绝大多数情况下,只需要使用这两个类就可以了。ZipFile 是主要的类,可用来创建和读取 zip 文件,而 ZipInfo 用来存储 zip 文件相关信息。

1. ZipFile 类

ZipFile 对象的创建格式如下:

f = ZipFile(file, mode='r', compression, allowZip64=True, compresslevel=None)

file:可以是文件或路径。

mode:模式,压缩时为 "w",打开时为 "r","a" 为追加压缩,不清空原来的 zip。

compression:表示在写 zip 文档时使用的压缩方法,zipfile.ZIP_STORED 表示不压缩,zipfile.ZIP_DEFLATED 默认表示压缩,还可以是 ZIP_BZIP2 (requires bz2)或 ZIP_LZMA (requires lzma)。

allowZip64:True 表示支持 64 位压缩。一般情况下,如果要操作的 zip 文件大小超过 2GB,则应该将 allowZip64 设置为 True,否则为 False。

compresslevel:压缩级别,和 compression 相关。默认为 None。

2. 压缩

① 创建压缩文件对象。

```
>>> import zipfile
>>> f = zipfile.ZipFile('/usr/book.zip', mode='w', compression=zipfile. ZIP_DEFLATED)
```

这里的 mode 为 "w"。

② 添加文件到压缩包里。

```
>>> f.write('/usr/book/ch3_p_1.py')    #write()可将文件或文件夹添加到压缩文件里
>>> f.write('/usr/book/ch5_1.py')
```

③ 关闭压缩文件对象。

```
>>> f.close()
```

④ 查看压缩结果。

压缩结果如图 5-5 所示,可以看到 /usr 目录下有一个 book.zip 文件。

```
root@ubuntu-VirtualBox:/usr# pwd
/usr
root@ubuntu-VirtualBox:/usr# ls
bin   book.zip  include  local   Py2018  share
book  games     lib      locale  sbin    src
root@ubuntu-VirtualBox:/usr#
```

图 5-5　压缩结果

3. 解压

① 创建压缩文件对象。

```
>>> f = zipfile.ZipFile('/usr/book.zip', mode='r', compression=zipfile. ZIP_DEFLATED)
```

这里的 mode 为 "r"。
② 获取压缩文件中的文件列表。
>>> filelist = f.namelist()   #namelist()获取文件列表
>>> for file in filelist:
        print(file)
usr/book/ch3_p_1.py
usr/book/ch5_1.py
③ 获取压缩文件中所有文件的压缩信息。
>>> fileinfo = f.infolist()   #获取文件压缩信息
>>> for file in fileinfo:
print(file)
<ZipInfo filename='usr/book/ch3_p_1.py' compress_type=deflate filemode='-rw-r--r--' file_size=861 compress_size=381>
<ZipInfo filename='usr/book/ch5_1.py' compress_type=deflate filemode='-rw-r--r--' file_size=486 compress_size=303>
④ 解压全部文件到某个文件夹。
解压的方法：extractall(self, path=None, members=None, pwd=None)。
path：解压的目标路径，默认为当前路径。
members：解压的成员，即 namelist()所列的成员，默认为全部。
pwd：解压密码，默认为空。
>>> f.extractall("/usr/book_1")   #将 book.zip 全部解压到 /usr/book_1 文件夹下

解压结果如图 5-6 所示。这里需要注意，解压到 /usr/book_1 目录下后，压缩文件原来的目录还是保留的，因此可以看到实际解压的文件存放路径是 /usr/book_1/usr/book。

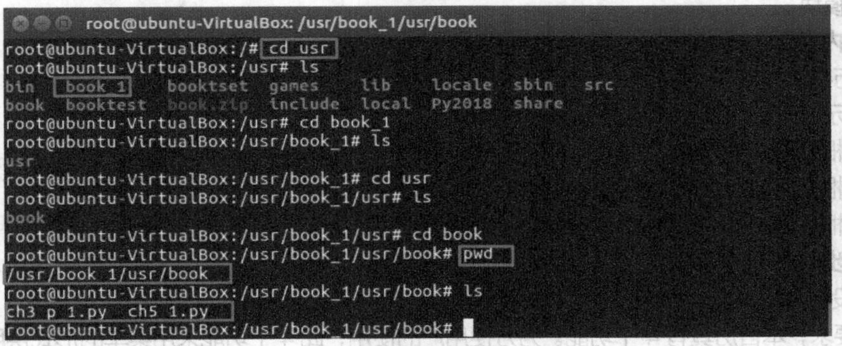

图 5-6 解压结果

4．ZipInfo 类
① ZipInfo 类主要属性。
ZipInfo 类主要属性如下：
ZipInfo.filename：压缩文件名；
ZipInfo.date_time：压缩时间；
ZipInfo.compress_type：压缩类型；
ZipInfo.comment：文档说明；
ZipInfo.create_system：获取创建该 zip 文档的系统；
ZipInfo.create_version：获取创建 zip 文档的 PKZIP 版本；

ZipInfo.extract_version：获取解压 zip 文档所需的 PKZIP 版本；
ZipInfo.reserved：预留字段，当前实现总是返回 0；
ZipInfo.flag_bits：zip 标志位；
ZipInfo.volume：文件头的卷标；
ZipInfo.internal_attr：内部属性；
ZipInfo.external_attr：外部属性；
ZipInfo.CRC：未压缩文件的 CRC-32；
ZipInfo.compress_size：获取压缩后的大小；
ZipInfo.file_size：获取未压缩的文件大小。

② 创建 ZipInfo 对象。

```
>>> info = zipfile.ZipInfo('/usr/book.zip')
```

③ 查看压缩文件的各属性。

```
>>> info.filename            #文件名
'/usr/book.zip'
>>> info.compress_type       #压缩类型
0
>>> info.create_version      #PKZIP 版本
20
```

5.5 项目训练：日历

【训练目标】

通过日历的设计与实现，掌握 Python 模块的使用方法以及菜单程序的编写，熟悉 datetime、calendar 模块。

【训练内容】

本日历要求如下：
① 显示当天的日期和当前的时间；
② 能根据用户输入的年份显示年历；
③ 能根据用户输入的年份和月份显示月历；
④ 能根据用户给的日期间隔计算相应的日期。

【训练步骤】

（1）设计分析

根据要求，本日历具有 4 个功能。为方便用户的使用，此 4 个功能采用菜单的形式供用户选择。菜单如图 5-7 所示，每个功能用一个函数来实现。程序循环显示菜单，等待用户的选择，当用户选择某个菜单项时，则调用相应的函数，相关函数执行完毕，则继续显示菜单，直到用户选择"0：退出"项，才会结束程序的运行。

图 5-7 日历菜单

（2）编写程序

menu()函数的功能是显示菜单；daytime()函数的功能是显示当前的日期和时间；year()函数的功能是根据用户输入的年份实现年历的显示；year_month()函数的功能是根据用户输入的年份和月份实现月历的显示；day()函数的功能是根据输入天数（正负）计算所期望某天的日期。

```python
#ch5_p_1.py
#日历

import datetime
import calendar

def menu():
    print()
    print("日历")
    print("***********************")
    print("1:显示当前的日期和时间")
    print("2:显示某年的日历")
    print("3:显示某年某月的日历")
    print("4:显示期望的某天日期")
    print("0:退出")

def daytime():
    t = datetime.datetime.now()
    print()
    print("今天是",t.year,"年",t.month,"月",t.day,"日")
    print("现在是",t.hour,"时",t.minute,"分",t.second,"秒")

def year():
    year = int(input("请输入一个年份，如2018："))
    print()
    print(calendar.calendar(year))

def year_month():
    year = int(input("请输入一个年份，如2018："))
    month = int(input("请输入一个月份（1~12）："))
    print()
    print(calendar.month(year,month))

def day():
    days = int(input("请输入天数："))
    date = datetime.datetime.now() + datetime.timedelta(days=days)
    print()
    print("查询的日期是",date.year,"年",date.month,"月",date.day,"日")
```

```python
def main():
    while True:
        menu()
        choice = int(input("请选择菜单项（0～4:）"))
        if choice == 0:
            exit()
        else:
            if choice == 1:
                daytime()
            else:
                if choice == 2:
                    year()
                else:
                    if choice == 3:
                        year_month()
                    else:
                        if choice == 4:
                            day()

if __name__ == '__main__':
    main()
```

（3）调试程序

此程序调试时需要注意，每个菜单项都要选择一次，以观察输出结果是否是期望值。本程序循环显示主菜单，直到用户选择"0：退出"菜单项，才会结束程序的运行。

思考如下问题。

① 如果用户选择的菜单代号不在 0～4 之间，程序怎么处理？
② 所有的输入都没有做合法性检验，如果输入的年份不是数字，会出现什么情况？如何改进？
③ 如何编写一个带阴历显示的日历？
④ 请将 4 个函数用 4 个模块来保存，并且用包来管理这 4 个模块，重写该程序。

【训练小结】

请填写如表 1-1 所示的项目训练小结。

5.6　本章小结

1. Python 中的模块就是一个 .py 程序文件。

2. 模块的 3 种导入方式：import 模块名；import 模块名 as 模块别名；from 模块名 import 函数名/子模块名/属性。这 3 种导入方式对于模块内的方法（函数）和属性调用是有区别的，对于第三种方式，要注意所导入的不同模块不能有重名的方法或属性。

3. 包是用来对模块进行分类管理的。包其实就是一个文件夹，只是这个文件夹里必须包含一个 __init__.py 文件，此文件可以是空文件。

4. 增加了包之后，可以全部导入包，也可以只导入包内的某个子模块。

5. Python 有很多内置模块，本章主要列举了 math、random、time、datetime、calendar、sys、zipfile 等常用的模块。对于模块，需要熟悉其函数、类等的功能以及属性的值，以方便调用。

6. 一个模块单独运行时和作为模块导入后，其__name__属性的值是不同的，所以需要在代码里增加"if __name__ == __main__:"语句来判断。

5.7 练习

1. 以下导入模块方式中错误的是（　　）。
   A. import mo
   B. from mo import *
   B. import mo as moo
   D. import * from mo
2. 用 import math as mymath 导入 math 库，要使用其中的 sqrt()函数，正确的调用方式是（　　）。
   A. math.sqrt(3)
   B. sqrt(3)
   C. mymath.sqrt(3)
   D. math.mymath.sqrt(3)
3. 以下关于模块的说法错误的是（　　）。
   A. 模块就是一个普通的 Python 程序文件
   B. 任何一个普通的 Python 程序都可以作为模块导入
   C. 模块文件的扩展名可以是.txt
   D. Python 运行时只会从指定的目录搜索导入的模块
4. 以下关于包的说法错误的是（　　）。
   A. 包可以是任何一个目录
   B. 包是可以嵌套的
   C. 作为包的目录要包含特殊的__init__.py 文件
   D. 包目录中的__init__.py 文件可以为空
5. 以下关于包和模块的说法错误的是（　　）。
   A. 包中可以包含模块
   B. 模块中可以包含包
   C. 一般在小规模的项目中使用模块即可
   D. 包一般需要在大、中规模的项目中使用
6. 请编程，任意输入一个年份，即可打印全年的月历。
7. 请编程，分别输出当天的年份、月份、日期、星期。
8. 编写一个模块，定义数学中的求平方、求绝对值、判断素数 3 个函数，且这个模块可以独立运行并输出一个数的平方、绝对值及是否是素数。
9. 请编写一个猜数游戏程序。由系统随机产生一个 0～100 之间的整数，玩家可以进行 5 次竞猜。如果猜对了，则提示"恭喜你，猜对了！"，并结束游戏；猜错了，给玩家一个方向提示，告诉玩家是猜大了还是猜小了。注意，可使用 random 模块产生随机数。
10. 请在要执行的程序中增加计算程序运行时间的功能代码。
11. 编写程序，生成一个包含 50 个随机整数的列表，然后删除其中所有的奇数。

5.8 拓展训练项目

5.8.1 Python 模块导入

【训练目标】

在 Ubuntu 16.04、Python 3.7.0 环境下，通过实践掌握模块的导入方式以及模块的方法和属性的

使用，会创建自己的模块，理解模块的搜索路径。

【训练内容】

（1）查看 sys 模块的 sys.path 属性，理解模块的搜索路径；
（2）创建模块 module，使其具有 age 属性和 sayHello()方法；
（3）采用不同的方法导入 module1，并比较不同导入方式下模块属性和使用方法的不同；
（4）创建模块 module2，理解命名空间。

5.8.2 zipfile 模块的使用

【训练目标】

在 Ubuntu 16.04、Python 3.7.0 环境下，通过编写压缩与解压文件的程序，熟悉 zipfile 模块的 ZipFile 类，并能使用它进行压缩与解压操作，初步熟悉 time 模块。

【训练内容】

（1）编程，对文件夹 /home/soft/zipresourse 进行压缩，生成压缩文件 myname.zip；
（2）编程，将压缩文件 myname.zip 内的所有文件解压到 /home/zip 文件夹下，并记录解压的时间。

5.8.3 Python 模块的属性

【训练目标】

在 Ubuntu 16.04、Python 3.7.0 环境下，通过对模块的__doc__、__file__、__name__等属性的查看，理解各属性值的意义，掌握多种学习模块的功能与使用方法。

【训练内容】

（1）查看模块的__name__属性，理解模块单独执行和被导入其他代码中的__name__值的区别；
（2）查看模块的__doc__属性，获得模块的描述；
（3）查看模块的__file__属性，获得模块的路径。

5.8.4 Python 模块内置函数

【训练目标】

在 Ubuntu 16.04、Python 3.7.0 环境下，通过对 os、sys、time 模块的方法和属性的使用，进一步熟悉这些模块的功能和使用方法。

【训练内容】

（1）导入 os 模块，体验 stat()、sep()、remove()、rename()、getcwd()、curdir()、makedir()、removedirs()等方法；
（2）导入 sys 模块，体验 argv、version、maxint、path、platform 等属性及 exit()方法；
（3）导入 time 模块，体验 time()、mktime()、gmtime()、localtime()、strptime()、strftime()、ctime()等方法。

第 6 章
Python 文件和数据库

▶ 学习目标

① 理解文本文件与二进制文件的区别和各自的优势；
② 理解对文件进行读写操作的过程，会编程实现对文本文件的读写；
③ 了解文件路径的相关操作方法，会初步编程实现对路径的操作；
④ 熟悉 MySQL 的安装过程；
⑤ 熟悉第三方库的安装方法；
⑥ 熟悉 Python 3.7.0 与 MySQL 的连接步骤；能用 Python 编程对 MySQL 数据表进行增、查、改、删等操作；
⑦ 能在 MySQL 中管理数据库。

编程解决实际问题时离不开文件，程序本身就保存在文件中。文件是任何程序设计语言必不可少的部分。Python 提供了丰富的文件操作功能。

数据库技术的发展为各行业带来了便利，数据库不仅支持各类数据的长期保存，更重要的是支持各种跨平台、跨地域的数据查询、共享及修改，极大地方便了人们的生活和工作。金融行业、各类网络应用、办公自动化系统、各种管理信息系统等都需要数据库技术的支持。随着大数据技术的发展，非结构化数据库技术也在飞速发展。因此，熟悉数据库技术及掌握如何用 Python 访问数据库是学习 Python 程序设计的必需。

6.1 文件的基本操作

按文件中数据的存储形式可以把文件分为文本文件和二进制文件两大类型。

（1）文本文件。文本文件是一种顺序结构文件，文件中存储的是每个字符的编码，因此任何字处理软件都可以直接打开文本文件。用户可在每一段落后加换行符"\n"，文件结束处有结束标志 EOF。在 Windows 系统中，扩展名为.txt、.log、.ini 的文件都是文本文件。

（2）二进制文件。二进制文件简单地说就是除文本文件以外的文件，可将文件内容以字节串的形式进行存储，需要使用对应的文件打开工具打开，然后才可进行读取、显示、修改等，二进制文件包括图形图像文件、音频文件、视频文件、可执行文件等。

6.1.1 内置函数 open()

open()是 Python 内置函数，其功能是打开文件或创建文件。

1. open()函数格式

open(filename[,mode='r',buffering=-1,encoding=None,errors=None,newline=None])

例如：f = open("/home/file/test.txt","r")。

☞ 用 help(open)即可查看 open()的格式。

2. 参数说明

filename：指定要打开的文件名及路径，如"/home/file/test.txt"。

mode：指定文件的打开方式，可省略，默认是 mode='r'。文件打开模式如表 6-1 所示。

表 6-1　文件打开模式

模式	功能
r	以只读方式打开文本文件，是默认模式，可省略
w	以写方式打开或创建文本文件。如果文件已经存在，则清空；如果不存在，则新建
x	以写方式创建一个新的文本文件
a	打开或创建一个文本文件，并可在其尾部追加信息
b	二进制文件
t	文本文件
+	以读写方式打开文件

"b""+""t"可与"r""w""x""a"组合，例如，"rb+"表示打开一个二进制文件，用于读写，文件指针指向文件的开头。

buffering：指定文件读写缓冲模式。如果 buffering 的值设置为 0，就不会有缓存。如果 buffering 的值设置为 1，访问文件时会缓存。如果将 buffering 的值设置为大于 1 的整数，表示这就是缓存大小。如果取负值，缓存大小则为系统默认。默认 buffering=-1。

encoding：指定文件的编码和解码方式。Python 支持的编码格式有 utf-8、gbk、ASCII 等。通常使用的是 utf-8 或者 gbk 编码。默认 encoding=None。

errors：读取文件出现错误时的处理方式。默认为 errors=None。

newline：用来控制文本模式下一行的结束字符，可以是 None、''、\n、\r、\r\n 等。在读取模式下，如果新行符为 None，那么就以通用换行符模式工作。就是说，\n、\r 或\r\n 可以作为换行标识，并且统一转换为\n 来作为文本输入的换行符。当设置为空''时，也以通用换行符模式工作，但不进行转换，保持原样输入。当设置为其他相应字符时，就会判断相应的字符，以作为换行符，并原样输入。在输出模式下，如果新行符为 None，那么所有输出文本都采用\n 作为换行符。如果设置为''或者\n，不进行任何替换操作。如果是其他字符，会在字符后面添加\n 来作为换行符。

3. open()函数的返回值

如果正常执行，open()会返回一个可迭代的文件对象，通过返回的迭代对象可以对文件进行访问。当出现文件不存在、访问权限不够等情况时，则抛出异常。

4. 应用示例

```
#以只读方式打开/home/file/test.txt 文件
>>> f = open("/home/file/test.txt","r")
#新建或重建二进制文件 train.dat，并且是读写方式
>>> fp = open("/home/file/train.dat","wb+")
```

6.1.2　文件对象常用的属性和方法

通过 open()打开或创建一个文件对象后，可以使用 dir()命令查看文件对象的属性和方法。文件对象常用的属性如表 6-2 所示。

表 6-2 文件对象常用的属性

属性	意义
closed	判断文件是否已经关闭，返回 True 表示已经关闭
mode	返回文件的打开模式
name	返回文件名

```
>>> fp.name
'/home/file/train.dat'
>>> f.name
'/home/file/test.txt'
>>> f.closed
False
>>> f.mode
'r'
>>> fp.mode
'rb+'
```

文件对象常用的方法如表 6-3 所示。

表 6-3 文件对象常用的方法

方法	功能
read([size])	从文件中读取 size 个字符，当 size 省略时，默认读取全部字符
readline()	从文本文件中读取一行内容，以\n 作为行结束标志
readlines()	把文本文件中的每行文本作为一个字符串存入一个列表中，返回该列表
close()	把缓存里的内容写入文件，并关闭文件，释放文件对象
write(s)	把字符串 s 写入文件
writelines(s)	把字符串列表 s 写入文件，不添加换行符
seek(offset[,whence])	将文件指针相对于 whence 位置移动 offset 字节数所在的位置。whence 为 0 时，表示是文件头位置，1 表示当前位置，2 表示文件尾位置，默认为 0
tell	返回文件指针的当前位置

```
#向 train.dat 中写入字符串"ding"，注意二进制文件要转换成字节串写入
>>> fp.write("ding".encode("utf8"))
4                           #返回 4，表示写入 4 字节
>>> fp.seek(0)              #移动文件指针到开头
0
>>> fp.read().decode("utf8")   #读取字节串并转换成字符串输出
'ding'
>>> f.readline()            #按行读取 test.txt 文件的内容
'ding:123456\n'
>>> f.readline()
'wang:444444\n'
>>> f.readline()
'xu:12341234\n'
```

```
>>> f.readline()          #test.txt 文件只有 3 行,再读取就显示空
''
>>> f.close()             #文件使用完毕要及时关闭
>>> fp.close()
```

6.1.3 文件操作案例

【例 6-1】请编程实现将一次考试的成绩存入一个文本文件中。
① 根据 IPO 程序设计模式分析如下。
I:全班一次考试的数学成绩和学生姓名。
O:文本文件,内容是学生姓名和成绩。
P:见②。
② 算法设计流程图如图 6-1 所示。

这个算法有两种思路:一种是每输入一组姓名和成绩,就写入文件;另一种是全部输入完成后再写入文件。本例采用第二种思路,全部输入完成后再写入文件,以两个"-1"作为输入结束标志。第一种思路的算法设计请读者自己完成。

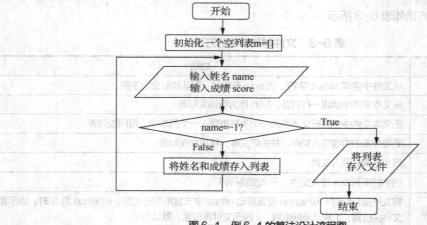

图 6-1 例 6-1 的算法设计流程图

③ 编写程序。

```
#ch6_1.py
#输入成绩和姓名并保存成文件
#初始化准备
m = []
#输入成绩和姓名
while True:
    name = input('请输入姓名:')
    score = input('请输入成绩:')
    if name == '-1':
        break
    else:
        m.append(name)
```

```
        m.append(score)
#保存成文件
f = open('/home/file/math.txt','w')    #新建一个文件 math.txt
for i in range(len(m)//2):
    f.write(m[2*i]+'  ')               #用空格分隔姓名和成绩
    f.write(m[2*i+1]+'\n')             #将每个人的姓名和成绩存为一行
f.close()                              #关闭文件
```

④ 调试程序。

此程序调试时,需要依次输入姓名和成绩。输入结束后,通过查看/home/file 目录下文件 math.txt 的内容,确认程序实现了题目要求的功能。math.txt 文件内容如图 6-2 所示。

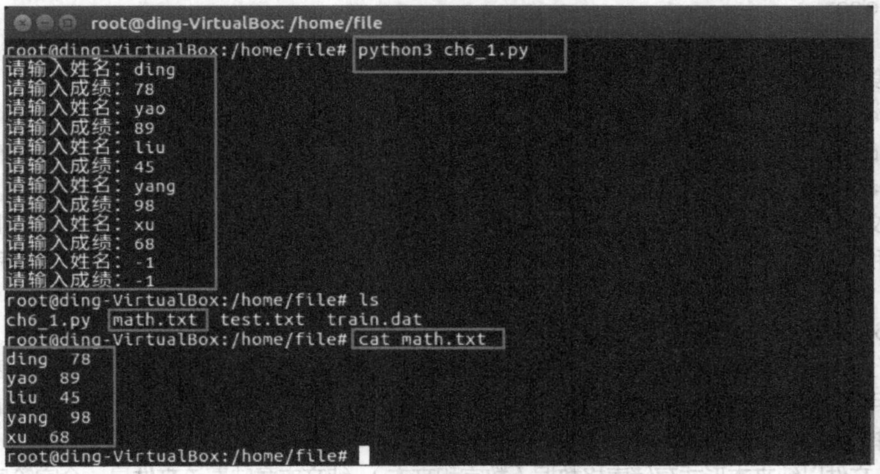

图 6-2 math.txt 文件内容

【例 6-2】请编程实现对例 6-1 生成的文件进行读取,并计算平均成绩。

本例相对简单,这里直接给出程序:

```
#ch6_2.py
#从文件读取成绩并计算平均值
#初始化
s = []                                 #存放读入的成绩
#打开文件,读取数据
f = open('/home/file/math.txt')
for line in f:
    n,g = line.split(' ')              #分割字符串,注意空格是两个
    g = g.strip()                      #去除尾部的 "\n"
    s.append(float(g))                 #添加到列表中
f.close()
#求平均值
sum = 0
for i in s:
    sum = sum+i
average = sum/len(s)
```

#输出结果
print("平均成绩为：%.2f"%average)
- 文本文件中存储的都是字符，所以要把处理好的字符串转换为实数再添加到列表中。
- 从"for line in f:"语句可以体会到 Python 的智能化和它强大的功能，此语句的功能是按行遍历文件。当然遍历方法很多，例如：

（1）第一种遍历方法

```
while True:
    line = f.readline()
    if line:    #line 的值不为空
        #正常的处理
    else:
        break
```

（2）第二种遍历方法

```
li = f.readlines()    #一次性将文件内容读入到列表 li
for line in li:
    #正常的处理
```

- 文件使用完要及时关闭，以防文件损坏。由于用户使用时常常会忘记关闭文件，因此 Python 提供了一种文件安全使用的方法，即用 with open(' home/file/.txt', ' r') as f:打开文件，使用完毕后自动关闭。

【例 6-3】CSV 文件的读取。

CSV 是一种通常用逗号进行分隔的文件格式，是一种通用的、相对简单的文件格式，在表格类型的数据中应用广泛。很多关系型数据库都支持 CSV 类型文件的导入和导出，并且 Excel 的表能和 CSV 文件进行转换。

CSV 文件以纯文本形式存储表格数据（数字和文本）。纯文本意味着该文件是一个字符序列，不含必须像二进制数字那样被解读的数据。CSV 文件由任意数量的记录组成，记录间以某种换行符分隔；每条记录由字段组成，字段间的分隔符是其他字符或字符串，最常见的是逗号或制表符。CSV 文件可以用记事本、Excel 等工具打开。如图 6-3 所示是用 gedit 打开的一个 CSV 文件。

图 6-3 用 gedit 打开的 CSV 文件

用 Python 编程实现上述 CSV 文件读取的程序如下：

```
#ch6_3.py
#CSV 文件的读取
#打开文件
f=open('/home/Ubuntu/test/jc2017.csv','r', encoding='utf8')
#读取文件，并显示
for line in f:    #按行遍历文件
    name,phone=line.split(',')    #用","进行分隔
```

```
name.strip()          #去除头尾部空格
phone.strip()
print("%-14s"%name,end="  ")   #输出信息
print("%s"%phone)
```

程序的输出结果如图 6-4 所示。

```
ubuntu@ubuntu-VirtualBox:~$ vim ch6_3.py
ubuntu@ubuntu-VirtualBox:~$ python3 ch6_3.py
姓名              手机号码
**辉             18352366565
**平             15751362522
涂*              18100670831
```

图 6-4 例 6-3 程序的输出结果

CSV 文件的读取方式很多，如使用 csv 模块、pandas 库等。

6.2 文件系统的基本操作

操作文件就会涉及文件路径等，Python 自身带有文件系统操作模块——OS。有了 OS 模块，程序设计人员就不需要关心操作系统的不同，OS 模块会帮助选择正确的模块并调用。表 6-4 为 OS 模块常用的目录操作方法，表 6-5 为常用的属性。

表 6-4 OS 模块常用的目录操作方法

方法	功能描述
chdir(path)	把 path 设置为当前工作目录
getcwd()	返回当前工作目录
listdir(path='.')	列举指定目录中的文件名（"."表示当前目录，".."表示上一级目录）
mkdir(path)	创建一个目录
remove(path)	删除文件
rmdir(path)	删除目录，此目录中不能有文件和文件夹
removedirs(path)	递归删除多级目录，目录中不能含有文件
rename(old,new)	重命名文件或文件夹，可实现文件的移动
system(command)	运行系统的 shell 命令
walk(path)	递归返回指定目录下的所有子目录，是由 path、子目录、文件组成的三元组

表 6-5 OS 模块常用的属性

属性	属性描述
os.curdir	指代当前目录（"."）
os.pardir	指代上一级目录（".."）
os.sep	输出操作系统特定的路径分隔符（Windows 为 "\\"，Linux 为 "/"）
os.linesep	当前操作系统使用的行终止符（Windows 为 "\n\r"，Linux 为 "\n"）
os.name	指代当前使用的操作系统

上述方法和属性的应用示例如下：

```
>>> import os
>>> os.getcwd()                    #返回当前目录
'/usr/book/test'
>>> os.chdir('/usr')               #改变当前目录
>>> os.getcwd()
'/usr'
>>> os.mkdir('Py2018')             #在 /usr 目录下创建目录 Py2018
>>> os.listdir()                   #列出当前目录下的目录和文件
['sbin', 'Py2018', 'src', 'games', 'share', 'bin', 'locale', 'include', 'lib', 'book', 'local']
>>> os.system('ls')                #调用系统命令 ls
bin    games    lib     locale   sbin   src
book   include  local   Py2018   share
0
>>> test = os.walk('/usr/book')    #获取 /usr/book 目录下所有对象的三元组
>>> for d in test:                 #输出各元素的值
        print(d)
('/usr/book', ['__pycache__', 'test'], ['ch5_1.py', 'ch3_p_1.py', '.ch5_1.py.swp', '__init__.py'])
('/usr/book/__pycache__', [], ['ch3_p_1.cPython-37.pyc', '__init__.cPython-37.pyc'])
('/usr/book/test', [], ['kk.py'])
```

如图 6-5 所示是 /usr/book 文件夹的树形结构图，请对照 os.walk() 的运行结果进行理解。

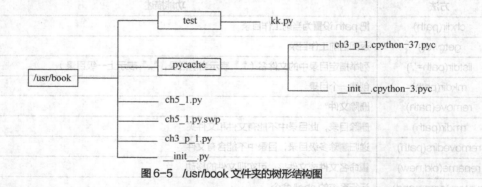

图 6-5 /usr/book 文件夹的树形结构图

os.path 子模块主要用于文件与路径名的操作，表 6-6 列出了常用的操作方法。

表 6-6 os.path 子模块常用的操作方法

方法	功能描述
abspath(path)	返回所给路径的绝对路径
basename(path)	返回给定路径的最后一个组成部分
getatime(filename)	返回给定文件的最后访问时间
getctime(filename)	返回给定文件的创建时间
getsize(filename)	返回给定文件的大小

方法	功能描述
join(path1[,path2[,…]])	连接 path1、path2 等，生成一个新的路径
split(path)	分隔文件名与路径，返回(路径,文件名)形式的二元组
splitext(path)	分隔文件的扩展名，返回(路径,扩展名)形式的二元组
exists(path)	判断指定路径是否存在，返回 True/False
isabs(path)	判断指定路径是否为绝对路径，返回 True/False
isdir(path)	判断指定路径是否存在且是一个目录，返回 True/False
isfile(path)	判断指定路径是否存在且是一个文件，返回 True/False

应用示例如下：

```
>>> import os
>>> os.path.getsize('/usr/book/ch3_p_1.py')          #以字节为单位
861
>>> os.path.basename('/usr/book/ch3_p_1.py')
'ch3_p_1.py'
>>> os.path.getatime('/usr/book/ch3_p_1.py')         #返回的是一个以秒为单位的数值
1533788799.51722
>>> os.path.split('usr/book/ch3_p_1.py')
('usr/book', 'ch3_p_1.py')
>>> os.path.splitext('/usr/book/ch3_p_1.py')
('/usr/book/ch3_p_1', '.py')
```

有关文件系统的操作，读者需要多实践，仔细体会模块的方法与属性。学习程序设计需要多上机实践，反复体会。

6.3 MySQL 数据库

6.3.1 MySQL 简介

MySQL 是一个关系型数据库管理系统（Relational Database Management System，RDBMS），由瑞典的 MySQL AB 公司开发，目前是 Oracle 旗下的产品，是由 Oracle 支持的开源软件。MySQL 是目前最流行的关系型数据库管理系统之一，在 Web 应用方面，MySQL 是非常好的 RDBMS 应用软件。MySQL 可以运行于多个系统上，并且支持多种编程语言。这些编程语言包括 C、C++、Python、Java、Perl、PHP、Eiffel、Ruby 和 Tcl 等。

数据库（Database）是按照数据结构来组织、存储和管理数据的仓库。每个数据库都有一个或多个不同的 API 用于创建、访问、管理、搜索和复制所保存的数据。也可以将数据存储在文件中，但是在文件中读写数据的速度相对较慢。所以，这里介绍如何使用关系型数据库管理系统来存储和管理大量的数据。

所谓的关系型数据库是建立在关系模型基础上的数据库，借助集合代数等数学概念和方法来处理数据库中的数据。

关系型数据库管理系统的特点如下。
- 数据以表格的形式出现。
- 每行为一条记录。
- 每列为记录名称所对应的数据域。
- 许多的行和列组成一个表单。
- 若干表单组成数据库。

关系型数据库的相关术语如下。
- 数据库：数据库是一些关联表的集合。
- 数据表：表是数据的矩阵。一个数据库中的表看起来像一个简单的二维表格。
- 列：一列（数据元素）包含了相同类型的数据，如邮政编码的数据。
- 行：一行（元组或记录）是一组相关的数据，如一条学生信息的数据。
- 主键：主键是唯一的。一个数据表中只能包含一个主键。可以使用主键来查询数据。
- 外键：外键用于关联两个表。
- 参照完整性：参照完整性不允许关系中引用不存在的实体。

6.3.2 安装 MySQL

本书安装 MySQL 5.7.23 版本，操作系统为 Ubuntu 16.04。MySQL 的安装主要有以下两种方法。
- 离线安装：需要到 MySQL 官网（www.mysql.com）下载安装文件。
- 在线安装：直接利用 apt-get 命令进行安装。

1. 下载 MySQL 5.7.23

（1）打开下载地址：www.mysql.com。

（2）选择页面中的 DOWNLOADS→Community→MySQL Community Server 选项，如图 6-6 所示。点击 Archived versions 选项，出现图 6-7 的页面时，选择 MySQL Community Server 选项，出现图 6-8 所示页面。

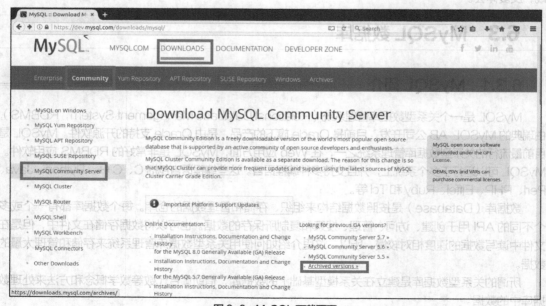

图 6-6 MySQL 下载页面

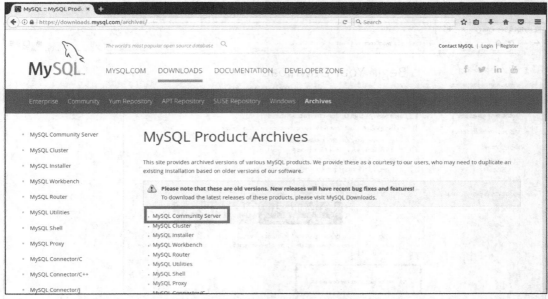

图 6-7 选择 MySQL Community Server

（3）在图 6-8 所示的页面上，选择所要下载 MySQL 版本的详细信息。

图 6-8 MySQL 版本详细信息

在图 6-8 中，Product Version 栏选择 5.7.23，Operating System 栏选择 Ubuntu Linux，OS Version 栏选择 Ubuntu Linux 16.04（x86,32-bit），之后单击"Download"按钮（如图 6-8 所示）进行下载，进入图 6-9 的页面。

（4）下载的时候可以登录网站后下载，也可以直接下载。如果选择登录网站后下载，则单击 Login » 按钮登录，即可进行下载（前提是用户是 MySQL 的用户）；如果选择直接下载，则单击 No thanks, just start my download. 链接进行下载。

图 6-9 下载页面

2. 离线安装 MySQL 5.7.23

所下载 MySQL 软件的完整名称为 mysql-server_5.7.23-1ubuntu16.04_i386.deb-bundle.tar，是压缩文件，需要用 tar 命令进行解压。解压命令为 tar –xvf MySQL-server_5.7.23-1ubuntu16.04_i386.deb-bundle.tar。解压后产生如下 11 个文件：

（1）MySQL-community-source_5.7.23-1ubuntu16.04_i386.deb；
（2）libMySQLclient20_5.7.23-1ubuntu16.04_i386.deb；
（3）libMySQLd-dev_5.7.23-1ubuntu16.04_i386.deb；
（4）MySQL-community-server_5.7.23-1ubuntu16.04_i386.deb；
（5）MySQL-community-client_5.7.23-1ubuntu16.04_i386.deb；
（6）MySQL-server_5.7.23-1ubuntu16.04_i386.deb；
（7）MySQL-testsuite_5.7.23-1ubuntu16.04_i386.deb；
（8）MySQL-client_5.7.23-1ubuntu16.04_i386.deb；
（9）libMySQLclient-dev_5.7.23-1ubuntu16.04_i386.deb；
（10）MySQL-common_5.7.23-1ubuntu16.04_i386.deb；
（11）MySQL-community-test_5.7.23-1ubuntu16.04_i386.deb。

这 11 个文件存在依赖关系，所以需要按照顺序进行安装。其中两个测试文件 MySQL-community-test_5.7.23-1ubuntu16.04_i386.deb 和 MySQL-testsuite_5.7.23-1ubuntu16.04_i386.deb，分别是进行 MTR – MySQL 测试的测试套件和 MySQL 测试套件，安装 MySQL 时这两个文件可以暂时不安装，其他 9 个文件按照顺序进行安装。

dpkg 命令可用来安装.deb 文件，是 Debian 的一个命令行工具，它可以用来安装、删除、构建和管理 Debian 的软件包。常用的 dpkg 命令如下。

- dpkg –i：安装软件包。
- dpkg –r：删除软件包。
- dpkg –P：删除软件包的同时删除其配置文件。

- dpkg –L：显示与软件包关联的文件。
- dpkg –l：显示已安装软件包列表。
- dpkg --unpack：释放软件包。
- dpkg –c：显示软件包内的文件列表。
- dpkg --confiugre：配置软件包。

接下来使用 dpkg 命令按照以下顺序依次进行安装：

```
apt-get install libaio 1
dpkg –i MySQL-common_5.7.23-1ubuntu16.04_i386.deb
dpkg-preconfigure MySQL-community-server_5.7.23-1ubuntu16.04_i386.deb
dpkg –i libMySQLclient20_5.7.23-1ubuntu16.04_i386.deb
dpkg –i libMySQLclient-dev_5.7.23-1ubuntu16.04_i386.deb
dpkg –i libMySQLd-dev_5.7.23-1ubuntu16.04_i386.deb
dpkg –i MySQL-community-source-5.7.23-1ubuntu 16.04-i386.deb
dpkg –i MySQL-community-client_5.7.23-1ubuntu16.04_i386.deb
dpkg –i MySQL-client_5.7.23-1ubuntu16.04_i386.deb
apt-get install libmecab2
dpkg –i MySQL-community-server_5.7.23-1ubuntu16.04_i386.deb
dpkg –i MySQL-server_5.7.23-1ubuntu16.04_i386.deb
```

其中，运行命令 dpkg-preconfigure MySQL-community-server_5.7.23-1ubuntu16.04_i386.deb 时，要求设置登录 MySQL 的密码，如图 6-10、图 6-11 所示。

图 6-10 设置登录 MySQL 的密码

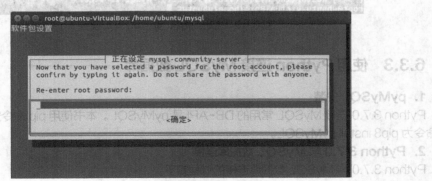

图 6-11 再次确认登录 MySQL 的密码

安装成功后，使用 MySQL –V 命令查看 MySQL 的版本号。屏幕上显示如下信息。

MySQL　Ver 14.14 Distrib 5.7.23, for Linux (i686) using　EditLine wrapper。

☞ 注意：如需安装两个测试文件 MySQL-community-test_5.7.23-1ubuntu16.04_i386.deb 和 MySQL-testsuite_5.7.23-1ubuntu16.04_i386.deb，安装命令为 dpkg –i MySQL-community-test_5.7.23-1ubuntu16.04_i386.deb，dpkg –i MySQL-testsuite_5.7.23-1ubuntu16.04_i386.deb，这两条命令在 dpkg –i MySQL-server_5.7.23-1ubuntu16.04_i386.deb 命令前执行即可。

3. 登录、启动和关闭 MySQL 数据库

（1）登录 MySQL 数据库

登录 MySQL 数据库可以使用命令 MySQL -u root -p，-u 表示登录的用户名，-p 表示登录的用户密码。运行命令会提示输入密码，此时输入安装时设置的密码，就可以登录到 MySQL。在命令行输入 quit; 命令或者 exit; 命令，就可以退出 MySQL 数据库。

（2）启动和关闭 MySQL 服务

各命令如下。

- 查看 MySQL 服务状态：sudo /etc/init.d/MySQL status。
- 停止 MySQL 服务：sudo /etc/init.d/MySQL stop。
- 启动 MySQL 服务：sudo /etc/init.d/MySQL start。
- 重启 MySQL 服务：sudo /etc/init.d/MySQL restart。

☞ 若是超级用户，可以省略命令前面的 sudo。

启动、关闭、重启 MySQL 服务的显示界面如图 6-12 所示。

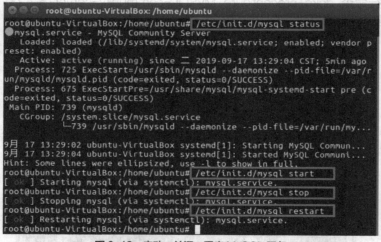

图 6-12　启动、关闭、重启 MySQL 服务

6.3.3　使用 Python 连接 MySQL 数据库

1. pyMySQL 安装

Python 3.7.0 连接 MySQL 常用的 DB-API 是 pyMySQL。本书使用 pip 命令安装 pyMySQL，其命令为 pip3 install pyMySQL。

2. Python 3.7.0 与 MySQL 数据库连接

Python 3.7.0 与 MySQL 数据库连接的过程如下。

（1）导入连接 MySQL 需要的包 pyMySQL：import pyMySQL。

（2）创建连接：con=pyMySQL.connect("主机名","用户名","密码","所要连接的数据库名", charset =

'utf8')。其中，charset ='utf8'是为了解决中文乱码问题设置的字符编码格式。
（3）使用 cursor()方法创建操作游标：cursor = con.cursor()。
（4）使用 execute()方法执行 SQL 语句：cursor.execute(sql)。
（5）使用 fetchall()方法获取查询执行的结果。
（6）关闭游标及数据库连接：cursor.close()、con.close()。

☞ 连接前，要启动 MySQL 服务器并登录 MySQL 客户端，即依次执行命令：
sudo /ect/init.d/MySQL start 和 MySQL –u root –p。

6.3.4　MySQL 的基本操作

MySQL 的基本操作包括数据库和数据表的管理。下面介绍常用的命令。

1. 数据库常用的 SQL 命令
- 创建数据库：create database [if not exists] name;
- 选择数据库：use database name;
- 删除数据库：drop database name;
- 显示所有数据库：show databases;

2. 表常用的 SQL 命令（DDL）
- 显示数据库 MySQL 中所有的表：show tables;
- 创建表：create table [if not exists] tablename;
- 删除表：drop table [if exists] tablename;

3. 表中数据操作常用的 SQL 命令（DML）
- 向表中写入数据：insert into pet values();
- 查询表中的数据：select 目标序列 from 数据表;
- 删除表中数据：delete from 表名 [where 表达式];
- 修改表中数据：update 表名 set 字段=新值[,… where 条件表达式]；

☞ SQL 命令以 ";" 作为结束标志。

【例 6-4】MySQL 数据库的基本操作。按照以下要求在 MySQL 中完成。
（1）创建学生数据库 stu。
（2）在数据库 stu 中新建学生（student）信息表，表结构如表 6-7 所示。

表 6-7　学生信息表的结构

列名	学生学号	学生姓名	学生性别	学生年龄	学生班级	学生所在系
字段名	sno	sname	ssex	sage	sclass	sdept
类型	char	varchar	char	int	varchar	varchar
是否主键	是					

☞ 有关 MySQL 中的数据类型请参阅相关资料。
（3）在 student 表中插入数据，如表 6-8 所示。

表 6-8　记录表

序号	学生学号	学生姓名	学生性别	学生年龄	学生班级	学生所在系
1	01	张岭楠	男	20	17 网络 331	信息工程系
2	02	王欣妍	女			
3	03	成家林			18 计应 632	

（4）查询 student 表中的所有学生信息。
（5）查询 student 表中的所有女生信息。
（6）将 student 表中学号为 03 的学生的年龄改为 18。
（7）删除 student 表中信息工程系学生的信息。
（8）删除 student 表。
（9）删除数据库 stu。

按例 6-1 的要求，需要在 Ubuntu 16.04 系统中打开 MySQL 及 MySQL 的服务，然后使用 show databases 命令查看系统中有哪些数据库，接下来使用 create database 命令创建数据库，用 use stu 命令定位当前数据库为 stu，最后完成数据库的其他操作。具体操作步骤如下：

（1）启动 MySQL 服务。

/etc/init.d/MySQL start

（2）在 Ubuntu 中打开 MySQL。

MySQL –u root –p

（3）显示所有的数据库名，"MySQL>"为数据库的提示符。

MySQL> show databases;

（4）创建数据库 stu。

MySQL> create database if not exists stu;

（5）选择 stu 为当前数据库。

MySQL>use stu;

（6）创建学生信息表。

MySQL> create table student(sno char(20) primary key,sname varchar(50),ssex char(2),sage int ,sclass varchar(50),sdept varchar (50))DEFAULT CHARSET=utf8;

（7）依次插入记录数据。

MySQL>insert into student values('01','张岭楠','男',20,'17 网络 331','信息工程系');
MySQL>insert into student(sno,sname,sdept) values('02','王欣妍','女');
MySQL>insert into student(sno,sname,sclass) values('03','成家林','18 计应 632');
MySQL>select * from student;   #查询所有的记录
MySQL> select * from student where ssex='女';   #查询性别为女的学生
MySQL> update student set sage=18 where sno='03';   #将学号为 03 的同学年龄修改为 18
MySQL> delete from student where sdept='信息工程系'; #删除信息工程系的学生
MySQL> drop table student;   #删除表
MySQL> show databases;   #删除数据库

☞ 如果数据表中需要使用中文字符，则在定义数据表时需要指定数据表的编码格式为 DEFAULT CHARSET=utf8。

6.4 项目训练：使用 Python 完成课程表和学生信息表的创建

【训练目标】

在 Ubuntu 16.04、Python 3.7.0、MySQL 5.7.23 环境下，通过项目的实施，掌握用 Python 创建 MySQL 数据库和数据表的方法；掌握向数据表添加数据、查询数据、修改数据、删除数据的操作方法；会通过 Python 编程操作 MySQL 数据库、数据表和数据。

【训练内容】

（1）建立学生数据库 stu；

（2）建立课程数据表 tclass、学生信息表 tstudent；
（3）在数据表 tclass、tstudent 中添加、修改、查询、删除数据。
【训练步骤】
（1）设计分析
首先要用 sudo /etc/init.d/MySQL start 命令打开 MySQL 服务；其次用 MySQL –u root –p 命令打开客户端，在 MySQL 中新建数据库 stu；接着编写 Python 程序文件 ch6_p_1.py，完成数据表的新建、数据信息的增查改删等操作。tclass 表和 tstudent 表的结构如表 6-9 和表 6-10 所示。tclass 表记录和 tstudent 表记录如表 6-11 和表 6-12 所示。

表 6-9　tclass 表结构

cno	cname	credit
char(20) primary key	varchar(50)	int

表 6-10　tstudent 表结构

sno	sname	ssex	sage	sclass	sdept
char (20) primary key	varchar(50)	char(2)	int	varchar(50)	varchar(50)

表 6-11　tclass 表记录

cno	cname	credit
1	Python 程序设计	3
2	数据分析	3
3	Linux 系统管理	3

表 6-12　tstudent 表记录

sno	sname	ssex	sage	sclass	sdept
01	张林	男	20	17 计应 331	信息工程
02	王广锡	男	20	17 电商 331	信息工程
03	成诺	女	20	17 电子 661	电气工程

（2）编写程序

```
# -*-coding: utf-8 -*-
#ch6_p_1.py
import pyMySQL
#import MySQLdb    #如果安装的 DB-API 是 MySQLdb

#创建连接
conn = pyMySQL.connect(host='localhost',user='root',passwd='123123',db='stu',charset='utf8')
# conn = MySQLdb.connect(host='localhost',user='root',passwd='123123',db='stu',charset='utf8')

#创建游标
cursor = conn.cursor()

#-----------创建数据表 tstudent 和 tclass-----------
cursor.execute("drop table IF EXISTS tstudent")    #如果表存在则删除
cursor.execute("drop table IF EXISTS tclass")
```

```python
tstusql = '''create table tstudent(
sno char(20) primary key,
sname varchar(50),ssex char(2),
sage int ,sclass varchar(50),
sdept varchar (50))DEFAULT CHARSET=utf8;
'''
tclasql = '''create table tclass(
cno char(20) primary key,
cname varchar(50),
credit int)DEFAULT CHARSET=utf8;
'''
cursor.execute(tstusql)           #创建表
cursor.execute(tclasql)

#-----------在 tstudent 表和 tclass 表中插入数据-----------
tsisql1 = "insert into tstudent values('01','张林','男',20,'17 计应 331','信息工程');"
tsisql2 = "insert into tstudent values('02',' 王广锡','男',20,'17 电商 331','信息工程');"
tsisql3 = "insert into tstudent values('03','成诺','女',20,'17 电子 661','电气工程');"
tclasql = "insert into tclass values('1','Python 程序设计',3),('2','数据分析',3),('3','Linux 系统管理',3);"
cursor.execute(tsisql1)
cursor.execute(tsisql2)
cursor.execute(tsisql3)
cursor.execute(tclasql)
conn.commit()      #提交

#-----------tstudent 和 tclass 修改数据-----------
upssql = "update tstudent set ssex='女' where   sno='%s'"%('01')    #将学号为 01 的学生性别改为女
upcsql = "update tclass set credit=6   where cno='%s'"%('1')        #将课程号为 1 的学分改为 6
cursor.execute(upssql)
cursor.execute(upcsql)
conn.commit()   #提交

# ---------删除 tstudent 表和 tclass 表中数据-----------
dessql="delete from tstudent where sno='%s'"%('02')
decsql="delete from tclass where cno='%s'"%('2')
cursor.execute(dessql)
cursor.execute(decsql)
conn.commit()

#-----------查询 tstudent 表和 tclass 表中数据-----------
cursor.execute("select * from tstudent")
for i in cursor.fetchall():   #输出 tstudent 表的查询结果
    print(i)
```

```
cursor.execute("select * from tclass")    #输出 tclass 表的查询结果
for i in cursor.fetchall():
    print(i)

#------------关闭游标和连接------------
cursor.close()
conn.close
```

(3)代码调试

执行过程如下。

- 编辑程序。

vim ch6_p_1.py

- 运行程序。

python3 ch6_p_1.py

- 运行结果。

('01', '张林', '女', 20, '17 计应 331', '信息工程')
('03', '成诺', '女', 20, '17 电子 661', '电气工程')
('1', 'Python 程序设计', 6)
('3', 'Linux 系统管理', 3)

思考：插入数据时，如果逐条插入记录，则显得比较烦琐，能否将记录数据存储在文件中，通过读取文件来插入记录数据？请结合文件的读写操作来试着完成该设计。

【训练小结】

请填写如表 1-1 所示的项目训练小结。

6.5 本章小结

1. 文件是实现信息长久保存的方法之一，按文件中数据的存储形式可以把文件分为文本文件和二进制文件两大类型。

2. 文本文件可以用字处理软件打开，二进制文件需要使用对应的打开工具打开。二进制文件内存储的是编码序列，打开文件时需要进行反序列化解码。

3. Python 内置了文件对象，open()是 Python 的内置函数，其功能是打开与创建文件对象。注意文件的打开与创建模式；文件使用完要及时关闭。

4. 文件对象的常用操作方法很多。操作文件时，文件位置指针会随着对文件的读写而移动。

5. OS 模块是针对文件与路径操作的模块。

6. Python 3.7.0 要使用 MySQL 数据库，需要安装 MySQL 数据库及 Python 连接 MySQL 数据库的 DB-API，较流行的是 pyMySQL。编写程序时，使用命令 import pyMySQL 导入。

7. 打开 MySQL 数据库的命令为 MySQL –u root –p，输入密码后可进入 MySQL；启动 MySQL 服务的命令为/etc/init.d/MySQL start。

8. Python 与 MySQL 数据库连接过程：

① 建立连接；
② 创建游标；
③ 操作数据库；
④ 提交操作；
⑤ 关闭游标和连接。

6.6 练习

1. 显示所有数据库的命令是（   ）。
   A. show databases   B. show database
   C. databases   D. show tables
2. 选择数据库的命令是（   ）。
   A. show databases   B. show database ***
   C. databases   D. use database ***
3. 修改数据的命令是（   ）。
   A. select   B. insert into   C. update   D. delete
4. 删除数据的命令是（   ）。
   A. select   B. insert into   C. update   D. delete
5. 插入数据的命令是（   ）。
   A. select   B. insert into   C. update   D. delete
6. 删除数据表的命令是（   ）。
   A. select   B. drop table   C. update   D. delete
7. 编程实现文件的复制。
8. 请编程，统计白居易的《长恨歌》中"长"、"君王"出现的次数。读者也可以查询其他文章中某些字、词出现的次数。
9. 每个同学入学时，都进行了照片采集，并且是用身份证号命名的。现要求照片的文件名用身份证号和姓名进行命名。已知一个 CSV 文件中保存了每个同学的姓名、身份证号、家庭地址等信息，请编程，实现照片的文件名按要求重新命名。
10. 请编程，将全班同学的姓名、学号、年龄、性别、手机号、总分存入一个文本文件中，每项用","分隔，每个同学的信息存为一行。
11. 请编程，读取第 10 题的总分，求出全班同学的平均分。
12. 请编程，将一篇英文文章中的大写字母全部转换成小写字母，并统计大写字母的个数。
13. 请编程，将当前目录改为/home，并验证，然后还原。
14. 请将如图 6-13 所示的电影票房信息存入文本文件，并统计各列的平均值。

影片	实时票房	票房占比	排片占比	上座率	排座占比	场次	人次	场均人次	场均收入	平均票价
红海行动 上映7天 13.59亿	1.83亿	36.83%	28.24%	65.49%	32.07%	9.06万	459.96万	51	2008	39
唐人街探案2 上映7天 20.48亿	1.72亿	34.6%	32.94%	57.8%	36.02%	10.67万	456.94万	43	1617	37
捉妖记2 上映7天 17.78亿	7853.1万	15.77%	19.92%	54.71%	17.65%	6.39万	211.49万	33	1219	37
熊出没·变形记 上映7天 4.50亿	3834.1万	7.74%	8.92%	68.8%	7.14%	2.86万	107.53万	38	1336	35
西游记女儿国 上映7天 6.31亿	1632.6万	3.28%	6.08%	45.14%	4.35%	1.95万	43.04万	22	830	35
祖宗十九代 上映7天 9876.4万	825.8万	1.66%	3.42%	45.45%	2.45%	1.10万	24.40万	23	748	33
小马宝莉大电影 上映21天 4960.5万	17.3万	0.04%	0.09%	39.79%	0.06%	279	5071	19	621	34
奇迹男孩 上映35天 1.85亿	10.7万	0.02%	0.05%	42.54%	0.04%	150	3306	22	710	32
无问西东 上映42天 7.59亿	9.3万	0.02%	0.05%	33.89%	0.03%	158	2560	17	589	36

图 6-13　电影票房信息

15. 请编程，将全班同学的姓名、学号、年龄、性别、手机号、总分存入 xuesheng 数据库的 class 表里，并统计总分大于平均分和小于平均分的人数，然后分别输出这两组同学的信息。

6.7 拓展训练项目

6.7.1 安装 MySQL 数据库和 Python 连接数据库

【训练目标】

通过实践，掌握在 Ubuntu 16.04、Python 3.7.0 的环境下安装 MySQL 5.7.23 和 MySQLdb 库的方法，熟悉 Python 连接 MySQL 数据库的步骤。

【训练内容】

（1）安装 MySQL 并设置密码；
（2）安装 MySQL 依赖包；
（3）安装 MySQL-python；
（4）通过 MySQLdb 连接 MySQL 数据库。

6.7.2 使用 Python 实现 MySQL 增查改删

【训练目标】

MySQL 是开源、免费、应用广泛的关系型数据库之一。Python 在 DB-API 的支持下，能够很方便地操作 MySQL 数据库。在 Ubuntu 16.04、Python 3.7.0 和 MySQL 5.7.23 环境下，通过对数据库、数据表的操作，掌握 Python 与 MySQL 数据库连接的步骤，熟悉数据表的基本操作方法，会通过 Python 编程处理批量数据。

【训练内容】

（1）创建数据库 shiyanbar；
（2）创建 MySQLCon.py 文件，建立数据库的连接，并查询数据库的版本；
（3）创建 MySQLCreate.py 文件，建立数据库的连接，并创建数据表 student；
（4）查询数据库与数据表的创建情况；
（5）创建 MySQLInsert.py 文件，在 student 表中插入数据；
（6）创建 MySQLQuery.py 文件，按条件查询记录；
（7）创建 MySQLUpdate.py 文件，按条件修改记录的信息；
（8）创建 MySQLDelete.py 文件，按条件删除记录；
（9）在数据库端查询上述操作的结果。

6.7.3 Python 文件的基本操作

【训练目标】

在磁盘上读写文件的功能都是由操作系统提供的，现代操作系统不允许普通的程序直接操作磁盘，所以读写文件就是请求操作系统打开一个文件对象（通常称为文件描述符），然后通过操作系统提供的接口从这个文件对象中读取数据（读文件），或者把数据写入这个文件对象（写文件）。在 Ubuntu 16.04、Python 3.7.0 环境下，通过实践掌握 Python 基本的文件读写方法。

【训练内容】

（1）文件的打开与创建；

（2）文件的读取；
（3）文件写入进度条的实现方法。

6.7.4　Python 文件目录的基本操作

【训练目标】

在 Python 中对文件夹操作时常用到 OS 和 shutil 模块的基本方法。在 Ubuntu 16.04、Python 3.7.0 环境下，通过实践掌握 Python 基本的文件目录操作方法。

【训练内容】

（1）导入 OS、shutil 模块；
（2）创建、重命名和删除目录操作；
（3）获取、移动目录，设置当前目录；
（4）目录树的遍历。

第 7 章
Python爬虫基础

学习目标

① 理解网络爬虫的结构；
② 熟悉内置模块 urllib 的作用和组成部分；
③ 熟悉正则表达式常见元字符的功能，能够根据处理要求编写正则表达式；
④ 能编程爬取网页中的文字和图片，并保存至本地。

7.1 网络爬虫概述及其结构

7.1.1 网络爬虫概述

网络爬虫（Web Crawler），又被称为网络蜘蛛，是一种按照一定规则自动抓取网站信息的程序或者脚本。网络蜘蛛是一个很形象的名字，如果把互联网比喻成一个蜘蛛网，那么 Spider 就是在网上爬来爬去的蜘蛛。网络爬虫是一个自动提取网页的程序，它从一个或若干初始网页的 URL 开始，先获得初始网页上的 URL，在抓取网页的过程中，不断从当前页面上抓取新的 URL 放入队列，直到满足系统的一定停止条件。

网络爬虫按照系统结构和实现技术大致可以分为以下几种类型：通用网络爬虫（General Purpose Web Crawler）、聚焦网络爬虫（Focused Web Crawler）、增量式网络爬虫（Incremental Web Crawler）、深层网络爬虫（Deep Web Crawler）。实际上，网络爬虫系统通常是几种爬虫技术相结合实现的。

1. 通用网络爬虫

通用网络爬虫又称全网爬虫（Scalable Web Crawler），爬行对象从一些种子 URL 扩充到整个 Web，它主要为门户站点搜索引擎和大型 Web 服务提供商采集数据。这类网络爬虫的爬行范围广，对爬行速度和存储空间的要求较高，对爬行页面的顺序要求相对较低。同时由于待刷新的页面太多，通常采用并行工作方式，但需要较长时间才能刷新一次页面。通用网络爬虫适用于为搜索引擎搜索广泛的主题。

2. 聚焦网络爬虫

聚焦网络爬虫，又称主题网络爬虫（Topical Web Crawler），是指选择性地爬行那些与预先定义好的主题相关的页面的网络爬虫。和通用网络爬虫相比，聚焦网络爬虫只需要爬行与主题相关的页面即可，极大地节省了硬件和网络资源，也由于保存的页面数量少而更新快，还可以很好地满足一些特定人群对特定领域信息的需求。

3. 增量式网络爬虫

增量式网络爬虫是指对已下载网页采取增量式更新和只爬行新产生的或者已经发生变化网页的爬虫，它能够在一定程度上保证所爬行的页面是尽可能新的页面。与周期性爬行和刷新页面的网络爬虫相比，增量式网络爬虫只会在需要的时候爬行新产生或发生更新的页面，并不重新下载没有发生变化的页面，可有效减少数据下载量，及时更新已爬行的网页，减小时间和空间上的耗费，但是爬行算法的复杂度和实现难度有所增加。

4. 深层网络爬虫

深层网络爬虫（Deep Web Crawler）可以爬取互联网中的深层页面。在互联网中，网页按存在方式分类可以分为表层页面和深层页面。所谓的表层页面，指的是不需要提交表单，使用静态的链接就能够到达的静态页面；而深层页面则隐藏在表单后面，不能通过静态链接直接获取，是需要提交一定的关键词之后才能够获取到的页面。网络爬虫爬取深层页面时，需要想办法自动填写好对应表单，所以，深层网络爬虫与一般爬虫的主要区别是表单填写。

7.1.2 网络爬虫结构

Web 网络爬虫系统的功能是下载网页数据，很多大型的网络搜索引擎系统都被称为基于 Web 数据采集的搜索引擎系统，如 Google、百度。在网页中除了包含供用户阅读的文字信息外，还包含一些超链接信息。Web 网络爬虫系统正是通过网页中的超链接信息不断获得网络上其他网页的。

网络爬虫系统主要由控制器、解析器、资源库 3 部分组成。控制器的主要工作是给多线程中的各个爬虫线程分配工作任务。解析器的主要工作是下载网页，进行页面的处理，将一些 Java Script 脚本标签、CSS 代码内容、空格字符、HTML 标签等内容处理掉，爬虫的基本工作是由解析器完成的。资源库用来存放下载到的网页资源，一般都采用大型的数据库存储，如 Oracle 数据库，并对其建立索引。

接下来以通用网络爬虫结构为例来说明网络爬虫的基本工作流程，如图 7-1 所示。

图 7-1 网络爬虫的基本工作流程

网络爬虫的基本工作流程如下。

（1）首先选取一部分精心挑选的种子 URL。

（2）将这些 URL 放入待抓取 URL 队列。

（3）从待抓取 URL 队列中取出待抓取的 URL，解析 DNS，并且得到主机的 IP，将 URL 对应的网页下载下来，然后进行解析，存储到已下载网页库中。此外，还要将这些 URL 放进已抓取 URL 队列。

（4）分析已抓取 URL 队列中的 URL，提取其中待抓取的 URL，将其放入待抓取 URL 队列，从而进入下一个循环。

这是一个通用网络爬虫结构及其工作流程，之后章节所用到的爬虫都是这种结构。

7.2 urllib 库

urllib 库是 Python 3.X 内置的 HTTP 请求库，是一个 URL 处理包。在 Python 2.X 中，有 urllib 和 urllib2 两种库。Python 3.X 中已经将这两个库统一为 urllib 库。

urllib 库提供了四大模块：urllib.request 请求模块，用来打开和读取 URLs；urllib.parse 解析模块，提供解析 URLs 的方法；urllib.error 异常处理模块，包含一些由 urllib.request 产生的错误，可用 try 进行捕捉处理；urllib.robotparser 模块，用来解析 robots.txt 文本文件，它提供了一个单独的 RobotFileParser 类，通过该类提供的 can_fetch()方法测试爬虫是否可以下载一个页面。在爬取时经常使用前 3 个模块。

7.2.1 urllib.request 模块

urllib.request 模块提供了最基本的构造 HTTP（或其他协议，如 FTP）请求的方法。利用它可以模拟浏览器的一个请求发起过程，利用不同的协议去获取 URL 信息。

urllib.request 模块提供了一个基础函数 urlopen()，通过向指定的 URL 发出请求来获取数据，返回一个 http.client.HTTPResponse 对象的数据。http.client.HTTPResponse 对象包括 read()、readinto()、getheader()、getheaders()、fileno()、msg()、version()、status()、reason()、debuglevel()和 closed()等函数。

一般情况下，爬虫时需要使用 urlopen()函数获得数据，然后使用 read()函数读取 urlopen()返回的数据，读取的是二进制字节流。接下来还需要使用 decode()函数以指定的编码格式将二进制字节流解码转换成能读懂的网页代码。

1. urlopen()方法

urlopen()方法的语法格式为：

urllib.request.urlopen(url, data=None, timeout=<object object at 0x0000000001FBD290>, *, cafile=None, capath=None, cadefault=False, context=None)

url：URL 地址，即为要抓取网页的地址，如 http://www.baidu.com/。

data：data 用来指明发往服务器请求中的额外信息。data 默认是 None，表示此时以 GET 方式发送请求。当用户给出 data 参数的时候，表示以 POST 方式发送请求。

timeout：在某些网络情况不好或者服务器端异常的情况下会出现请求变慢或者请求异常的问题，这时可给 timeout 参数设置一个请求超时时间，而不是让程序一直在等待结果。

cafile、capath、cadefault：用于实现可信任的 CA 证书的 HTTP 请求。

context：实现 SSL 加密传输。

2. decode()方法

decode()方法以指定的编码格式解码 bytes 对象，并返回解码后的字符串。decode()方法的语法格式为：

bytes.decode (encoding="utf-8", errors="strict")

encoding：要使用的编码，如 utf-8、gbk，默认编码为 utf-8；

errors：设置不同错误的处理方案。默认为 strict，意为编码错误引起一个 UnicodeError。其他可能的值有 ignore、replace、xmlcharrefreplace、backslashreplace，以及通过 codecs.register_ error()注册的任何值。

☞ 注意：decode()方法中的 encoding 参数和 errors 参数都可省略。

7.2.2 urllib.parse 模块

urllib.parse 模块用于处理 URL 字符串,实现 URL 各部分的抓取、合并以及链接转换。模块默认分为两个类别:URL 网址解析(URL Parsing)和 URL 地址引用(URL Quoting)。

1. URL 网址解析(URL Parsing)

URL 解析函数专注于将 URL 字符串拆分为其组件,或将 URL 组件组合到 URL 字符串中。下面简要分析对应的解析函数。

(1) urlparse()

urlparse()方法的语法格式为:

urllib.parse.urlparse(url, scheme='', allow_fragments=True)

功能:将 URL 拆分成六大组件,并返回元组。通常,一个基本的 URL 应该拆分为 scheme、netloc、path、params、query、fragment,每个元素都为字符串类型,或者为空。URL 除了六大组件外,还可附加其他只读属性,六大组件及只读属性如表 7-1 所示。

表 7-1 URL 组件及只读属性

属性	索引	值	值为 None
scheme	0	URL 协议	scheme 参数
netloc	1	网络端口	空字符串
path	2	分层路径	空字符串
params	3	最后一个路径元素参数	空字符串
query	4	Query 组件	空字符串
fragment	5	片段标识符	空字符串
username		用户名	None
password		Password	None
hostname		主机名(小写)	None
port		如果存在,端口值为整数	None

该方法的示例代码如下:

```
>>> from urllib import parse
>>> urp = parse.urlparse('https://docs.Python.org/3/search.html?q=parse&check_keywords=yes&area=default')
>>> urp
ParseResult(scheme='https', netloc='docs.Python.org', path='/3/search.html', params='', query='q=parse&check_keywords=yes&area=default', fragment='')
>>> print(urp.scheme)
'https'
>>> urp.netloc
docs.Python.org
```

(2) urlunparse()

urlunparse()方法的语法格式为:

urllib.parse.urlunparse(components)

功能：使用urlparse()返回的元组元素构造一个URL。它接受元组值（scheme、netloc、path、params、query、fragment）后，组成一个具有正确格式的URL。示例代码如下：

```
>>> from urllib import parse
>>> parsed = parse.urlparse('http://user:pass@NetLoc:80/path;parameters?query=argument#fragment')
>>> print("urlparseis:",parsed)
urlparse is: ParseResult(scheme='http', netloc='user:pass@NetLoc:80', path='/path', params='parameters', query='query=argument', fragment='fragment')
>>> url = parse.urlunparse(parsed)
>>> print("urlunparsedis:",url)
urlunparsed is: http://user:pass@NetLoc:80/path;parameters?query=argument#fragment
```

（3）urlsplit()

urlsplit()方法的语法格式为：

urllib.parse.urlsplit(url, scheme='', allow_fragments=True)

功能：返回5元组（scheme，netloc，path，query，fragment），与urlparse相比少个params参数。该方法的作用与urlparse()相似。

（4）urlunsplit()

urlunsplit()方法的语法格式为：

urllib.parse.urlunsplit(components)

功能：与urlsplit()作用相反，返回的元组元素可构成一个完整的URL字符串。示例代码如下：

```
>>> from urllib import parse
>>> url='http://www.jb51.net:80/faq.cgi?src=fie'
>>> print("old url is :",url)
old url is : http://www.jb51.net:80/faq.cgi?src=fie
>>> urls = parse.urlsplit(url)
>>> print ("urlsplitedis:",urls)
urlsplited is: SplitResult(scheme='http', netloc='www.jb51.net:80', path='/faq.cgi', query='src=fie', fragment='')
>>> unspurls = parse.urlunsplit(urls)
>>> print("urlunsplited is :", unspurls)
urlunsplited is : http://www.jb51.net:80/faq.cgi?src=fie
```

（5）urljoin()

urljoin()方法的语法格式为：

urllib.parse.urljoin(base, url, allow_fragments=True)

功能：拼接URL，它以base作为基本地址，然后与url中的相对地址相结合，组成一个绝对URL地址。简单来说就是将相对地址转换为绝对地址。

```
>>> from urllib import parse
>>> uj1 = parse.urljoin("http://www.asite.com/folder1/currentpage.html","anotherpage.html")
>>> print(uj1)
'http://www.asite.com/folder1/anotherpage.html'
```

2. URL地址引用（URL Quoting）

这个模块的主要作用是通过引入合适的编码和特殊字符对URL进行安全重构，并且可以反向解析。如果URL解析函数未覆盖该任务，它们可以使用URL组件的内容重新创建原始数据。

(1) quote()

quote()方法的语法格式为:

urllib.parse.quote(string, safe='/', encoding=None, errors=None)

功能：对字符进行转码，特殊字符（保留字符）如","、"/"、"?"、":"、"@"、"&"、"="、"+"、"$"、";"，不转码。第一个参数是 URL，第二个参数是安全的字符串，即在加密的过程中该类字符不变，默认为"/"。

(2) quote_plus()

quote_plus()方法的语法格式为:

urllib.parse.quote_plus(string, safe='', encoding=None, errors=None)

功能：与 quote()的作用相似，但是这个函数能把空格转换成加号，并且 safe 的默认值为空。

(3) unquote()

unquote()方法的语法格式为:

urllib.parse.unquote(string, encoding='utf-8', errors='replace')

功能：解码，quote()的逆过程。

(4) unquote_plus()

unquote_plus()方法的语法格式为:

urllib.parse.unquote_plus(string, encoding='utf-8', errors='replace')

功能：解码，quote_plus()的逆过程。

(5) urlencode()

urlencode()方法的语法格式为:

urllib.parse.urlencode(query, doseq=False, safe='', encoding=None, errors=None, quote_via=<function quote_plus at 0x00000000031D6950>)

功能：将字典形式的数据转换成查询字符串。

query：需要转换的字典数据。

doseq：如果字典的某个值是序列，那么是否解析。doseq 的值为 False 表示不解析，doseq 的值为 True 表示解析。

safe：指定哪些字符串不需要编码。

encoding：要转换成的字符串编码。

quote_via：使用 quote 编码还是 quote_plus 编码。默认情况下，quote_plus 可空格被转换成"+"号。

7.2.3 urllib.error 模块

urllib.error 模块定义了由 urllib.request 引发的异常类。异常处理主要用到两个类：urllib.error.URLError 和 urllib.error.HTTPError。

1. URLError

URLError 是 urllib.error 异常类的基类，具有 reason 属性，返回错误原因，可以捕获由 urllib.request 产生的异常。产生 URLError 的原因可能有:

① 服务器连接失败；

② 服务器不存在；

③ 远程 URL 地址不存在；

④ 触发 HTTPError。

2. HTTPError

HTTPError 是 URLError 的子类,专门处理 HTTP 和 HTTPS 请求错误。HTTPError 并不能支持父类支持的异常处理。

HTTPError 具有如下 3 个属性。

① code:HTTP/HTTPS 请求返回的状态码。
② headers:HTTP 请求返回的响应头信息。
③ reason:与父类方法一样,表示返回错误原因。

由于 HTTPError 是 URLError 的子类,所以在调用 URLError 进行异常处理时,一般先在子类中查找是否出现 HTTP 错误,然后执行父类的异常处理。

父类 URLError 并不能完全替代子类 HTTPError,子类也不能实现父类的所有异常处理功能。

3. 其他常用异常处理

其他常用异常处理主要是超时异常处理。

7.3 使用 urllib 爬取网页

上面对 urllib 模块进行了介绍,现在开始使用 urllib 模块爬取网页的内容。先实现一个简单、完整的爬虫模型,代码如下:

```
>>> import urllib.request
>>> req = urllib.request.urlopen('http://www.baidu.com')    #网页请求
>>> html = req.read().decode()    #读取信息并解码
>>> html    #输出网页内容
'<!DOCTYPE html>\n<!--STATUS OK-->\n\n\n\n\n\n\n\n\n\n\n\n\n\n\n\n\n\n\n\n\n\n\n\n\n\n\n\n\n\n\n\n\n\n\n\n\n\n\n\n\n\n\n\n\n\n\n\n\n\n\n\n\n\n\n\n\n\n\n\n\n\n\n\n\n\t\t\t      \n\t\t\t\t        \n\t\t\t\t\t        \n\t\t\t\t\t\t\n\t\t\t        \n\t\t\t\t\t      \n\t\t\t    \n\t\t\t\t\t\n\t\t\t\t        \n\t\t\t\t\t        \n\t\t\t\t\t\t\n\t\t\t      \n\t\t\t\t\t\t\t\t\t\t\t\t\n<html>\n<head>\n      \n    <meta http-equiv="content-type" content="text/html;charset=utf-8">\n     <meta http-equiv="X-UA-Compatible" content="IE=Edge">\n\t<meta content="always" name="referrer">\n……'
```

代码首先导入 urllib.request 模块,接下来用 urlopen()方法获取请求并返回网页数据,然后用 read()函数读取这些返回的数据,读取的数据是二进制字节流,再用 decode()方法将二进制字节流转换成 utf-8 格式的数据。这是最简单的爬取网页内容的代码。这种爬取网页的形式是 GET 方法。网页中还有以 POST 方式传递数据的形式,它与 GET 方法类似,只是增加了请求数据,此时需要使用 urllib.parse 模块中的 urlencode()方法。下面以爬取 CSDN 网页为例:

```
>>> import urllib.request
>>> import urllib.parse
>>> url='https://passport.csdn.net/account/login?from=http://my.csdn.net/my/mycsdn'
>>> values = {'username': '******', 'password': '******'}
>>> data = urllib.parse.urlencode(values).encode('utf-8')
>>> req = urllib.request.Request(url,data)
>>> res= urllib.request.urlopen(req)
>>> print(res.read().decode())
<html>
```

```
<head>
    <meta charset="utf-8" />
    <meta name="referrer" content="always"/>
    <meta http-equiv="X-UA-Compatible" content="IE=edge"/>
    <meta property="qc:admins" content="24530273213633466654" />^……
</html>
```

☞ 注意：在 Python 3.7.0 中，利用 urllib.parse 模块的 urlencode()方法和 encode()方法可将字典编码转换成字节流，命名为 data。这里用到的 CSDN 账号需要是真实的账号信息。

7.4 浏览器的模拟与实战

一些网站为了防止爬虫程序爬取网站数据，会进行反爬虫设置。一旦服务器检测到有爬虫程序，就会拒绝用户的访问请求。网站常用的反爬虫措施主要是检查 headers 中的 User-Agent。如果使用 Python 编写的爬虫代码没有对 headers 进行设置，User-Agent 会声明自己是 Python 脚本，而如果网站做了反爬虫设置，则必然会拒绝这样带有 Python 脚本的请求。因此，修改 headers 可以将自己的爬虫脚本伪装成浏览器的正常访问，这是常用的反爬虫手段。

User-Agent 域可向访问网站提供用户所使用的浏览器类型及版本、操作系统及版本、浏览器内核等信息的标识。通过这个标识，用户所访问的网站可以显示不同的排版效果，从而为用户提供更好的体验或者进行信息统计。常用的浏览器标识如下：

'Mozilla/5.0 (Windows NT 6.1; WOW64) AppleWebKit/537.36 (KHTML, like Gecko)',
'Chrome/45.0.2454.85 Safari/537.36 115Browser/6.0.3',
'Mozilla/5.0 (Macintosh; U; Intel Mac OS X 10_6_8; en-us) AppleWebKit/534.50 (KHTML, like Gecko) Version/5.1 Safari/534.50',
'Mozilla/5.0 (Windows; U; Windows NT 6.1; en-us) AppleWebKit/534.50 (KHTML, like Gecko) Version/5.1 Safari/534.50',
'Mozilla/4.0 (compatible; MSIE 8.0; Windows NT 6.0; Trident/4.0)',
'Mozilla/4.0 (compatible; MSIE 7.0; Windows NT 6.0)',
'Mozilla/5.0 (Windows NT 6.1; rv: 2.0.1) Gecko/20100101 Firefox/4.0.1',
'Opera/9.80 (Windows NT 6.1; U; en) Presto/2.8.131 Version/11.11',
'Mozilla/5.0 (Macintosh; Intel Mac OS X 10_7_0) AppleWebKit/535.11 (KHTML, like Gecko) Chrome/17.0.963.56 Safari/535.11',
'Mozilla/4.0 (compatible; MSIE 7.0; Windows NT 5.1; Trident/4.0; SE 2.X MetaSr 1.0; SE 2.X MetaSr 1.0; .NET CLR 2.0.50727; SE 2.X MetaSr 1.0)',
'Mozilla/5.0 (compatible; MSIE 9.0; Windows NT 6.1; Trident/5.0',
'Mozilla/5.0 (Windows NT 6.1; rv: 2.0.1) Gecko/20100101 Firefox/4.0.1'

这是其中一部分浏览器信息，读者也可以自行收集浏览器 User-Agent 中的信息。

对于网站拒绝 Python 爬虫程序获取数据的情况，可通过对 headers 的浏览器信息进行设置，利用 Request()方法对信息进行包装，从而获取数据。示例代码如下：

```
>>> import urllib.request
#设置 headers，以模仿浏览器访问网页
>>> headers = {'User-Agent': ' Chrome/45.0.2454.85 Safari/537.36 115Browser/6.0.3','Accept': r'application/json, text/Javascript, */*; q=0.01', 'Referer': r'http://www.baidu.com/', }
>>> url='http://www.baidu.com/'
```

```
>>> req = urllib.request.Request(url, headers=headers)
>>> response = urllib.request.urlopen(req)
>>> html = response.read().decode()
>>> html
'<!DOCTYPE html>\n<!--STATUS OK-->\n\r\n\r\n\r\n\r\n\r\n\r\n\r\n\r\n\r\n\r\n\r\n\r\n\r\n\r\n\r\n
\r\n\r\n\r\n\r\n\r\n\r\n\r\n\r\n\r\n\r\n\r\n\r\n\r\n\r\n\r\n\r\n\r\n\r\n\r\n\r\n\r\n\r\n\r\n\r\n
\r\n\r\n\r\n\r\n\r\n\r\n\r\n\r\n\r\n\r\n\r\n\r\n\r\n\r\n\r\n\r\n\r\n\r\n\r\n\r\n\r\n\r\n\r\n\r\n
\r\n\t\r\n\t             \r\n\t\t\t           \r\n\t\t\t               \r\n\t\t\t
\r\n\t\t\t\t     \t\t\t
\r\n\t\r\n\t\t\t              \t\t\t              \r\n\t\t\t             \t\t\t
\r\n\t\r\n\t\t       \t\t\t           \r\n\t\t\t\r\n\r\n\r\n\r\n\r\n\r\n\r\n<html>\n<head>\n
\n    <meta http-equiv="content-type" content="text/html;charset=utf-8">\n……
```

7.5 正则表达式

1. 正则表达式

在编写处理网页文本的程序时,经常会查找符合某些复杂规则的字符串,正则表达式就是用于描述这些规则的工具。正则表达式通常被用来检索、替换那些符合某个模式(规则)的文本。正则表达式是由普通字符和特殊字符组成的文字模式。它作为一个模板,将某个字符模式与所搜索的字符串进行匹配。

2. 基本语法

(1)元字符。元字符是一种特殊的字符,并不能匹配自身,它们定义了字符类、子组匹配和模式重复次数等。元字符主要有 4 种作用:匹配字符、匹配位置、匹配数量、匹配模式。常见的元字符如表 7-2 所示。

表 7-2 常见的元字符

元字符	含义
\d	匹配任何十进制数字
\D	与 \d 相反,匹配任何非十进制数字的字符
\s	匹配任何空白字符(包含空格、换行符、制表符等)
\S	匹配任何非空白字符
\w	匹配任何字符,包括字母、数字、下划线或汉字
\W	匹配特殊字符,即非字母、数字、下划线和汉字的字符
\b	匹配单词的开始或结束
\B	匹配不是开始或结束的单词位置
.	匹配除换行符以外的任意字符
^	匹配字符串的开始
$	匹配字符串的结束
[]	对应位置上可以是字符集里的任意字符
[^]	对字符集中的内容进行取反,即不在[]中的字符

续表

元字符	含义
a|b	匹配 a 或 b
\A	仅匹配字符串开头
\Z	仅匹配字符串末尾

如一行文本为"welcome to Python's world!",如果要匹配出所有以 w 开头的单词,那么正则表达式可以写为"\bw\w*\b",它的匹配顺序为,先从某个单词开始(\b),然后是字母 w,接下来是任意数量的字符(\w),最后单词结束(\b)。如果要匹配"p101"这样的字符串(注意不是单词),需要使用^和$,可以写成"^p\d*$"。

(2)限定符。上面的例子中用到了*,*表示重复零次或更多次。除了*以外,还可以用其他限定符来表示重复,常见的限定符如表 7-3 所示。

表 7-3 常见的限定符

限定符	含义
*	重复零次或更多次
+	重复一次或更多次
?	重复零次或一次
{n}	重复 n 次
{n,}	重复 n 次或更多次
{n,m}	重复 n~m 次

当正则表达式中包含能重复的限定符时,通常匹配尽可能多的字符,这就是贪婪模式。例如,有字符串"p123y45y",以表达式"p\w+y"为例,在通常情况下会匹配尽可能多的个数,最后就会匹配整个"p123y45y"。如果要匹配出"p123y",就需要懒惰模式,即尽可能匹配较少个数的情况,因此需要将表达式"p\w+y"改为"p\w+?y",使用?可以启用懒惰模式。

(3)懒惰限定符。表 7-4 列举了常见的懒惰限定符。

表 7-4 常见的懒惰限定符

限定符	含义
*?	重复任意次,但尽可能少重复
+?	重复一次或更多次,但尽可能少重复
??	重复零次或一次,但尽可能少重复
{n,}?	重复 n 次或更多次,但尽可能少重复
{n,m}?	重复 n~m 次,但尽可能少重复

3. 转义

在正则表达式中,有很多具有特殊意义的元字符,如\d 和\s 等,如果要在正则表达式中匹配正常的\d,而不是数字,就需要对\进行转义,变成\\。在 Python 中,无论是正则表达式还是待匹配的内容,都是以字符串的形式出现的。在字符串中,\也有特殊的含义,其本身也需要转义。所以如果匹配一次\d，在字符串中要写成\\d，那么在正则表达式里就要写成\\\\d，这样太麻烦。在 Python 中，匹配一个\的正则表达式可以写为 r"\\"，匹配一个数字的\\d 可以写为 r"\d"。

对于不同的编程语言来说，绝大部分语言都是支持正则表达式的，只是稍有不同。Python 通过 re 模块提供对正则表达式的支持。re 模块中主要用到的方法如下。

（1）re.compile(pattern[,flags])。编译一个正则表达式模式，返回一个模式对象。

```
>>> import re
>>> pat = re.compile(r'\d+')
re.compile('\\d+')。
```

输出结果为生成一个匹配数字的模式对象。

pattern：编译时用的表达式字符串。

flags：标志位，用于控制正则表达式的匹配方式，如是否区分大小写、多行匹配等。flags 的可选值如下。

re.I：忽略大小写。

re.L：表示特殊字符集（如\w、\W、\b、\B、\s、\S）依赖于当前环境。

re.M：多行模式。

re.S：匹配包括换行符在内的任意字符。

re.U：表示特殊字符集（如\w、\W、\b、\B、\d、\D、\s、\S）依赖于 Unicode 字符属性数据库。

re.X：为了增加可读性，忽略空格和#后面的注释。

（2）re.match(pattern,string[,flags])。从字符串的起始位置匹配一个模式，如果不是从起始位置匹配成功的，则 match()返回 None。

pattern：匹配的正则表达式。

string：要匹配的字符串。

flags：用于控制正则表达式的匹配方式，如是否区分大小写、多行匹配等。

```
>>> import re
>>> print(re.match('abc','abcdefg').group())
abc
```

从字符串"abcdefg"的开头匹配，group()方法返回分组字符串。"abcdefg"字符串的开始与"abc"一致，匹配成功，返回值为 abc。

```
>>> r1 = re.match('abc','1abcdefg')
>>> print(r1)
None
```

从字符串"1abcdefg"的开头匹配，"1abcdefg"字符串开始与"abc"不一致，匹配不成功，返回值为 None。

（3）re.search(pattern, string[, flags])。用于查找字符串中可以匹配成功的子串，从 string 的开始位置匹配到结尾。匹配成功则返回一个匹配结果，不再向后匹配了；如果匹配失败则返回 None。该方法与 match()方法类似，区别在于，match()方法只从字符串的开始位置匹配，而 search()会扫描整个字符串进行匹配，match()方法只有在字符串起始位置匹配成功的时候才有返回值。

```
>>> r1 = re.search('abc','1abcdefg').group()
>>> print(r1)
abc
```

从字符串"1abcdefg"的开头匹配,"1abcdefg"字符串开始与"abc"不一致,接着向后匹配,最终匹配成功,返回值为abc。

(4) re.split(pattern, string[, maxsplit, flags])。将能够匹配的字符串以列表的形式分割,返回不能匹配到的字串,maxsplit用于指定最大分割次数,不指定maxsplit参数则将全部字符串分割。

```
>>> import re
>>> pattern = re.compile(r'\d+')
>>> print(re.split(pattern,'a1b2c3d4'))
['a', 'b', 'c', '']
```

可以看到,返回的结果是不能匹配的对象,以列表的形式返回。

(5) re.findall(pattern, string[, flags])。在字符串中找到正则表达式所匹配的所有子串,并返回一个列表。如果没有找到匹配的子串,则返回空列表。

```
>>> import re
>>> pattern = re.compile(r'\d+')
>>> print(re.findall(pattern,'a1b2c3d4'))
['1', '2', '3', '4']
```

(6) re.finditer(pattern, string[, flags])。搜索字符串,返回访问每一个匹配结果的Match对象的迭代器。

```
>>> import re
>>> pattern = re.compile(r'\d+')
>>> m = re.finditer(pattern,'a1b2c3d4')
>>> for i in m:
        print(i)
<_sre.SRE_Match object; span=(1, 2), match='1'>
<_sre.SRE_Match object; span=(3, 4), match='2'>
<_sre.SRE_Match object; span=(5, 6), match='3'>
<_sre.SRE_Match object; span=(7, 8), match='4'>
```

(7) re.sub(pattern, repl, string[, count, flags])。使用repl替换string中每一个匹配的子串后返回替换后的字符串。count用于指定最多替换的次数,默认全部替换。

```
>>> import re
>>> pat = re.compile(r'\d+')
>>> pat2 = re.sub(pat,'!!!','py1th22on333')
>>> print(pat2)
py!!!th!!!on!!!
>>> print(re.sub(pat,'!!!','py1th22on333',count=2))
py!!!th!!!on333
```

从第一个结果可以看到,所有数字被替换为"!!!";从第二个结果可以看到,只有两组数字被替换成"!!!",原因在于设定了替换两次。

(8) re.subn(pattern, repl, string[, count, flags])。返回一个元组,为(新的替换字串,数量)。

```
>>> import re
>>> pat = re.compile(r'\d+')
```

```
>>> pat2 = re.subn(pat,'!!!','py1th22on333')
>>> print(pat2)
('py!!!th!!!on!!!', 3)
>>> print(re.subn(pat,'!!!','py1th22on333',count=2))
('py!!!th!!!on333', 2)
```

7.6 图片爬虫实战

前面介绍了爬取网页内容的方法,接下来讲解爬取网页图片的方法。要爬取网页中的图片,首先需要分析图片的 HTML 代码,可以使用谷歌浏览器自带的"检查"中的"元素"菜单,此时发现很多图片的 src 值中都有.jpg pic_ext,因此将正则表达式写为 src="(.+?\.jpg)" pic_ext,再使用 re 库中的 compile()方法匹配生成一个 pattern 对象,利用 findall()方法找到所有符合正则表达式的字符串,即能找到图片地址,然后利用 urllib.request.urlretrieve()方法将这些地址下的所有图片下载下来,保存到"图片"文件夹下。其代码如下所示。

```
>>> import urllib.request
>>> import re
>>> import os
>>> def getHtml(url):
        headers = {'User-Agent': 'Mozilla/4.0 (compatible; MSIE 7.0; Windows NT 6.0)',\
'Accept': r'application/json, text/Javascript, */*; q=0.01', 'Referer': r'http://www.baidu.com/', }
        req = urllib.request.Request(url, headers=headers)
        page = urllib.request.urlopen(req)
        html = page.read()
        return html.decode('UTF-8')
>>> def getImg(html):
        reg = r'src="(.+?\.jpg)" pic_ext'
        imgre = re.compile(reg)
        imglist = imgre.findall(html)
        x = 0
        paths = ""     #图片存放的目录,默认为当前目录
        for imgurl in imglist:
            urllib.request.urlretrieve(imgurl,'{}{}.jpg'.format(paths,x))
            x = x + 1
        return
>>> html = getHtml("http://tieba.baidu.com/p/2460150866")
>>> getImg(html)
>>> print("success")
success
```

在图片存放目录下可以看到有多张下载的图片,表示图片爬取成功,如图 7-2 所示。

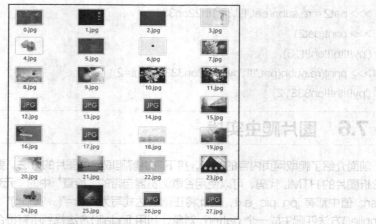

图 7-2　图片爬取结果

7.7　项目训练：用 urllib 库爬取百度贴吧

【训练目标】

在 Ubuntu 16.04、Python 3.7.0 环境下，通过查看百度贴吧网页元素，掌握爬取所需信息正则表达式的编写方法；通过 re 模块中 compile()、findall()、sub()等方法的使用，熟悉 re 模块的常用方法；通过爬取百度贴吧的数据，掌握 urllib 模块的基本使用方法。

【训练内容】

（1）查看贴吧中3种不同链接的功能。

百度贴吧的原始 URL 为 http://tieba.baidu.com/p/*********，其中*********为一组数字序列，不同序列的帖子内容不同。

"只看楼主"的链接为 http://tieba.baidu.com/p/*********?see_lz=1。

选择"第几页"的链接为 http://tieba.baidu.com/p/*********?see_lz=1&pn=2。

see_lz=1 表示只看楼主的内容；see_lz=0 表示看帖子中所有用户的内容。pn 表示这个帖子中的第几页，pn=2 表示第二页。

（2）通过浏览器提供的"查看元素"（IE 浏览器提供）或"检查"（谷歌浏览器提供）命令，编写相关的正则表达式。

（3）使用 re 模块中的 compile()、findall()、sub()等方法匹配所需信息。

（4）将爬取到的信息保存到本地。

【训练步骤】

（1）设计分析

本项目主要爬取百度贴吧中任意一个帖子的所有内容，包括确定帖子的序列、see_lz、pn 参数的值，爬取网页中的文字和图片两种信息，根据需要爬取信息的特征编写正则表达式，将匹配的文字信息和图片信息分别保存到本地。

（2）编写程序

```
#ch7_p_1.py
import urllib
import urllib.request
import re
import os
```

```python
class Bdtbpc:
    def getPage(self,Url,SeeLZ,Num):
        if(SeeLZ == 1):
            Url = Url.strip() + '?see_lz=1' + '&pn=' + str(Num)
        if(SeeLZ == 0):
            Url = Url.strip() + '?see_lz=0' + '&pn=' + str(Num)
        try:
            request = urllib.request.Request(Url)
            response = urllib.request.urlopen(request)
            return response.read().decode('utf-8')
        except urllib.request.URLError as e:
            if hasattr(e,'reason'):
                print('连接错误:',e.reason)
                return None

    def getTitle(self,page):      #得到帖子的题目
        pattern = re.compile(r'<h3 class=".*?>(.*?)</h3>')
        result = pattern.search(page)
        print('帖子名称: ',result.group(1))
        self.name = result.group(1)

    def getPageNumAndReply(self,page):
        pattern = re.compile(r'<li class="l_reply_num.*?><span class=".*?>(\d+)</span>.*?>\
(\d+)</span>')
        result = pattern.search(page)
        print('该帖子共',result.group(1),'回复')
        self.pageReply = result.group(1)
        self.pageNum = result.group(2)

    def getContent(self,page):
        pattern = re.compile(r'<img username="(.*?)".*?<div id="post_content.*?>(.*?)</div>',re.S)
        result = pattern.findall(page)
        pattern1 = re.compile(r'src="(.*?)"',re.S)
        for x in result:
            content = self.removeOthers(x[1])
            self.wiriteFile(x[0], content, self.x)
            result1 = pattern1.findall(x[1])
            if result1 != []:
                self.savePicture(result1,self.x)
            self.x += 1

    def removeOthers(self,page):
        removeImg = re.compile(r'<img .*?>')
        removeAddr = re.compile(r'<a.*?>|</a>')
```

```python
            replaceBr = re.compile('<br>')
            removeOthers = re.compile(r'<.*?>')
            page = re.sub(removeImg,"",page)
            page = re.sub(removeAddr,"",page)
            page = re.sub(replaceBr,'\n',page)
            page = re.sub(removeOthers,"",page)
            return page

    def writeFile(self,name,content,num):
        path = os.getcwd() + '\\' + self.name + '\\' + self.name + r'.txt'
        path = path.replace('\\','//',1)
        file = open(path,'a')
        if num == 1:
            file.write('帖子名称：')
            file.write(self.name)
            file.write('   |   帖子总回复：')
            file.write(self.pageReply)
            file.write('   |   帖子总页数：')
            file.write(self.pageNum)
        file.write("\n------------------------------\n")
        file.write('第')
        num = str(num)
        file.write(num)
        file.write('楼\n\n')
        file.write(name)
        file.write('\n\n')
        file.write(content)
        print(num,'楼内容已爬取完成...')
    def savePicture(self,Picture,num):
        filepath = os.getcwd() + '\\' + self.name
        for url in Picture:
            a = 1
            temp = filepath + '\\' + str(num) + '(' + str(a) + ')L.jpg'
            urllib.request.urlretrieve(url, temp)
            a += 1
    def start(self):
        url = 'http://tieba.baidu.com/p/' +(input('请输入帖子的编号!\n'))
        print(url)
        seeLZ = input("是否只看楼主：（是为1，否为0）")
        Num = input("从第几页开始：")
        # if(seeLZ == '是'):
        #     seeLZ = 1
        # if(seeLZ == '否'):
```

```
#       seeLZ = 0
self.x = 1
page = self.getPage(url,seeLZ,Num)
self.getTitle(page)
self.getPageNumAndReply(page)
filepath = os.getcwd() + '\\' + self.name
print(filepath)
if os.path.exists(filepath) isFalse:
    print('Hlloasdk')
    os.mkdir(filepath)
y1 = int(Num)
y2 = int(self.pageNum) + 1
for y in range(y1,y2):
    page = self.getPage(url, seeLZ, y)
    self.getContent(page)
print('爬取完成，实际爬取到',self.x-1,'楼！')
bdtb = Bdtbpc()
bdtb.start()
```

（3）调试程序

执行程序，根据提示依次输入贴吧的序号 see_lz、pn 的值，如图 7-3 所示。

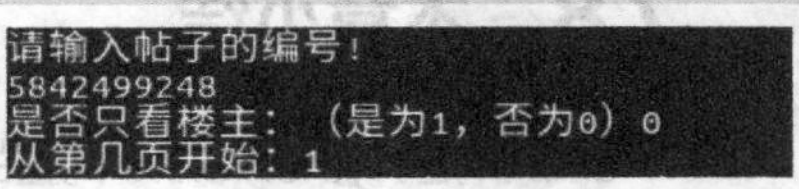

运行结果如图 7-4 所示，Ubuntu 16.04 当前目录中存放的爬取结果如图 7-5 所示。

图 7-3 输入数据

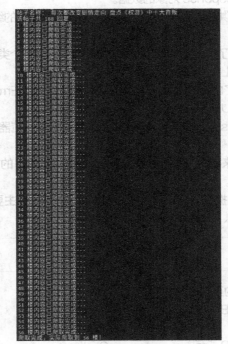

图 7-4 运行结果

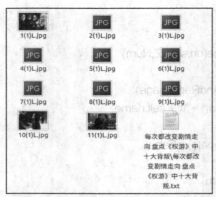

图 7-5 Ubuntu 16.04 当前目录中存放的爬取结果

文本信息存储在如图 7-5 所示的 .txt 文件中。

思考：项目需要输入帖子编号，如果随便输入一个编号会出现什么情况？

☞ 由于网络信息会更新，所以每次运行的结果可能是不同的。

【训练小结】

请填写如表 1-1 所示的项目训练小结。

7.8 本章小结

1. urllib 库是 Python 3.7.0 内置的 HTTP 请求库。urllib 库提供了四大模块：urllib.request 请求模块；urllib.parse 解析模块；urllib.error 异常处理模块；urllib.robotparser 解析 robots.txt 文本文件模块。

2. urllib.request 模块提供了一个基础方法 urlopen()，通过向指定的 URL 发出请求来获取数据，返回一个 http.client.HTTPResponse 对象的数据。

3. urllib.request 模块提供的 decode() 方法，可将指定编码格式的编码解码成 bytes 对象，并返回解码后的字符串。

4. urllib.parse 模块定义了一个标准接口，这个模块默认分为两个类：URL Parsing（URL 网址解析）和 URL Quoting（URL 地址引用）。

5. urllib.error 模块定义了由 urllib.request 引发的异常类，URLError 为基本的异常类。异常处理主要用到两个类：urllib.error.URLError 和 urllib.error.HTTPError。

6. 修改浏览器中 headers 的值可以将自己的爬虫脚本伪装成浏览器正常访问，这是常用的反爬虫手段。

7. 正则表达式通常被用来检索、替换那些符合某个模式（规则）的文本。正则表达式是由普通字符和特殊字符组成的文字模式。

8. Python 通过 re 模块提供对正则表达式的支持。re 模块中主要用到的方法有 compile()、match()、search()、findall()、finditer()、sub()、subn() 等。

7.9 练习

1. 用于打开和阅读网址的正确模块是（   ）。

    A. urllib.request   B. urllib.error   C. urllib.parse   D. urllib.robotparser

2. 正则表达式的模块是（   ）。

    A. os   B. re   C. time   D. sys

3. 使用 urllib.request 和 re 模块中的相关方法，爬取豆瓣网豆瓣阅读页面中小说的内容。

7.10 拓展训练项目

7.10.1 urllib 库的使用

【训练目标】

在 Ubuntu 16.04、Python 3.7.0 环境下，通过实践，掌握用 urllib 库爬取静态和动态网页的方法，会设置用浏览器进行伪装的 headers 参数。

【训练内容】

（1）网页爬取：爬取 www.baidu.com 的 HTML 代码信息。

（2）数据传送：现在的大多数网站都是动态的，需要动态地传递参数，收到参数后做出对应的响应，所以在访问时需要传递数据。最常见的情况就是在登录或注册的时候，把用户名和密码传送到一个 URL，然后获得服务器处理之后的响应。用户名和密码数据的传送有两种方式：POST 方式和 GET 方式。以 CSDN 登录页面为爬取目标（https://passport.csdn.net/account/login），以 GET 请求和 POST 请求两种传送数据的方法分别实现数据爬取。

（3）headers：有些网站进行了反爬虫设置，不会让程序进行访问，此时用程序访问网站，站点根本不会响应，因此程序要伪装成浏览器访问。这时就需要设置一些 headers 的属性。模拟浏览器主要设置 headers 中的 User-Agent 参数，如前述的以 POST 方式获取数据就是模拟浏览器实现的。

（4）timeout 设置：为了解决网站响应过慢的问题，可以设置超时等待。将（2）中爬取网页的参数设置为 timeout=10，再次运行代码。

7.10.2 百度贴吧网页爬虫

【训练目标】

在 Ubuntu 16.04、Python 3.7.0 环境下，进一步熟悉用 urllib 库爬取网页的方法，并结合 re 模块的使用抓取有效信息，然后存入 .txt 文件中。通过实践，综合运用所学知识，会编程实现从网络爬取所需要的信息。

【训练内容】

（1）掌握百度贴吧 URL 的查找规律，确定 see_lz 和 pn 参数；掌握网页组成元素的查找规律，以及正则表达式的编写。

（2）爬取百度贴吧指定网址的数据并存入文件。

7.10.3 淘宝网站图片爬虫

【训练目标】

在 Ubuntu 16.04、Python 3.7.0 环境下，通过爬取淘宝图片的实践，进一步熟悉 urllib 库和 re 模块中正则表达式的编写方法，了解 BeautifulSoup 模块，会综合运用多模块编程爬取信息。

【训练内容】

（1）爬取过程分析。爬取图片的 URL 为 https://mm.taobao.com/search_tstar_model.htm?；用浏览器查看该 URL 的界面效果；下载所有的图片及相关信息并保存到文件。

（2）编写爬取图片程序。

第 8 章
Python 爬虫框架

学习目标

① 了解常用网络爬虫框架；
② 熟悉 Scrapy 框架组件；
③ 了解 XPath 路径表达式规则；
④ 熟悉 Scrapy 网络爬虫编写步骤；
⑤ 基本会用 Scrapy 框架编写爬虫爬取网页中文字的代码，并保存至本地文本文件或数据库中。

从本章开始，将介绍如何通过成熟的框架来实现定向爬虫。Scrapy 框架是一个非常优秀的框架，其操作简单，拓展方便，是比较流行的爬虫解决方案。

8.1 常见爬虫框架

1. Scrapy

Scrapy 是 Python 开发中的一个快速、高层次的屏幕抓取和 Web 抓取框架，用于抓取 Web 站点并从页面中提取结构化的数据。Scrapy 用途广泛，可以用于数据挖掘、监测和自动化测试。Scrapy 吸引人的地方在于它是一个框架，任何人都可以根据需求方便地修改。它也提供了多种类型爬虫的基类，如 BaseSpider、sitemap 爬虫等。

项目网址：https://scrapy.org/。

2. Crawley

Crawley 能高速爬取对应网站的内容，支持关系数据库和非关系数据库，数据可以导出为 JSON、XML 等。

项目网址：http://project.crawley-cloud.com/。

3. Portia

Portia 是一个用 Python 编写的、无需任何编程知识就能可视化爬取网站数据的开源工具。Portia 是运行在 Web 浏览器中的，提供了可视化的 Web 页面，只需通过单击来标注页面上需提取的相应数据，即可完成爬取规则的开发。这些规则还可在 Scrapy 中使用，用于抓取页面。

项目网址：https://scrapinghub.com/portia。

4. PySpider

PySpider 是一个强大的网络爬虫系统，并带有强大的 WebUI。PySpider 采用 Python 语言编写，具有分布式架构，支持多种数据库后端，并具有强大的 WebUI 支持的脚本编辑器、任务监视器、项目管理器及结果查看器。

5. Beautiful Soup

Beautiful Soup 是一个可以从 HTML 或 XML 文件中提取数据的 Python 库。它能够通过用户喜的转换器实现常用的文档导航、查找、修改。Beautiful Soup 会帮助用户节省数小时甚至数天的工作时间。获取 HTML 元素都是用 bs4 完成的。

项目网址：https://www.crummy.com/software/BeautifulSoup/bs4/doc/。

6. Grab

Grab 是一个网页爬虫抓取框架，其为异步处理数据提供了多种有效的方法，可以构建各种复杂的网页抓取工具。

7. Cola

Cola 是一个分布式的爬虫框架。对用户来说，使用 Cola 时只需编写几个特定的函数即可，而无需关注分布式运行的细节。任务会自动分配到多台机器上，整个过程对用户是透明的。

项目网址：https://github.com/chineking/cola。

8.2 Scrapy 爬虫框架的安装

截止到成书时，Scrapy 框架的最新版本为 1.5.1，这里安装 Scrapy1.5.1。在安装之前，需要知道 Ubuntu 16.04 系统中的 Python 版本号和 pip 版本号。本书 Python 版本号为 3.7.0，pip 版本号为 18.0。

第一步：查看版本。

查看 Python 版本的命令和 pip 版本的命令如图 8-1 所示。

```
root@ubuntu-VirtualBox:/home# python3
Python 3.7.0 (default, Aug  9 2018, 23:19:36)
[GCC 5.4.0 20160609] on linux
Type "help", "copyright", "credits" or "license" for more information.
>>>
root@ubuntu-VirtualBox:/home# pip3 --version
pip 18.0 from /usr/local/lib/python3.7/site-packages/pip (python 3.7)
```

图 8-1　查看 Python、pip 版本

如果 Python 和 pip 的版本比较低，需要将其升级。Python 3.7.0 按照第 1 章介绍的方法安装即可。pip3 的安装命令为 apt-get install python3-pip。

第二步：在/home 目录下用 mkdir 命令建立 Scrapy 文件夹，如图 8-2 所示。

```
root@ubuntu-VirtualBox:~# cd /home/
root@ubuntu-VirtualBox:/home# ls
ubuntu
root@ubuntu-VirtualBox:/home# mkdir scrapy
root@ubuntu-VirtualBox:/home# ls
scrapy  ubuntu
```

图 8-2　建立 Scrapy 文件夹

第三步：安装 Scrapy 依赖包，如图 8-3 所示。

```
root@ubuntu-VirtualBox:/home/scrapy# sudo apt-get install python3 python3-dev python-pip libxml2-dev libxslt1-dev libffi-dev libssl-dev zlib1g-dev
```

图 8-3　安装 Scrapy 依赖包

第四步：利用 pip3 命令安装 Scrapy，如图 8-4 所示。

```
root@ubuntu-VirtualBox:/home/scrapy# pip3 install scrapy
```

图 8-4　利用 pip3 命令安装 Scrapy

☞ 第三步和第四步可以合并，直接用命令 sudo apt-get install python-scrapy 进行安装。

安装结束后，输入 scrapy 即可查看是否安装成功。如果安装成功，则会出现如图 8-5 所示的内容。

```
root@ubuntu-VirtualBox:/home/scrapy# scrapy
Scrapy 1.5.1 - no active project

Usage:
  scrapy <command> [options] [args]

Available commands:
  bench         Run quick benchmark test
  fetch         Fetch a URL using the Scrapy downloader
  genspider     Generate new spider using pre-defined templates
  runspider     Run a self-contained spider (without creating a project)
  settings      Get settings values
  shell         Interactive scraping console
  startproject  Create new project
  version       Print Scrapy version
  view          Open URL in browser, as seen by Scrapy

  [ more ]      More commands available when run from project directory
```

图 8-5　Scrapy 安装成功界面

☞ 安装 Scrapy 时需要 root 权限，即出现的是"#"提示符；如果不是，则在命令前加"sudo"。

8.3　Scrapy 爬虫框架简介

Scrapy 是一个使用 Python 编写的爬虫框架（Crawler Framework），它简单轻巧，并且使用起来非常方便。Scrapy 使用 Twisted 异步网络库来处理网络通信。Scrapy 整体架构如图 8-6 所示。

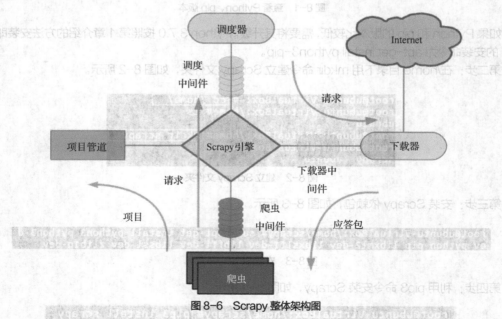

图 8-6　Scrapy 整体架构图

从图中可以看到 Scrapy 包括以下组件。

- Scrapy 引擎：负责处理整个系统的数据流，并在相应动作下触发事件（框架核心）。

- 调度器：接收引擎发来的请求，加入队列中，并在引擎再次发来请求时返回该请求。调度器可以看成一个 URL（抓取网页的网址或是链接）的优先队列，由它来决定下一个要抓取的网址是什么，同时去除重复的网址。
- 下载器：负责获取网页内容并将网页内容返回给爬虫。
- 爬虫：负责从特定网页中提取自己需要的信息。
- 项目管道：负责处理从网页中提取的数据。当页面被爬虫解析后，数据将被发送到项目管道，并经过几个特定的次序进行处理。
- 下载器中间件：是位于 Scrapy 引擎和下载器之间的框架，主要处理 Scrapy 引擎与下载器之间的请求及响应。
- 爬虫中间件：是位于 Scrapy 引擎和爬虫之间的框架，主要工作是处理爬虫的响应输入和请求输出。
- 调度中间件：是位于 Scrapy 引擎和调度器之间的框架，处理从 Scrapy 引擎发送到调度器的请求和响应。

Scrapy 中的数据流运行过程如下。

（1）引擎打开一个网站，找到处理该网站的爬虫并向该爬虫请求第一个要提取的 URL。
（2）引擎从爬虫中获取第一个要提取的 URL，并通过调度器与请求进行调度。
（3）引擎通过调度器请求下一个要提取的 URL。
（4）调度器返回下一个要提取的 URL 给引擎，引擎将 URL 封装成一个请求，通过下载器中间件转发给下载器。
（5）页面下载完毕后，下载器把资源封装成应答包，并将其通过下载器中间件发送给引擎。
（6）引擎从下载器中接收应答包并通过爬虫中间件发送给爬虫处理。
（7）爬虫处理应答包，并将提取到的数据和新的请求发送给引擎。
（8）引擎将提取到的数据交给项目管道，将请求交给调度器。
（9）从第（2）步开始重复，直到调度器中没有更多的请求，引擎关闭该网站。

8.4 Scrapy 常用工具命令

Scrapy 是通过 Scrapy 命令行工具进行控制的。在介绍命令行工具和子命令前，先熟悉一下 Scrapy 项目的目录结构。

8.4.1 创建一个 Scrapy 项目

在提取之前，需要先创建一个新的 Scrapy 项目。在 Ubuntu 16.04、Python 3.7.0 环境中，在 /home/scrapy/ 路径下建立一个文件夹，命令为 mkdir pyscr。接下来进入该文件夹，在终端输入命令 scrapy startproject pyscr，即可创建一个名为 pyscr 的项目，如图 8-7 所示。

```
root@ubuntu-VirtualBox:/home/scrapy# mkdir pyscr
root@ubuntu-VirtualBox:/home/scrapy# ls
movie  pyscr
root@ubuntu-VirtualBox:/home/scrapy# cd pyscr
root@ubuntu-VirtualBox:/home/scrapy/pyscr# scrapy startproject pyscr
New Scrapy project 'pyscr', using template directory '/usr/local/lib/python
3.7/site-packages/scrapy/templates/project', created in:
    /home/scrapy/pyscr/pyscr

You can start your first spider with:
    cd pyscr
    scrapy genspider example example.com
```

图 8-7 创建 pyscr 项目

创建 pyscr 后，用 tree 命令查看项目结构，pyscr 项目中包含如图 8-8 所示的内容。

```
pyscr
├── pyscr
│   ├── __init__.py
│   ├── items.py
│   ├── middlewares.py
│   ├── pipelines.py
│   ├── __pycache__
│   ├── settings.py
│   └── spiders
│       ├── __init__.py
│       └── __pycache__
└── scrapy.cfg

5 directories, 7 files
```

图 8-8 pyscr 项目内容

pyscr 目录下的文件分别如下。
- scrapy.cfg：项目配置文件。
- pyscr：项目 Python 模块，代码将从这里导入。
- pyscr/items.py：项目文件。
- pyscr/middlewares.py：定义爬虫中间件和下载器中间件。
- pyscr/pipelines.py：项目管道文件。
- pyscr/settings.py：项目设置文件。
- pyscr/spiders：放置爬虫的目录。
- ☞ apt-get install tree 可安装 tree 命令。

8.4.2　Scrapy 全局命令

Scrapy 框架提供了两种类型的命令：一种是针对项目的命令（即需要有项目，该命令才能成功运行）；另一种为全局命令，这些命令不需要有项目就能运行（在有项目的情况下，这些命令也能运行）。首先介绍全局命令，全局命令一共有 8 个，具体如下：
- startproject；
- settings；
- runspider；
- shell；
- fetch；
- view；
- version；
- bench。

1. startproject 命令

语法：scrapy startproject <project_name>

功能：在目录 project_name 下创建一个名为 project_name 的 Scrapy 项目。

用法示例：

scrappy startproject myproject

2. settings 命令

语法：scrapy settings [options]

功能：查看 Scrapy 对应的配置信息。如果在项目目录内使用，查看的是对应项目的配置信息；如果在项目外使用，查看的是 Scrapy 的默认配置信息。

用法示例：

scrapy settings --get BOT_NAME

以上示例获取爬虫项目的名称，如果没有获取到结果，则返回 None。

输出结果：scrapybot

scrapy settings --get DOWNLOAD_DELAY

输出结果：None

3. runspider 命令

语法：scrapy runspider <spider_file.py>

功能：在未创建项目的情况下，运行一个编写好的 Python 文件中的爬虫。

用法示例：

scrappy runspider myspider.py

输出结果：在终端屏幕上出现爬虫提取的数据。

4. shell 命令

语法：scrapy shell [url]

功能：以给定的 URL（如果给出）启动 Scrapy shell。

用法示例：

scrapy shell http://www.baidu.com

运行结束后，在终端屏幕上会出现提取的控制信息。

5. fetch 命令

语法：scrapy fetch <url>

功能：使用 Scrapy 下载器下载给定的 URL，并将获取到的内容送到标准输出设备。该命令以爬虫下载页面的方式获取页面。如果该命令在项目中运行，fetch 将会使用项目中爬虫的属性访问；如果该命令不在项目中运行，则会使用默认 Scrapy 下载器设定。

用法示例：

scrapy fetch --nolog http://www.baidu.com

scrapy fetch --nolog --headers http://www.baidu.com

6. view 命令

语法：scrapy view <url>

功能：在浏览器中打开给定的 URL，并以 Scrapy 爬虫获取到的形式展现。有时候爬虫获取到的页面和普通用户看到的页面并不相同，该命令可以用来检查爬虫所获取到的页面，并确认与用户看到的页面一致。

应用示例：

scrapy view http://www.baidu.com

7. version 命令

语法：scrapy version [-v]

功能：输出 Scrapy 版本。配合 -v 运行时，该命令同时输出 Python、Twisted 及平台的信息，方便 Bug 提交。

应用示例：

scrapy version -v

8. bench 命令

语法：scrapy bench

功能：运行 benchmark 测试，测试 Scrapy 在硬件上的效率。

8.4.3 Scrapy 项目命令

项目命令需要在有 Scrapy 项目的情况下才能运行。项目命令主要有以下几个：

- crawl；
- check；
- list；
- edit；
- parse；
- deploy；
- genspider。

1. crawl 命令

语法：scrapy crawl <spider>

功能：运行 Scrapy 项目，使用爬虫进行爬取。

应用示例：

scrapy crawl pyscr

2. check 命令

语法：scrapy check [-l] <spider>

功能：运行 contract 检查。

应用示例：

scrapy check -l

3. list 命令

语法：scrapy list

功能：列出当前项目中所有可用的爬虫，每行输出一个爬虫。

应用示例：

scrappy list

4. edit 命令

语法：scrapy edit <spider>

功能：使用 EDITOR 中设定的编辑器编辑给定的爬虫。该命令仅仅提供一个快捷方式，开发者可以自由选择其他工具或者 IDE 来编写调试爬虫。

应用示例：

scrapy edit spider1

5. parse 命令

语法：scrapy parse <url> [options]

功能：获取给定的 URL 并使用相应的爬虫分析处理。如果提供--callback 选项，则使用爬虫中的解析方法处理，否则使用 parse。支持的选项如下。

--spider=SPIDER：跳过自动检测爬虫，并强制使用特定的爬虫。

--a NAME=VALUE：设置爬虫的参数。

--callback or –c：爬虫中用于解析返回（Response）的回调函数。

--pipelines：在管道中处理数据。

--rules or –r：使用 CrawlSpider 规则来发现用来解析返回（Response）的回调函数。
--noitems：不显示提取到的数据。
--nolinks：不显示提取到的链接。
--nocolour：避免使用 pygments 对输出着色。
--depth or –d：指定跟进链接请求的层次数（默认为 1）。
--verbose or –v：显示每个请求的详细信息。

应用示例：

scrapy parse "http://www.baidu.com/" -c parse_item

6. deploy 命令

语法：scrapy deploy [<target:project>|-l<target>|-L]

功能：将项目部署到 Scrapyd 服务。

7. genspider 命令

语法：scrapy genspider [-t template] <name><domain>

功能：在当前项目中创建一个新的爬虫。这仅是创建爬虫的一种快捷方式，该方法可以使用提前定义好的模板来生成爬虫，也可自己创建爬虫的源码文件。

genspider 命令应用示例如图 8-9 所示。

```
root@ubuntu-VirtualBox:/home/scrapy# scrapy genspider -l
Available templates:
  basic
  crawl
  csvfeed
  xmlfeed
root@ubuntu-VirtualBox:/home/scrapy# scrapy genspider -d basic
# -*- coding: utf-8 -*-
import scrapy

class $classname(scrapy.Spider):
    name = '$name'
    allowed_domains = ['$domain']
    start_urls = ['http://$domain/']

    def parse(self, response):
        pass
```

图 8-9　genspider 命令应用示例

8.5　Scrapy 爬虫实战

本节将在 Ubuntu 16.04、Python 3.7.0 环境下创建一个 Scrapy 项目，提取"糗事百科"的"穿越"网页中网友发表的糗事内容，并将内容保存在文本文件中。

1. 创建 Scrapy 项目 qsbk

在提取之前，必须创建一个新的 Scrapy 项目。

在/home/scrapy 目录下建立 qsbk 目录，并在/home/scrapy/qsbk 目录下用 scrapy startproject qsbk 命令创建项目，如图 8-10 所示。

```
root@ubuntu-VirtualBox:/home/scrapy# cd qsbk
root@ubuntu-VirtualBox:/home/scrapy/qsbk# scrapy startproject qsbk
```

图 8-10　创建项目

2. 设置 settings.py 文件

settings.py 文件是项目的配置文件，常用的参数如下。

BOT_NAME = 'qsbk'：Scrapy 项目的名称，使用 startproject 命令创建项目时被自动赋值。

SPIDER_MODULES = ['qsbk.spiders']：Scrapy 搜索爬虫的模块列表，创建项目时被自动赋值。

NEWSPIDER_MODULE = 'qsbk.spiders'：使用 genspider 命令创建新爬虫的模块，创建项目时被自动赋值。

ROBOTSTXT_OBEY = True：表示遵守 robots.txt 协议，默认为 True。robots.txt 是遵循 Robot 协议的一个文件，它保存在网站的服务器中，作用是告诉搜索引擎爬虫，本网站哪些目录下的网页不希望被提取收录。Scrapy 启动后会在第一时间访问网站的 robots.txt 文件，然后决定该网站的提取范围。在某些情况下希望获取的数据是被 robots.txt 所禁止访问的，此时可将此配置项设置为 False 来获取数据。

CONCURRENT_REQUESTS = 16：开启线程数量，默认为 16。

AUTOTHROTTLE_START_DELAY = 3：初始下载的延迟时间。

AUTOTHROTTLE_MAX_DELAY = 60：高并发请求时的最大延迟时间。

DEFAULT_REQUEST_HEADERS = { 'Accept': 'text/html,application/xhtml+xml,application/xml; q=0.9,*/*;q=0.8', 'Accept-Language': 'en', }：这个参数可设置浏览器请求头，很多网站都会检查客户端的 headers，可以在该参数里设置模拟浏览器。

ITEM_PIPELINES = {'demo1.pipelines.Demo1Pipeline': 300,}：表示添加项目管道类名，同时设置优先级，300 表示优先级，范围为 0～1000，值越小，级别越高。

下面来设置 qsbk 项目的 settings.py 文件。

（1）设置 ROBOTSTXT_OBEY 参数：ROBOTSTXT_OBEY = False。

（2）设置 AUTOTHROTTLE_START_DELAY 参数：删除参数前的"#"，AUTOTHROTTLE_START_DELAY = 3。

（3）设置 ITEM_PIPELINES 参数：删除该参数中的所有"#"。

（4）设置 DEFAULT_REQUEST_HEADERS 参数：删除该参数中的所有"#"，并添加"'User-Agent': 'Mozilla/5.0 (X11; Linux x86_64) AppleWebKit/537.36 (KHTML, like Gecko) Chrome/48.0.2564.116 Safari/537.36',"，伪装成浏览器访问。

3. 设置 items.py 文件

items.py 负责数据模型的建立，是项目中的 Item 对象。Item 对象是保存提取到的数据的容器。其使用方法和 Python 字典类似，并且提供了额外保护机制来避免拼写错误导致的未定义字段错误。

在新建的 qsbk 项目中，使用 items.py 来定义存储的 Item 类。这个类需要继承 scrapy.Item。其代码如图 8-11 所示。

```
# -*- coding: utf-8 -*-

# Define here the models for your scraped items
#
# See documentation in:
# https://doc.scrapy.org/en/latest/topics/items.html

import scrapy


class QsbkItem(scrapy.Item):
    # define the fields for your item here like:
    # name = scrapy.Field()
    content = scrapy.Field()
```

图 8-11　items.py 文件代码

4. 创建爬虫文件

爬虫模块的代码都放置在 spiders 文件夹中。爬虫模块是用于从单个网站或多个网站提取数据的类，其中应包含初始页面的 URL、跟进网页链接、分析页面内容、提取数据方法。为了创建一个 Spider（爬虫），必须继承 scrapy.Spider 类，且定义以下 3 个属性。

name：用于区别 Spider。该名字必须是唯一的，不可为不同的 Spider 设定相同的名字。

start_urls：包含了 Spider 在启动时爬取的 URL 列表。因此，第一个被获取到的页面将是其中之一。后续的 URL 则从初始的 URL 获取到的数据中提取。

parse()：是 Spider 的一个方法。被调用时，每个初始的 URL 完成下载后生成的 Response 对象将会作为唯一的参数传递给该函数。该方法负责解析返回的数据（Response Data），提取数据，以及生成需要进一步处理的 URL 的 Request 对象。

在 spiders 文件夹（cd /spiders）下创建 qsbk.py 文件（vim qsbk.py），qsbk.py 的代码如图 8-12 所示。

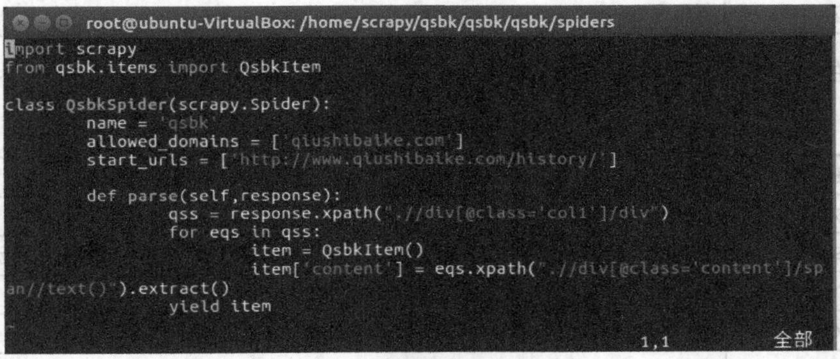

图 8-12　qsbk.py 代码

需要注意的是，这段代码不仅需要下载网页数据，还需要对这些数据进行提取。Scrapy 有自己的数据提取机制——选择器（Selector，基于 lxml 库），它通过 XPath 或者 CSS 表达式来提取 HTML 文件中的内容。

（1）XPath

XPath 是指 XML 路径语言（XML Path Language），它是一种用来确定 XML 文档中某部分位置的语言。XPath 使用路径表达式来选取 XML 文档中的节点或者节点集。这些路径表达式与在常规的计算机文件系统中看到的表达式非常相似。节点是沿着路径（Path）或者步（Steps）来选取的。XPath 有 7 种类型的节点：元素、属性、文本、命名空间、处理指令、注释及文档（根）节点。XML 文档是被作为节点树来对待的，树的根被称为文档节点或者根节点。XML 文档示例如下：

```
<?xml version="1.0" encoding="ISO-8859-1"?>
<bookstore>
<book>
<title lang="en">Harry Potter</title>
<author>J K. Rowling</author>
<year>2005</year>
<price>29.99</price>
</book>
</bookstore>
```

上面的 XML 文档中的节点有<bookstore>（文档节点）、<author>J K. Rowling</author>（元素

节点)、lang="en"(属性节点)。节点有父、子、同胞、先辈、后代5种关系。在该XML文档中,book是title的父节点,title是book的子节点,author和title是同胞,bookstore是author和title的先辈,author是bookstore的后代。

XPath使用路径表达式在XML文档中选取节点。表8-1列出了常用的路径表达式。

表8-1 常用的路径表达式

表达式	描述
nodename	选取此节点的所有子节点
/	从根节点选取
//	根据匹配选择的当前节点选择文档中的节点,而不考虑它们的位置
.	选取当前节点
..	选取当前节点的父节点
@	选取属性

对上面的XML代码进行节点选取,其表达式及结果如表8-2所示。

表8-2 路径表达式及结果

路径表达式	结果
bookstore	选取bookstore元素的所有子节点
/bookstore	选取根元素bookstore。假如路径起始于正斜杠(/),则此路径始终代表到某元素的绝对路径
bookstore/book	选取属于bookstore的子元素的所有book元素
//book	选取所有book子元素,而不管它们在文档中的位置
bookstore//book	选择属于bookstore元素的后代的所有book元素,而不管它们位于bookstore之下的什么位置
//@lang	选取名为lang的所有属性

下面介绍如何选取未知节点。

XPath通配符可用来选取未知的XML元素。常用的通配符如表8-3所示。

表8-3 常用通配符

通配符	描述
*	匹配任何元素节点
@*	匹配任何属性节点
node()	匹配任何类型的节点

对上述XML代码,表8-4列出了一些通配符路径表达式以及这些表达式的结果。

表8-4 通配符路径表达式及结果

路径表达式	结果
/bookstore/*	选取bookstore元素的所有子元素
//*	选取文档中的所有元素
//title[@*]	选取所有带有属性的title元素

下面以糗事百科网站为例,抓取网页中的"糗事"。首先分析该网页中的元素。用浏览器打开该网页,右键单击后打开快捷菜单,选择"检查"(谷歌浏览器)、"查看元素"(火狐浏览器)或"检查元素"(IE浏览器)命令,查看页面元素,如图 8-13 所示。

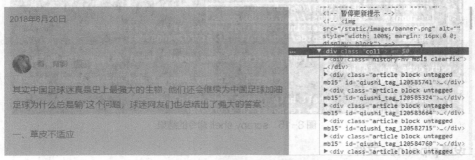

图 8-13 糗事百科页面元素

从图 8-13 可以看出,网友发表的所有信息都放置在 <div class="col1"> 中,根据 XPath 的编写规则,其 XPath 路径表达式可以写为"//div[@class='col1']/div"。而需要爬取的糗事文字内容都存放在 <div class="content"><span>****</span> 中(**** 为具体的糗事内容,如图 8-14 所示),因此其 XPath 可以写为 ".//div[@class='content']/span//text()"。

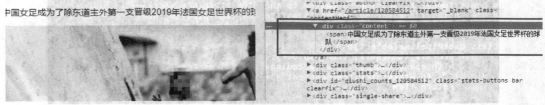

图 8-14 糗事内容

(2)选择器(Selector)

有了 XPath 路径表达式还不能直接进行网页数据提取,还需要一个提取机制。在 Scrapy 框架中有一套自己的数据提取机制,称为选择器,它通过特定的 XPath 或 CSS 表达式来选择 HTML 文件中的某个部分。Scrapy 选择器构建于 lxml 库之上,因此它们在速度和解析准确性上非常相似。选择器有如下 4 个基本的方法。

- xpath(表达式):传入 XPath 表达式,返回该表达式对应的节点列表。
- css(表达式):传入 CSS 表达式,返回该表达式对应的节点列表。
- extract():返回被选择元素的 Unicode 字符串的列表。extract()表示所有的元素,extract_first()表示第一个元素。
- re(表达式):返回通过正则表达式提取的 Unicode 字符串列表。

选择器在使用方式上非常灵活,可以使用传入的 Response 直接调用,如 response.xpath(表达式)、response.css(表达式)。调用方法很简单,而构建 XPath 和 CSS 较复杂。Scrapy 框架提供了一种简便的方式来查看 XPath 表达式是否正确。

在终端窗口输入命令 scrapy shell URL,成功运行后就会有返回结果,如 scrapy shell http://www.baidu.com,其返回结果如图 8-15 所示。

从图中可以看到,response 就是访问以上网址获得的响应,接下来输入 response.xpath (".//div[@class='content']/span//text()").extract(),验证 XPath 表达式的正确性。如果正确,就能提取当前网页中所有糗事的内容;如果不正确,则返回值为空。

```
root@ubuntu-VirtualBox: /home/scrapy/qsbk/qsbk
[s] Available Scrapy objects:
[s]   scrapy     scrapy module (contains scrapy.Request, scrapy.Selector, etc)
[s]   crawler    <scrapy.crawler.Crawler object at 0x7fd7965bb518>
[s]   item       {}
[s]   request    <GET http://www.baidu.com>
[s]   response   <200 https://www.baidu.com/>
[s]   settings   <scrapy.settings.Settings object at 0x7fd795102550>
[s]   spider     <DefaultSpider 'default' at 0x7fd794d086d8>
[s] Useful shortcuts:
[s]   fetch(url[, redirect=True]) Fetch URL and update local objects (by default
, redirects are followed)
[s]   fetch(req)                  Fetch a scrapy.Request and update local object
s
[s]   shelp()           Shell help (print this help)
[s]   view(response)    View response in a browser
```

图 8-15　scrapy shell 命令的结果

5. 设置 pipelines 文件

pipelines 文件负责对 Spider 返回的数据进行处理，可以将数据写入数据库，也可以写入到文件等。该项目中将数据写入到文本文件，代码如图 8-16 所示。

```
root@ubuntu-VirtualBox: /home/scrapy/qsbk/qsbk/qsbk
# -*- coding: utf-8 -*-

# Define your item pipelines here
#
# Don't forget to add your pipeline to the ITEM_PIPELINES setting
# See: https://doc.scrapy.org/en/latest/topics/item-pipeline.html


class QsbkPipeline(object):
    def process_item(self, item, spider):
        with open('qsbk.txt','w',encoding='utf-8') as fp:
            fp.write(str(item['content'])+'\n')
        return item
~
```

图 8-16　pipelines 文件中的代码

6. 运行 Scrapy 项目

在 qsbk 目录下，用 crawl 命令运行 Scrapy 项目。scrapy crawl qsbk 命令运行结束后，在该目录下生成文本文件 qsbk.txt，使用命令 cat qsbk.txt 查看其内容。项目运行及结果如图 8-17、图 8-18 所示。

```
root@ubuntu-VirtualBox: /home/scrapy/qsbk/qsbk
root@ubuntu-VirtualBox:/home/scrapy/qsbk/qsbk# scrapy crawl qsbk
2018-10-03 22:09:06 [scrapy.utils.log] INFO: Scrapy 1.5.1 started (bot: qsbk)
2018-10-03 22:09:06 [scrapy.utils.log] INFO: Versions: lxml 3.5.0.0, libxml2 2.9
.3, cssselect 1.0.3, parsel 1.5.0, w3lib 1.19.0, Twisted 18.7.0, Python 3.5.2 (d
efault, Nov 23 2017, 16:37:01) - [GCC 5.4.0 20160609], pyOpenSSL 18.0.0 (OpenSSL
 1.1.0i  14 Aug 2018), cryptography 2.3.1, Platform Linux-4.13.0-45-generic-x86_
64-with-Ubuntu-16.04-xenial
2018-10-03 22:09:06 [scrapy.crawler] INFO: Overridden settings: {'BOT_NAME': 'qs
```

图 8-17　运行 Scrapy 项目

```
ubuntu@ubuntu-VirtualBox: /home/scrapy/qsbk/qsbk
ubuntu@ubuntu-VirtualBox:/home/scrapy/qsbk/qsbk$ ls
qsbk  qsbk.txt  scrapy.cfg
ubuntu@ubuntu-VirtualBox:/home/scrapy/qsbk/qsbk$ cat qsbk.txt
['刚刚老板问我英文怎么样，能和老外交流吗，我说不知道，没和老外交流过，应该不行吧
老板说，没事，我把你和老外安排在一起，两年你英语就倍棒，我听了之后说，你把老外和
我放到一起一年，我让他说山东话倍棒']
ubuntu@ubuntu-VirtualBox:/home/scrapy/qsbk/qsbk$ 
```

图 8-18　Scrapy 项目运行结果

☞　由于网页在变动，因此项目运行的结果不尽相同。

8.6 项目训练：用 Scrapy 爬取豆瓣图书

【训练目标】

通过对 Scrapy 爬取项目的设计与实现，掌握 Scrapy 框架的用法和 MySQL 的基本操作，会用 Scrapy 框架爬取网页数据并保存至数据库。

【训练内容】

（1）用 Scrapy 框架爬取豆瓣网（https://book.douban.com/tag/中国文学）中的图书信息（包括书名、作者、评分、评分人数、图书介绍）；

（2）将爬取的数据保存到 MySQL 数据库中。

【训练步骤】

（1）项目分析

Scrapy 是一个为爬取网站数据及提取结构性数据而编写的应用框架，可以应用在数据挖掘、信息处理或历史数据存储等一系列的程序中。

MySQL 是一种开放源代码的关系型数据库管理系统（RDBMS）。MySQL 数据库系统使用最常用的数据库管理语言——结构化查询语言（SQL）进行数据库管理。

本项目首先使用 Scrapy 框架爬取豆瓣网上的图书信息，通过创建项目、设置 items.py 文件和 pipelines.py 文件、创建 spider.py 文件等操作进行爬取，然后将爬取的信息通过创建数据库、创建存放图书信息的数据表等操作存储到 MySQL 数据库中。

本项目的关键是 XPath 表达式的构建。项目需要爬取的 URL 为"https:// book.douban.com/tag/中国文学"，爬取网页中图书的书名、作者、评分、评分人数、图书介绍信息。通过浏览器的元素分析可以知道这些信息的 XPath 路径：每本图书的信息都保存在 class="info"的 div 里面，其对应的 XPath 路径为'//div[@class="info"]'；书名在 h2 标签下的一个 a 标签里面，其对应的 XPath 路径为'./h2/a/text()'；作者在 class="pub"的 div 标签里面，其对应的 XPath 路径为'./div[@class="pub"]/text()'；评分在第二个 div 标签下第二个 span 标签里面，其对应的 XPath 路径为'./div[2]/span[2]/text()'；评分人数在第二个 div 标签下的第三个 span 标签里面，其对应的 XPath 路径为'./div[2]/span[3]/text()'；图书介绍信息在 p 标签里，其对应的 XPath 路径为'./p/text()'，后页的链接位于<span class='next'>中的<a>标签里的 href 属性里面，而 span 标签位于<div id='subject_list'>中的<div class='paginator'>标签里，其对应的 XPath 路径为'.//div[@id='subject_list']/div[@class='paginator']/span[@class="next"]/a/@href'。

（2）项目实施

① 新建 Scrapy 项目 douban。

在 Ubuntu 的终端依次完成以下操作。

cd /home：切换到 home 目录。

ls：查看该目录下的所有内容。

mkdir scrapy：在 home 目录下创建 scrapy 文件夹。

cd scrapy：进入 scrapy 文件夹。

scrapy startproject douban：创建 Scrapy 项目 douban。

ls：查看创建成功的 Scrapy 项目 douban。

② 设置 settings.py 文件。

在 Ubuntu 的终端依次完成以下操作。

cd /home/scrapy/douban/douban：进入 douban 目录。

ls：查看该目录下的所有内容，找到 settings.py 文件。

vim settings.py：打开 settings.py 文件并编辑，修改如下数据：
ROBOTSTXT_OBEY = False，删除 ITEM_PIPELINES 参数前的"#"，删除 USER_AGENT 参数前的"#"，并将参数值改为"USER_AGENT = 'Mozilla/5.0 (X11; Linux x86_64) AppleWebKit/537.36 (KHTML, like Gecko) Chrome/48.0.2564.116 Safari/537.36'"，保存后退出。

③ 设置 items.py 文件。

使用 vim items.py 命令打开并编辑文件，添加如下数据（将 pass 改成以下 5 行）：

```
book_name = scrapy.Field()
author = scrapy.Field()
grade = scrapy.Field()
count = scrapy.Field()
introduction = scrapy.Field()
```

保存后退出。

④ 编写爬虫。

cd /home/scrapy/douban/douban/spiders：切换至 spiders 目录下。

vim doubanspider.py：创建与编辑爬虫文件，导入要爬取的数据项，构建爬虫所需的 name、URL 及爬取的内容，添加代码如下：

```python
import scrapy
from douban.items import DoubanItem

class DoubanspiderSpider(scrapy.Spider):
    name = 'doubanspider'
    allowed_domains = ['douban.com']
    def start_requests(self):
        url = "https://book.douban.com/tag/%E4%B8%AD%E5%9B%BD%E6%96%87%E5%AD%A6"
        yield scrapy.Request(url,callback=self.parse,dont_filter=True)

    def parse(self,response):
        item = DoubanItem()
        info_list = response.xpath("//div[@class='info']")
        for info in info_list:
            item['book_name'] = info.xpath("./h2/a/text()").extract_first().strip()
            item['author']= info.xpath("./div[@class='pub']/text()").extract_first().strip().split('/')[0]
            item['grade']= info.xpath("./div[2]/span[2]/text()").extract_first()
            item['count']= info.xpath("./div[2]/span[3]/text()").extract_first()
            item['introduction']= info.xpath("./p/text()").extract_first()
            yield item
        next_temp_url = response.xpath("//div[@id='subject_list']/div[@class='paginator']/span[@class='next']/a/@href").extract_first()
        if next_temp_url:
            next_url = response.urljoin(next_temp_url)
            yield scrapy.Request(next_url)
```

代码如图 8-19 所示。

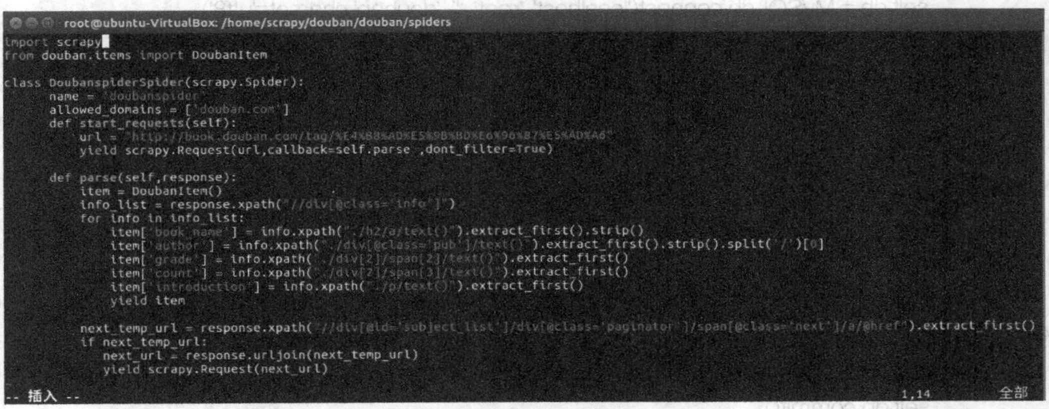

图 8-19 爬虫 doubanspider.py 代码

⑤ 运行爬虫并将其保存至 .csv 文件。

cd /home/scrapy/douban：返回 douban 目录下。

ls：查看其中的文件，确保有 douban 文件夹和 scrapy.cfg 文件。

scrapy crawl doubanspider –o doubanread.csv：运行爬虫。

ls：查看其中的文件，发现生成 doubanread.csv 文件。

cat doubanread.csv：查看文件内容结果。

⑥ 创建 MySQL 数据库 douban 和数据表 doubanread。

终端输入 MySQL -u root -p 命令后，在"Enter password:"后输入密码******，进入 MySQL 数据库操作界面。

创建名为 douban 的数据库：

mysql> create database douban;

显示所有的数据库：

mysql> show databases;

选择 douban 数据库：

mysql> use douban;

在 MySQL 数据库里创建表 doubanread，命令如下：

mysql> CREATE TABLE doubanread(id int(11) PRIMARY KEY NOT NULL AUTO_INCREMENT, book_name varchar(255) DEFAULT NULL,author varchar(255) DEFAULT NULL,class_ varchar(255) DEFAULT NULL,grade varchar(255) DEFAULT NULL,count int(11) DEFAULT NULL, introduction varchar(255) DEFAULT NULL) ENGINE=InnoDB AUTO_INCREMENT=1409 DEFAULT CHARSET=utf8;

mysql> exit;　#退出数据库

⑦ 设置 pipelines.py 文件。

cd /home/scrapy/douban/douban：进入 douban 文件夹命令。

vim pipelines.py：编辑 pipelines.py 文件，导入 MySQLdb 数据库，配置数据库相关的信息，代码如下：

```
import MySQLdb
class DoubanPipeline(object):
    def __init__(self):
```

```
                #参数依次是服务器主机名、用户名、密码、数据库、编码类型
                self.db = MySQLdb.connect('localhost','root', '', 'douban',charset='utf8')
                self.cursor = self.db.cursor()
            def process_item(self, item, spider):
                book_name = item.get("book_name","N/A")
                author = item.get("author","N/A")
                grade = item.get("grade","N/A")
                count = item.get("count","N/A")
                introduction = item.get("introduction","N/A")
                sql = "insert into doubanread(book_name,author,class_,grade,count,introduction) values\
(%s,%s, %s,%s,%s,%s)"
                self.cursor.execute(sql,(book_name,author,class_,grade,count,introduction))
                self.db.commit()
            def close_spider(self,spider):
                self.cursor.close()
                self.db.close()
```

⑧ 再次运行爬虫。

scrapy crawl doubanspider

⑨ 查看 MySQL 数据库中保存的数据。

使用 mysql –u root –p 命令输入密码，进入 MySQL 数据库。

使用豆瓣数据库：

mysql> use douban

计数统计：

mysql>select count(*) from douban;

查询全部记录：

mysql> select * from douban;

查询结果如图 8-20 所示。

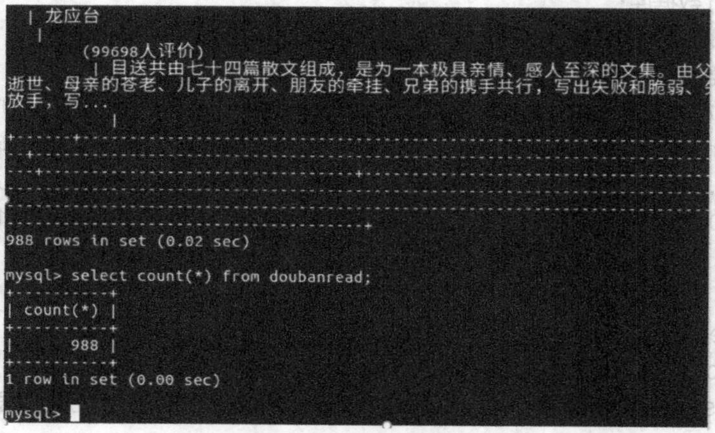

图 8-20　MySQL 数据查询结果

【训练小结】

请填写如表 1-1 所示的项目训练小结。

8.7 本章小结

1. Scrapy 框架由 Scrapy 引擎、调度器、下载器、爬虫、项目管道、下载器中间件、爬虫中间件、调度中间件等组件组成。

2. Scrapy 项目创建后，项目中包含项目配置文件 scrapy.cfg、项目文件 items.py、定义爬虫中间件和下载器中间件的 middlewares.py、项目管道文件 pipelines.py、项目设置文件 settings.py、放置爬虫的目录 spiders 等。

3. 创建 Scrapy 项目的命令：scrapy startproject <项目名称>；运行项目的命令：scrapy crawl <项目名称>。

4. 命令 scrapy shell URL 与选择器（Selector）配合使用，可以测试提取数据的 XPath 或 CSS 表达式的正确性。

5. 创建 Scrapy 项目后，需要修改 items.py、settings.py、pipelines.py 文件，创建爬虫文件.py（这个文件在 spiders 目录下）。

8.8 练习

1. 查看 Scrapy 版本的命令是（　　）。
   A. scrapy version   B. scrapy list
   C. scrapy bench   D. scrapy shell
2. 查看 MySQL 某表结构的命令是（　　）。
   A. desc   B. create   C. delete   D. update
3. 运行 Scrapy 项目的命令是（　　）。
   A. scrapy view   B. scrapy crawl   C. scrapy startproject   D. scrapy
4. 创建 Scrapy 项目的命令是（　　）。
   A. scrapy view   B. scrapy crawl   C. scrapy startproject   D. scrapy
5. 利用 Scrapy 框架爬取豆瓣网 https://music.douban.com/review/latest/ 中的最新乐评信息（包括乐评人、评论内容、评论时间），将爬取的数据保存至文本文件 dbmusic.txt。

8.9 拓展训练项目

8.9.1 Scrapy 框架的安装及使用

【训练目标】

在 Ubuntu 16.04、Python 3.7.0 环境下，通过 Scrapy 框架的安装及使用，进一步熟悉 Ubuntu 环境下相关软件的安装方法，会初步使用 Scrapy 框架。

【训练内容】

（1）在相关目录下用 pip install scrapy 命令安装 Scrapy 框架。

（2）安装成功后，用 scrapy 命令查看版本。

（3）Scrapy 框架的基本使用步骤：

① 用 scrapy startproject <项目名称>命令创建 Scrapy 项目；

② 用 tree 命令查看项目的结构；

③ 分别设置 items.py、<项目名称>.py 文件；

④ 用 scrapy crawl <项目名称>命令运行 Scrapy 框架。
（4）通过选择器（Selector）用 XPath 来提取数据，并对 settings.py、pipelines.py 进行修改，获得准确的数据信息。

8.9.2 Scrapy 命令行工具

【训练目标】
在 Ubuntu 16.04、Python 3.7.0 环境下，通过实践熟悉 Scrapy 框架、命令行工具的使用。

【训练内容】
（1）新建 Scrapy 项目 shiyanbar，命令为 scrapy startproject shiyanbar。
（2）使用 scrapy settings [options]命令获得项目的设定值，如 scrapy settings –get BOT_NAME、scrapy settings –get DOWNLOAD_DELAY。
（3）使用 scrapy shell [url]命令启动 Scrapy shell，如 scrapy shell 'http://baidu.com'。
（4）使用 scrapy fetch [url]下载给定的 URL，并将获取到的内容送到标准输出，如 scrapy fetch –nolog "http://www.baidu.com"。
（5）用 scrapy view [url]命令在浏览器中打开给定的 URL，并以 Scrapy 爬虫获取到的形式展示，如 scrapy view "http://www.baidu.com"。
（6）使用 scrapy list 命令列出当前项目中所有可用的爬虫，每行输出一个爬虫。
（7）使用 scrapy check [spider]命令运行 contract 检查。

第 9 章
数据分析基础

> **学习目标**

① 了解与 Python 数据分析挖掘相关的扩展库的功能；
② 熟悉 numpy 模块的基本功能，掌握 numpy 数据类型及相应的处理函数；
③ 熟悉 pandas 模块的基本功能，掌握利用 pandas 操作大型数据集的方法；
④ 理解利用 Python 进行数据分析处理的主要过程和方法。

Python 目前已经成为数据分析与挖掘软件的中流砥柱。Python 自身的列表及字典等数据类型特别适合数据分析处理。更重要的是，Python 拥有一个非常活跃的科学计算社区，有不断改良的第三方数据分析扩展库，如 numpy、pandas、matplotlib 和 scipy 等。

与 Python 数据分析挖掘相关的扩展库如表 9-1 所示。

表 9-1　与 Python 数据分析挖掘相关的扩展库

库名称	简介
numpy	数值计算库，能高效处理 N 维数组、复杂函数等
scipy	科学计算库，支持矩阵相关的计算，有高阶抽象和物理模型
pandas	表格容器库，提供高效操作大型数据集的工具，用于数据分析和探索
matplotlib	绘图库，支持各种绘图效果，用于数据可视化
scikit-learn	机器学习库，包含回归、分类、聚类等机器学习算法，用于数据挖掘
keras	深度学习库，用于建立高层神经网络及深度学习模型
statsmodels	统计分析库，具有多种统计模型以及统计测试、回归分析、时间序列分析等功能
gensim	文本主题模型库，用于处理自然语言，如文本 LSi、LDA、Word2vec 等常见模型

本章和下一章主要介绍 numpy 和 pandas 两个数据分析扩展库，对于其他数据分析扩展库，读者可以到官网查阅更加详细的帮助文档。由于这两个分析扩展库是第三方库，在 Linux 系统下，需要使用 pip install numpy、pip install pandas 或者 pip3 install numpy 和 pip3 install pandas（Python 3 用 pip3）安装这两个第三方库。

9.1　numpy 模块

numpy 是一个用 Python 实现的科学计算包，是专门为进行严格的数值处理而设计的。尤其是对于大型多维数组和矩阵，numpy 有一个大型的高级数学函数库来操作这些数组。numpy 提供了许多高级的数值编程工具，多为大型金融公司和核心的科学计算组织使用，具有运算速度快、效率高、节省空间等特点。

9.1.1 ndarray 类型数组

numpy 中最重要的对象就是 ndarray 多维数组,它是一组相同类型元素的集合,元素可用从零开始的索引来访问。多维数组 ndarray 中的元素在内存中连续存放并占据同样大小的存储空间。多维数组 ndarray 有以下几个属性。

ndarray.size:数组中全部元素的数量。

ndarray.dtype:数组中数据元素的类型(如 int8、uint8、int16、uint16、int32、uint32、int64、uint64、float16、float32、float64、float128、complex64、complex128、complex256、bool、object、string、Unicode 等)。

ndarray.itemsize:每个元素占几个字节。

ndarray.ndim:数组的维度。

ndarray.shape:数组各维度的大小。

1. 创建一维数组

(1)用 array()函数创建一维数组

创建数组最简单的方法就是使用 array()函数。它可将输入的数据(元组、列表、数组或其他序列的对象)转换成多维数组 ndarray,根据数组元素类型自动推断或制定 dtype 类型,默认直接复制输入的数据,产生一个新的多维数组 ndarray。

```
>>> import numpy as np           #导入 numpy 模块,重命名为 np
>>> x = np.array((1,2,3,4))      #创建一维数组 x
>>> x
array([1, 2, 3, 4])              #一维数组[1, 2, 3, 4]
>>> print(x.size)                #输出 x2 全部元素的数量
4
>>> print(x.dtype)               #输出 x 中每个元素的类型
int64
>>> print(x.itemsize)            #输出 x 中的每个元素占几个字节
8
>>> x.ndim                       #显示 x 的维度
1
>>> x.shape                      #显示 x 的维度大小,一行共 4 个元素
(4,)
#array()函数接收列表创建的数组,指定类型为 float64
>>> y = np.array([1,2,3,4,5],dtype='float64')
>>> y
array([ 1.,  2.,  3.,  4.,  5.])
#[ 1.,  2.,  3.,  4.,  5.]数字后的点表示数组中的元素类型是浮点型
>>> print(y)
[ 1.  2.  3.  4.  5.]
>>> y.dtype
dtype('float64')
>>> y.ndim
1
```

（2）用 arange()函数创建一维数组

arange()函数用于创建等差数组，使用频率非常高。arange()与 Python 中的 range()函数非常类似，两者的区别在于，arange()返回的是一个数组，而 range()返回的是列表。

```
>>> import numpy as np
>>> np.arange(5)            #arange()输出 0~4 共 5 个元素的数组
array([0, 1, 2, 3, 4])
>>> np.arange(1,5)
array([1, 2, 3, 4])
>>> np.arange(2,5)
array([2, 3, 4])
>>> np.arange(1,10,2)       #第一个参数表示起点，第二个参数表示终点，第三个参数表示步长
array([1, 3, 5, 7, 9])
>>> np.arange(1,10,2, dtype=np.int16)    #指定数据元素的类型为 int16
array([1, 3, 5, 7, 9] , dtype=int16)
```

2. 创建 N 维数组

（1）使用 array()函数创建 N 维数组

```
>>> import numpy as np
>>> x1 = np.array([1,2,3,4])        #创建一维数组
>>> x1
array([1,2, 3, 4])
>>> print(x1.ndim)                  #输出 x1 的维度
1
>>> print(x1.shape)
(4,)
>>> x2 = np.array([[1,2,3,4]])      #创建二维数组，注意参数的形式
>>> x2
array([[1,2, 3, 4]])
>>> print(x2.ndim)                  #输出 x2 的维度
2
>>> print(x2.shape)
(1,4)
>>> x3 = np.array([[1,2,3,4],[5,6,7,8]])    #创建二维数组
>>> print(x3)
[[1 2 3 4]
 [5 6 7 8]]
>>> print(x3.dtype)
int64
>>> print(x3.ndim)                  #输出 x3 的维度
2
>>> print(x3.shape)                 #输出 x3 各维度大小，(2,4) 表示 2 行 4 列
(2, 4)
```

（2）使用 reshape()函数创建 N 维数组

reshape()函数可以给数组一个新的形状而不改变其数据。通过 reshape()生成的新数组和原始数

组共用一个内存,也就是说,假如更改一个数组的元素,另一个数组也将发生改变。reshape()函数常与arange()函数一起使用来构造多维数组。

```
>>> import numpy as np
>>> yo = np.arange(1,9)
>>> print(yo)
[1 2 3 4 5 6 7 8]
#创建1~8的8个元素组成的一维数组,并改变形状为2行4列的二维数组
>>> y1 = np.arange(1,9).reshape(2,4)
>>> print(y1)
[[1 2 3 4]
 [5 6 7 8]]
#reshape(x,y,z)中的1参数值用 -1 替换,此轴长度自动计算
>>> y2 = np.arange(1,9).reshape(-1,4)
>>> print(y2)
[[1 2 3 4]
 [5 6 7 8]]
>>> y3 = np.arange(1,9).reshape(2,-1)
>>> print(y3)
[[1 2 3 4]
 [5 6 7 8]]
>>> y4 = np.arange(1,9).reshape(1,-1)    #1行,自动计算为8列
>>> print(y4)
[[1 2 3 4 5 6 7 8]]
>>> y5 = np.arange(1,5).reshape(-1,1)    #1列,自动计算为4行
>>> print(y5)
[[1]
 [2]
 [3]
 [4]]
>>> y6 = np.arange(1,9).reshape(-1)
>>> print(y6)
[1 2 3 4 5 6 7 8]
>>> y7 = np.arange(1,25).reshape(2,3,4)
>>> print(y7)
[[[ 1  2  3  4]
  [ 5  6  7  8]
  [ 9 10 11 12]]

 [[13 14 15 16]
  [17 18 19 20]
  [21 22 23 24]]]
>>> print(y7.dtype)        #数组中数据元素的类型是64位整型
int64
```

```
>>> print(y7.ndim)          #3 维数组
3
>>> print(y7.shape)         #数组各维度大小
(2, 3, 4)
>>> print(y7.size)          #数组中全部元素的数量为 24
24
>>> print(y7.itemsize)      #每个元素占 8 个字节
8
>>> print(y7.reshape(-1))   #输出 y7 数组变形为一维的结果
[ 1  2  3  4  5  6  7  8  9 10 11 12 13 14 15 16 17 18 19 20 21 22 23 24]
```

☞ 数组在输出时遵循从左到右、从上向下的原则。打印时，一维数组打印成行，二维数组打印成矩阵，三维数组打印成矩阵列表。

3. 创建数组的其他常用函数

表 9-2 给出了其他常用的数组创建函数。

表 9-2 创建数组的其他常用函数

函数名称	功能说明
np.ones()	根据指定的形状和类型生成全 1 的数组
np.zeros()	生成全 0 的数组
np.empty()	创建空数组，只分配存储空间，不填充数据，随机值
np.random.randint(x,y,(m,n))	创建以 x 为起始值，以 y 为截止值，m 行 n 列的随机整数数组
np.linspace(x, y, z)	等间距生成以 x 为起始值，以 y 为截止值，z 个数据的一维数组

示例如下：

```
>>> import numpy as np
>>> print(np.ones((2,3,4),dtype=np.int8))      #二维的 3 行 4 列全 1 数组，指定数据类型为 int8
[[[1 1 1 1]
  [1 1 1 1]
  [1 1 1 1]]

 [[1 1 1 1]
  [1 1 1 1]
  [1 1 1 1]]]
>>> print(np.zeros((2,3,4),dtype=np.int8))     #二维的 3 行 4 列全 0 数组，指定数据类型为 int8
[[[0 0 0 0]
  [0 0 0 0]
  [0 0 0 0]]

 [[0 0 0 0]
  [0 0 0 0]
  [0 0 0 0]]]
>>> print(np.empty((2,3,4),dtype=np.int8))     #二维的 3 行 4 列空数组，数据类型为 int8
[[[0 0 0 0]
```

```
 [0 0 0 0]
 [0 0 0 0]]

[[0 0 0 0]
 [0 0 0 0]
 [0 0 0 0]]]
>>> print(np.random.randint(0,9,(3,4)))    #大于等于0小于9的、3行4列的随机整数数组
[[0 3 4 3]
 [2 5 5 0]
 [3 6 4 5]]
>>> print(np.random.rand(3,4))   #随机样本位于[0,1)，生成3行4列的随机实数数组
[[ 0.96254165  0.56234931  0.33305427  0.61655296]
 [ 0.61970155  0.98179923  0.66314103  0.16168549]
 [ 0.89932954  0.46638002  0.38740938  0.61592195]]
>>> print(np.random.randn(3,4)) #从标准正态分布中返回样本值，生成3行4列的随机实数数组
[[-1.30977545  0.47668467  0.11054181  0.93487926]
 [-0.49593833 -0.64846104  0.25832515 -1.82852527]
 [-0.86807899  1.25805438 -0.16311422  0.75200323]]
>>> print(np.linspace(-2,2,5))    #起点为-2，终点为2，取5个点
[-2. -1.  0.  1.  2.]
>>> print(np.linspace(-2,8,5))    #起点为-2，终点为8，取5个点
[-2.  0.5  3.  5.5  8.]
```

4. 数组的运算

数组 array 中的很多运算都是元素级的，即针对 array 的每个元素进行处理。

（1）索引与切片

数组的索引是通过元素位置获取元素的方法，切片是获取某些元素的方法。

```
>>> a
array([1, 2, 3, 4])
>>> print(a[0])            #一维数组索引
1
>>> c
array([[1, 2, 3, 4],
       [5, 6, 7, 8]])
>>> print(c[1,2])          #二维数组索引的方法（一）
7
>>> print(c[1][2])         #二维数组索引的方法（二）
7
>>> x = np.array(np.arange(9))
>>> x
array([0, 1, 2, 3, 4, 5, 6, 7, 8])
>>> print(x[3:6])          #一维数组的切片，参数同前述的列表
[3 4 5]
>>> print(x[:6])
```

```
[0 1 2 3 4 5]
>>> print(x[3:])
[3 4 5 6 7 8]
>>> y = np.array(np.arange(20).reshape(4,5))
>>> y
array([[ 0,  1,  2,  3,  4],
       [ 5,  6,  7,  8,  9],
       [10, 11, 12, 13, 14],
       [15, 16, 17, 18, 19]])
>>> print(y[1:3,2:4])      #二维数组的切片，"1:3"对应行，"2:4"对应列
[[ 7  8]
 [12 13]]
>>> print(y[1:,2:])
[[ 7  8  9]
 [12 13 14]
 [17 18 19]]
>>> print(y[:3,:3])
[[ 0  1  2]
 [ 5  6  7]
 [10 11 12]]
>>> print(y[:,[1,3]])    #二维数组花式切片，取所有行，取 1 列和 3 列
[[ 1  3]
 [ 6  8]
 [11 13]
 [16 18]]
>>> print(y[[1,2,3],:]) #二维数组花式切片，取 1、2、3 行，取所有列
[[ 5  6  7  8  9]
 [10 11 12 13 14]
 [15 16 17 18 19]]
#bool 型索引，即筛选满足条件的值，结果为一维数组，注意加括号
>>> print(y[(y > 5)&(y%2 == 0)])
[ 6  8 10 12 14 16 18]
>>> y[(y > 5)&(y%2 == 0)]
array([ 6,  8, 10, 12, 14, 16, 18])
>>> y[(y > 5)|(y%2 == 0)]
array([ 0,  2,  4,  6,  7,  8,  9, 10, 11, 12, 13, 14, 15, 16, 17, 18, 19])
```

☞ 与列表不同，数组切片时并不会自动复制（即只会浅复制）。因此，在切片数组上的修改会影响原数组。如果不想让原数组随着切片数组的改变而改变，可以在切片时使用 copy() 进行复制（即深复制）。

（2）数组的基本运算

数组的+、-、*、/ 四则运算要求参与运算的数组具有同样大小，即维度和元素个数相同。

```
>>> a = np.array(np.arange(1,5))
>>> b = a
>>> a
```

```
array([1, 2, 3, 4])
>>> b
array([1, 2, 3, 4])
>>> print(a + b)        #对应元素进行运算
[2 4 6 8]
>>> print(a -b)
[0 0 0 0]
>>> print(a * b)
[ 1  4  9 16]
>>> print(a / b)
[1 1 1 1]
>>> print(a + 2)        #每个元素都进行同样的运算
[3 4 5 6]
>>> print(a -2)
[-1  0  1  2]
>>> print(a * 2)
[2 4 6 8]
>>> print(a / 2)
[0 1 1 2]
```

（3）数组运算的基本函数

数组运算的基本函数是指能同时对数组中的所有元素进行运算的函数，主要包括一元函数和二元函数。一元函数有 square()、sqrt()、abs()/fabs()、log()、log10()、log2()、sign()、isnan()、isinf()、cos()、cosh()、sin()、sinh()、tan()、tanh()、rint()、modf()；二元函数有 add(array1,array2)、subtract(array1,array2)、multiply(array1,array2)、divide(array1,array2)、power(array1,array2)、maximum(array1,array2)、minimum(array1,array2)等函数。

```
>>> import numpy as np
>>> a = np.array(np.arange(1,9).reshape(2,4))
>>> a
array([[1, 2, 3, 4],
       [5, 6, 7, 8]])
>>> b = np.square(a)        #一元函数 square()，计算平方
>>> print(b)
[[ 1  4  9 16]
 [25 36 49 64]]
>>> c = np.sqrt(b)          #一元函数 sqrt()，计算平方根
>>> print(c)
[[ 1.  2.  3.  4.]
 [ 5.  6.  7.  8.]]
>>> d = np.array([[1.22,3.44,5,6.21],[8.99,7,4,.82]])
>>> print(d)
[[ 1.22  3.44  5.    6.21]
 [ 8.99  7.    4.    0.82]]
>>> e = np.modf(d)          #一元函数 modf()，整数和小数分离，返回两个数组
```

```
>>> print(e)
(array([[ 0.22,  0.44,  0. ,  0.21],
       [ 0.99,  0. ,  0. ,  0.82]]),
array([[ 1.,  3.,  5.,  6.],
       [ 8.,  7.,  4.,  0.]]))
>>> print(np.add(a,a))          #二元函数 add(array1,array2)，计算和
[[ 2  4  6  8]
 [10 12 14 16]]
>>> print(np.subtract(a,a))     #二元函数 subtract (array1,array2)，计算差
[[0 0 0 0]
 [0 0 0 0]]
>>> print(np.multiply(a,a))     #二元函数 multiply (array1,array2)，计算积
[[ 1  4  9 16]
 [25 36 49 64]]
>>> print(np.divide(a,a))       #二元函数 divide (array1,array2)，计算商
[[1 1 1 1]
 [1 1 1 1]]
```

（4）数学和统计函数

numpy 中有一组数学函数可以对整个数组或某个轴向的数据进行统计计算，如 sum()、mean()、std()等函数。同时，mean()和 sum()这类函数可以接收一个 axis 参数（用于计算该轴向上的统计值），最终结果是一个比原数组少一维的数组。其他的常用函数还有 var()、min()、max()、argmin()、argmax()等。

```
>>> import numpy as np
>>> a = np.array(np.arange(1,9).reshape(2,4))
>>> a
array([[1, 2, 3, 4],
       [5, 6, 7, 8]])
>>> np.sum(a)           #数组所有元素的和
36
>>> a.sum()
36
>>> a.sum(axis = 1)     # axis=1 对行上的数据进行汇总求和，即数组每行的所有元素和
array([10, 26])
>>> np.sum(a,axis = 1)
array([10, 26])
>>> a.sum(1)
array([10, 26])
>>> a.sum(axis=0)       # axis=0 对列上的数据进行汇总求和，即数组每列的所有元素和
array([ 6,  8, 10, 12])
>>> np.sum(a,axis=0)
array([ 6,  8, 10, 12])
>>> a.sum(0)
array([ 6,  8, 10, 12])
```

```
>>> np.mean(a)         #数组所有元素和的平均值
4.5
>>> a.mean()
4.5
# axis = 1 对行上的数据进行汇总后求平均值,即数组每行上所有元素的平均值
>>> a.mean(axis = 1)
array([ 2.5,  6.5])
# axis = 0 对列上的数据进行汇总后求平均值,即数组每列上所有元素的平均值
>>> a.mean(axis = 0)
array([ 3.,  4.,  5.,  6.])
>>> a
array([[1, 2, 3, 4],
       [5, 6, 7, 8]])
>>> a.cumsum()         #数组所有元素的累加和
array([ 1,  3,  6, 10, 15, 21, 28, 36])
>>> a.cumsum(1)        #数组行累加和
array([[ 1,  3,  6, 10],
       [ 5, 11, 18, 26]])
>>> a.cumsum(0)        #数组列累加和
array([[ 1,  2,  3,  4],
       [ 6,  8, 10, 12]])
>>> a.cumprod()        #数组所有元素的累积积
array([    1,     2,     6,    24,   120,   720,  5040, 40320])
>>> a.cumprod(1)       #数组行累积积
array([[   1,    2,    6,   24],
       [   5,   30,  210, 1680]])
>>> a.cumprod(0)       #数组列累积积
array([[ 1,  2,  3,  4],
       [ 5, 12, 21, 32]])
```

9.1.2　matrix 类型矩阵

N 维数组 ndarray 和矩阵类型 matrix 是 numpy 中两个最重要的数据类型,它们是基于 numpy 的数值计算的基础,因此学习并理清两者的关系非常重要,特别是程序中混杂了这两种类型,还夹带着一些加减乘除的运算时,就更容易混淆。

N 维数组 ndarray,简称数组 array。而矩阵类型 matrix 其实也是一种 array,只不过是维数为 2 的特殊 array,因此可以说,在 numpy 中二维数组就是矩阵。矩阵也有与数组一样常见的几个属性,但二者是两种类型。matrix 的维数是固定的,永远为 2,这点和一般的 array 不同,即便进行加减乘除各种运算,matrix 的维数都不会发生变化,而 array 在运算时,特别是归约时维数会发生变化。

array 转换成 matrix 用 np.mat()、np.matrix() 或者 np.asmatrix(),而 matrix 转换成 array 用 np.asarray 或者 matrix 的 A 属性(mat1.getA()),再查看行向量或者列向量对应 array 和 matrix 的实际维数。

1. 创建矩阵

（1）利用 mat()、matrix()或 asmatrix()函数创建矩阵

```
>>> import numpy as np
>>> list1 = [[1,2,3,4],[5,6,7,8]]
>>> list1
[[1, 2, 3, 4], [5, 6, 7, 8]]
>>> mat1 = np.mat(list1)          #使用 mat()对列表创建矩阵
>>> mat1
matrix([[1, 2, 3, 4],
        [5, 6, 7, 8]])
>>> print(mat1)
[[1 2 3 4]
 [5 6 7 8]]
>>> mat2 = np.matrix(list1)       #使用 matrix()对列表创建矩阵
>>> mat2
matrix([[1, 2, 3, 4],
        [5, 6, 7, 8]])
>>> mat3 = np.asmatrix(list1)     #使用 asmatrix()对列表创建矩阵
>>> mat3
matrix([[1, 2, 3, 4],
        [5, 6, 7, 8]])
>>> array1 = np.array(list1)      #使用 array()对列表创建数组
>>> array1
array([[1, 2, 3, 4],
       [5, 6, 7, 8]])
>>> mat4 = np.mat(array1)         #使用 mat()对数组创建矩阵
>>> mat4
matrix([[1, 2, 3, 4],
        [5, 6, 7, 8]])
>>> print(mat4.ndim)              # mat4 的维数是二维
2
>>> print(mat4.shape)             #mat4 是 2 行 4 列
(2, 4)
>>> print(type(mat4))             # mat4 的类型为矩阵类型
<class 'numpy.matrixlib.defmatrix.matrix'>
>>> array2 = np.arange(1,5)       #创建一维数组
>>> array2                        #显示 array2
array([1, 2, 3, 4])
>>> print(array2.ndim)            #输出 array2 的维数为 1
1
>>> print(array2.shape)           #输出 array2 的维度，行为 4 个元素，列无元素
(4,)
>>> print(type(array2))           #输出 array2 的类型为 N 维数组类型
```

```
<type 'numpy.ndarray'>
>>> mat5 = np.mat(array2)        #利用mat()对一维数组创建矩阵mat5
>>> mat5                         #显示mat5
matrix([[1, 2, 3, 4]])
>>> print(mat5.ndim)             #输出mat5的维数为2
2
>>> print(mat5.shape)            #输出mat5的维度，为1行4列
(1, 4)
>>> print(type(mat5))            #输出mat5的类型，为矩阵类型
<class 'numpy.matrixlib.defmatrix.matrix'>
```

（2）特殊矩阵的创建

```
>>> import numpy as np
>>> x = np.zeros((3,3),dtype=np.int8)    #创建3*3的全0二维数组
>>> x
array([[0, 0, 0],
       [0, 0, 0],
       [0, 0, 0]], dtype=int8)
>>> mat1 = np.mat(x)             #创建3*3的全0矩阵
>>> mat1
matrix([[0, 0, 0],
        [0, 0, 0],
        [0, 0, 0]], dtype=int8)
>>> mat2 = np.mat(np.ones((3,3),dtype=np.int8))   #创建3*3的全1矩阵
>>> mat2
matrix([[1, 1, 1],
        [1, 1, 1],
        [1, 1, 1]], dtype=int8)
>>> mat3 = np.mat(np.eye(3,3,dtype=int))   #创建3*3的对角矩阵，即单位矩阵
>>> mat3
matrix([[1, 0, 0],
        [0, 1, 0],
        [0, 0, 1]])
>>> y = [1,2,3]
>>> mat4 = np.mat(np.diag(y))    #创建对角线上数字为1、2、3的3*3对角矩阵
>>> mat4
matrix([[1, 0, 0],
        [0, 2, 0],
        [0, 0, 3]])
```

（3）列表、数组、矩阵间的相互转换

```
>>> import numpy as np
>>> list1 = [[0,1,2,3,4],[5,6,7,8]]
>>> array1 = np.array(list1)     #列表list1转换为数组array1，使用array()实现
>>> array1
```

```
array([[0, 1, 2, 3],
       [4, 5, 6, 7]])
>>> mat1 = np.mat(array1)      #数组 array1 转换为矩阵 mat1，使用 mat()实现
>>> mat1
matrix([[0, 1, 2, 3],
        [4, 5, 6, 7]])
>>> array2 = np.array(mat1)    #矩阵 mat1 转换为数组 array2，array2= array1，使用 array()实现
>>> array2
array([[0, 1, 2, 3],
       [4, 5, 6, 7]])
>>> array3 = mat1.getA()       #矩阵 mat1 转换为数组 array3，array3= array1，使用 getA()实现
>>> array3
array([[0, 1, 2, 3],
       [4, 5, 6, 7]])
>>> list2 = mat1.tolist()      #矩阵 mat1 转换为列表 list2，list2= list1，使用 tolist()实现
>>> list2
[[0, 1, 2, 3], [4, 5, 6, 7]]
>>> list3 = array3.tolist()    #数组 array3 转换为列表 list3，list3=list1，使用 tolist()实现
>>> list3
[[0, 1, 2, 3], [4, 5, 6, 7]]
```

可以发现三者之间的转换非常简单，但需要注意的是，当列表是一维时，将列表转换成矩阵后，再通过 tolist()转换成列表，此时的列表和原列表不同，只需要做一些处理即可。

```
>>> import numpy as np
>>> list1 = [1,2,3,4]
>>> array1 = np.array(list1)
>>> list2 = array1.tolist()    #数组 array1 转换为列表 list2，list2=list1
>>> list2
[1, 2, 3, 4]
>>> mat1 = np.mat(array1)      #数组 array1 转换为矩阵 mat1
>>> mat1
matrix([[1, 2, 3, 4]])
>>> list2 = mat1.tolist()      #矩阵 mat1 转换为列表 list2，list2≠list1
>>> list2
[[1, 2, 3, 4]]
>>> list2[0]                   #list2[0]=list1
[1, 2, 3, 4]
>>> import numpy as np
>>> x = np.array([[1,2,3],[4,5,6],[7,8,9]])
>>> print(x)
[[1 2 3]
 [4 5 6]
 [7 8 9]]
>>> print(type(x))
```

```
<type 'numpy.ndarray'>
>>> a = np.matrix(x)    #如果输入的是矩阵或数组，matrix()默认是 matrix(data,copy=True)
>>> print(a)
[[1 2 3]
 [4 5 6]
 [7 8 9]]
>>> print(type(a))
<class 'numpy.matrixlib.defmatrix.matrix'>
#输入数组，matrix(x,copy=False)不复制 x，使用原 x 数值
>>> a1 = np.matrix(x,copy=False)
>>> print(a1)
[[1 2 3]
 [4 5 6]
 [7 8 9]]
>>> b = np.mat(x)    #如果输入的已经是一个矩阵或一个数组，则 mat/asmatrix 不会复制数据
>>> print(b)
[[1 2 3]
 [4 5 6]
 [7 8 9]]
>>> print(type(b))
<class 'numpy.matrixlib.defmatrix.matrix'>
#如果输入的已经是一个矩阵或一个数组，则 mat/asmatrix 不会复制数据
>>> c = np.asmatrix(x)
>>> print(c)
[[1 2 3]
 [4 5 6]
 [7 8 9]]
>>> print(type(c))
<class 'numpy.matrixlib.defmatrix.matrix'>
>>> x[1][1] = 0    #改变一个矩阵或一个数组中的数据
>>> print(x)       #确实改变
[[1 2 3]
 [4 0 6]
 [7 8 9]]
>>> print(a)    #由于 matrix 复制数据后形成新的数据 a，所以原数据 x 改变，a 并没有改变
[[1 2 3]
 [4 5 6]
 [7 8 9]]
>>> print(a1)   #由于 matrix(x,copy=False)不复制 x，使用原数据，所以 a1 随 x 的改变而改变
[[1 2 3]
 [4 0 6]
 [7 8 9]]
>>> print(b)    #由于 mat 或 asmatrix 不复制数据 x，使用原数据，所以 b 随 x 的改变而改变
```

```
[[1 2 3]
 [4 0 6]
 [7 8 9]]
>>> print(c)      #由于 mat 或 asmatrix 不会复制数据，使用原数据，所以 c 随 x 的改变而改变
[[1 2 3]
 [4 0 6]
 [7 8 9]]
```

2. 矩阵的运算

两个矩阵相加减，即它们相同位置的元素相加减。只有对两个行数、列数分别相等的矩阵（即同型矩阵）进行加减法运算才有意义，这一点与二维数组的加减运算规则一致。

当矩阵 a 的列数等于矩阵 b 的行数时，a 与 b 两矩阵才可以相乘。两矩阵相乘按照矩阵的乘法运算规则进行，这一点与二维数组的乘法运算规则不同，二维数组的乘法运算规则同加减法规则一致，按位相乘。一般两个矩阵不直接相除，矩阵的除法是通过逆矩阵实现的。

（1）矩阵的加减乘运算

```
>>> import numpy as np
>>> a = np.mat(np.arange(1,7).reshape(2,3))
>>> a
matrix([[1, 2, 3],
        [4, 5, 6]])
>>> b = a
>>> b
matrix([[1, 2, 3],
        [4, 5, 6]])
>>> print(a + b)         #矩阵相加，同型矩阵
[[ 2  4  6]
 [ 8 10 12]]
>>> print(a -b)          #矩阵相减，同型矩阵
[[0 0 0]
 [0 0 0]]
>>> c = np.mat(np.arange(1,7).reshape(3,2))
>>> c
matrix([[1, 2],
        [3, 4],
        [5, 6]])
>>> print(a * c)         #矩阵相乘，矩阵 a 的列数等于矩阵 c 的行数
[[22 28]
 [49 64]]
>>> print(np.dot(a,c))   #矩阵点乘，矩阵 a 的列数等于矩阵 c 的行数
[[22 28]
 [49 64]]
>>> print(2 * a)         #数乘以矩阵
[[ 2  4  6]
 [ 8 10 12]]
```

```
>>> print(a * 2)           #矩阵乘以数
[[ 2  4  6]
 [ 8 10 12]]
```

(2)矩阵的转置和求逆

```
>>> print(a.T)             #矩阵转置
[[1 4]
 [2 5]
 [3 6]]
>>> print(a.I)             #求逆矩阵
[[-0.94444444  0.44444444]
 [-0.11111111  0.11111111]
 [ 0.72222222 -0.22222222]]
>>> print(a)
[[1 2 3]
 [4 5 6]]
```

(3)矩阵的求和及索引

```
>>> print(a.sum(axis = 0))      #计算矩阵每一列的和
[[5 7 9]]
>>> print(a.sum(axis = 1))      #计算矩阵每一行的和
[[ 6]
 [15]]
>>> print(a.max(axis = 0))      #计算矩阵每一列的最大值
[[4 5 6]]
>>> print(a.max(axis = 1))      #计算矩阵每一行的最大值
[[3]
 [6]]
>>> print(a.argmax(axis = 0))   #计算矩阵每一列的最大值索引
[[1 1 1]]
>>> print(a.argmax(axis = 1))   #计算矩阵每一行的最大值索引
[[2]
 [2]]
```

(4)矩阵的分割和合并

矩阵的分割和合并同列表和数组的分割和合并一致。

```
>>> mat1 = np.mat(np.arange(20).reshape(4,5))
>>> print(mat1)
[[ 0  1  2  3  4]
 [ 5  6  7  8  9]
 [10 11 12 13 14]
 [15 16 17 18 19]]
#分割出从第 2 行(含)到最后行的第 3 列(含)到最后列的所有元素
>>> mat2 = mat1[2:,3:]
>>> print(mat2)
[[13 14]
```

```
    [18 19]]
>>> mat3 = mat1[:2,:]      #分割出从开始到第2行（不含）所有列的所有元素
>>> mat3
matrix([[0, 1, 2, 3, 4],
        [5, 6, 7, 8, 9]])
>>> mat4 = mat1[2:,:]      #分割出从第2行（含）到最后行所有列的元素
>>> mat4
matrix([[10, 11, 12, 13, 14],
        [15, 16, 17, 18, 19]])
>>> mat4 = mat1[2:]        #分割出从第2行（含）到最后所有列的元素
>>> mat4
matrix([[10, 11, 12, 13, 14],
        [15, 16, 17, 18, 19]])
>>> mat5 = np.vstack((mat3,mat4))    #按列合并，即列数不变
>>> print(mat5)
[[ 0  1  2  3  4]
 [ 5  6  7  8  9]
 [10 11 12 13 14]
 [15 16 17 18 19]]
>>> mat6 = np.hstack((mat3,mat4))    #按行合并，即行数不变
>>> print(mat6)
[[ 0  1  2  3  4 10 11 12 13 14]
 [ 5  6  7  8  9 15 16 17 18 19]]
```

9.1.3 matrix 类型和 array 类型的区别

numpy matrix 必须是二维的，但是 numpy array (ndarrays) 可以是多维的，matrix 是 array 的一个小分支，包含于 array，所以 matrix 拥有 array 的所有特性。但是 numpy 里面的数组 array 遵循元素的运算规则，而矩阵 matrix 遵循矩阵运算的规则。当两者做乘法运算和归约运算时要注意其区别。

1．乘法运算

在同一个程序中，如果同时有矩阵 matrix 类型和数组 array 类型做乘法运算，则容易混淆是矩阵积，还是数组积。

（1）矩阵和矩阵相乘

矩阵 a 和矩阵 b 相乘，可用 a*b 表示。

```
>>> a = np.mat([[1,2,3,4],[5,6,7,8]])    #使用 mat()函数将列表生成矩阵
>>> print(a)                             #输出矩阵 a 的值
[[1 2 3 4]
 [5 6 7 8]]
>>> print(type(a))                       #输出矩阵 a 的类型
<class 'numpy.matrixlib.defmatrix.matrix'>
>>> print(a.ndim)                        #输出矩阵 a 的维数，维数为2，矩阵必须是二维
2
>>> print(a.shape)                       #输出矩阵 a 的维度，为2行4列
```

```
(2, 4)
>>> b = np.mat(np.arange(1,9).reshape(4,2))    #使用mat()函数将二维数组生成矩阵b
>>> print(b)                    #输出矩阵b的值
[[1 2]
 [3 4]
 [5 6]
 [7 8]]
>>> print(type(b))              #输出矩阵b的类型
<class 'numpy.matrixlib.defmatrix.matrix'>
>>> print(b.ndim)               #输出矩阵b的维数，维数为2，矩阵必须是二维
2
>>> print(b.shape)              #输出矩阵b的维度，为4行2列
(4, 2)
#矩阵a和b满足相乘的规则，用a*b求矩阵的乘积
>>> a * b
matrix([[ 50,  60],
        [114, 140]])
>>> print(a * b)                #输出矩阵a和矩阵b相乘的结果，结果还是二维矩阵
[[ 50  60]
 [114 140]]
#用dot(a,b)求矩阵的乘积
>>> print(np.dot(a,b))
[[ 50  60]
 [114 140]]
```

（2）数组和数组相乘

```
#数组c和数组d相乘，也可用c*d表示
>>> c = np.array([[1,2,3,4],[5,6,7,8]])   #使用array()函数将列表生成2行4列的数组
>>> print(c)                    #输出数组c的值
[[1 2 3 4]
 [5 6 7 8]]
>>> print(type(c))              #输出c的类型，为数组类型
<type 'numpy.ndarray'>
>>> print(c.ndim)               #输出数组c的维数，维数为2
2
>>> print(c.shape)              #输出数组c的维度，为2行4列
(2, 4)
#reshape()函数将arange()生成的一维数组重塑成4行2列的数组
>>> d = np.arange(1,9).reshape(4,2)
>>> print(d)                    #输出数组d的值，为4行2列的数组
[[1 2]
 [3 4]
 [5 6]
 [7 8]]
```

```
>>> print(type(d))              #输出 d 的类型,为数组类型
<type 'numpy.ndarray'>
#二维数组 c 和 d 相乘是对应元素相乘,两个二维数组的形状要一样
>>> c*d      #形状不一样,抛出异常
Traceback (most recent call last):
    File "<stdin>", line 1, in <module>
ValueError: operands could not be broadcast together with shapes (2,4) (4,2)
# reshape ()函数将 arange()生成的一维数组重塑成 2 行 4 列的数组
>>> d = np.arange(1,9).reshape(2,4)
>>> print(d)                    #输出数组 d 的值,为 2 行 4 列的数组
[[1 2 3 4]
 [5 6 7 8]]
>>> print(type(d))              #输出 d 的类型,是数组类型
<type 'numpy.ndarray'>
#c 和 d 的形状一致,对应元素相乘
>>> c * d
array([[ 1,  4,  9, 16],
       [25, 36, 49, 64]])
```

(3)数组和数组按矩阵规则可用 dot()相乘,但结果还是数组

dot()表示乘积,二维数组计算的是矩阵乘积,遵循矩阵相乘规则,但结果仍是数组。一维数组计算的是对应元素相乘的和,即点积,不同于乘号*。

```
>>> c = np.array([[1,2,3,4],[5,6,7,8]])   #使用 array ()函数将列表生成 2 行 4 列的数组
>>> print(c)                    #输出二维数组 c 的值
[[1 2 3 4]
 [5 6 7 8]]
>>> print(type(c))              #输出 c 的类型,为数组类型
<type 'numpy.ndarray'>
>>> print(c.shape)              #输出数组 c 的维度,为 2 行 4 列
(2, 4)
# reshape ()函数将 arange()生成的一维数组重塑成 4 行 2 列的数组
>>> d = np.arange(1,9).reshape(4,2)
>>> print(d)                    #输出二维数组 d 的值,是 4 行 2 列的数组
[[1 2]
 [3 4]
 [5 6]
 [7 8]]
>>> print(type(d))              #输出 d 的类型,为数组类型
<type 'numpy.ndarray'>
>>> print(d.shape)              #输出数组 d 的维度,为 4 行 2 列
(4, 2)
#二维数组 c 和 d 利用 dot(c,d) 函数按矩阵规则相乘,结果还是二维数组
>>> e = np.dot(c,d)
>>> print(e)
```

```
[[ 50  60]
 [114 140]]
>>> print(type(e))
<type 'numpy.ndarray'>
>>> a = np.array([1,2,3,4])
>>> b = a
>>> c=a*b
>>> c
array([ 1,  4,  9, 16])
>>> c = np.dot(a,b)    #数组 a 和 b 的点积,结果是一个数值,因此不是 array
>>> c
30
>>> c = a.dot(b)
>>> c
30
```

2. 归约运算

数组 array 与矩阵 matrix 最大的不同是,在做归约运算时,array 的维数会发生变化,但 matrix 总是保持二维。

```
#矩阵 matrix 做归约运算时,总是保持二维
>>> a = np.mat(np.arange(4).reshape(2,2))
>>> a
matrix([[0, 1],
        [2, 3]])
>>> b = a.mean(1)      #按行归约,求平均值,矩阵维数保持 2 不变
>>> b
matrix([[ 0.5],
        [ 2.5]])
>>> b.shape
(2, 1)
>>> b.ndim
2
#数组 array 做归约运算时,维数会发生变化
>>> c = np.arange(4).reshape(2,2)
>>> c
array([[0, 1],
       [2, 3]])
>>> d = c.mean(1)      #按行归约,求平均值,数组维数变为 1
>>> d
array([ 0.5,  2.5])
>>> d.shape
(2,)
>>> d.ndim
1
```

9.2 pandas 模块

pandas 是 Python 的一个数据分析包,最初由 AQR Capital Management 于 2008 年 4 月开发,并于 2009 年年底可免费使用。pandas 目前由专注于 Python 数据包开发的 PyData 开发项目组继续开发和维护,属于 PyData 项目的一部分。pandas 最初被作为金融数据分析工具而开发出来,正因此,pandas 为时间序列分析提供了很好的支持。

Python 中的所有数据类型在 pandas 中依然适用,pandas 主要有一维 Series、二维的表格 DataFrame 和三维的 Panel 三种类型。一维 Series 与 numpy 中的一维 array 类似,二者与 Python 基本的数据结构 list 也很相近。字符串、boolean 值、数字等都能保存在 Series 中,其中 Time-Series 是以时间为索引的 Series。二维的表格类型数据结构 DataFrame 可以理解为 Series 的容器。三维的 Panel 可以理解为 DataFrame 的容器。这些数据类型使 pandas 操作数据更加方便和高效,而这三种类型中,DataFrame 类型最为常用。

9.2.1 pandas 模块基础

1. Series 类型

```
>>> import numpy as np
>>> import pandas as pd
#用 Series()创建 Series 类型对象
# np.nan 的值为 NaN,表示数据值缺失
>>> s = pd.Series([1,3,4,5,6,np.nan,8,np.nan,10])
>>> print(s)        #输出 s,显示成一列,有索引,元素类型默认是 float64
0     1
1     3
2     4
3     5
4     6
5    NaN
6     8
7    NaN
8    10
dtype: float64
>>> print(s.dtype)  #输出 s 中的元素类型,默认是 float64
float64
>>> print(s.ndim)   #输出 s 的维数
1
>>> print(s.shape)  #输出 s 的形状
(9,)
>>> print(type(s))  #输出 s 的类型,是 Series 类型
<class 'pandas.core.series.Series'>
>>> print(s.values) #输出 s 的 values 值
[ 1.  3.  4.  5.  6. nan  8. nan 10.]
>>> s.values        #输出 s 的 values 值,值是数组类型
```

```
array([ 1., 3., 4., 5., 6., nan, 8., nan, 10.])
>>> print(type(s.values))     #输出 s.values 的类型,是 ndarray 数组类型
<type 'numpy.ndarray'>
>>> print(s.index)            #输出 s 的 index 值
Int64Index([0, 1, 2, 3, 4, 5, 6, 7, 8], dtype='int64')
>> s.index                    #输出 s 的 index 值,值是 Int64Index 类型
Int64Index([0, 1, 2, 3, 4, 5, 6, 7, 8], dtype='int64')
>>> print(type(s.index))      #输出 s.index 的类型是 Int64Index
<class 'pandas.core.index.Int64Index'>
>>> print(s.sum())            #输出 s 的各元素的和
37.0
#输出 s 的每个元素是否为空值 NaN,False 表示非空值,True 表示空值
>>> print(s.isnull())
0    False
1    False
2    False
3    False
4    False
5    True
6    False
7    True
8    False
dtype: bool
#查看列是否存在空值,True 表示有空值, False 表示无空值
>>> print(s.isnull().any(axis=0))
True
>>> print(s.isnull().any())   #省略 any()的参数 axis=0,功能同上
True
#计算有空值列的数量,要么是 1,要么是 0,因为只有一列
>>> print(s.isnull().any(axis=0).sum())
1
```

2. DataFrame 类型

```
>>> import numpy as np
>>> import pandas as pd
```

(1)字典作为 DataFrame()的输入创建二维表格

```
>>> df = pd.DataFrame({"id":[1001,1002,1003,1004,1005,1006],"date":pd.date_range('20180101',
periods=6),"city":['Beijing', 'shanghai', 'guangzhou ', 'Shenzhen', 'nanjing', 'changzhou'],
"age":[18,26,28,36,42,52],"category":['2018-A','2018-B','2018-C','2018-D','2018-E','2018-F'],
"price":[1200,np.nan,2500,5500,np.nan,4300]},columns =['id','date','city','category','age','price'])
>>> df           #显示 df 的值,带索引列(自动添加)和 column 行
     id   date        city       category  age   price
0  1001  2018-01-01   Beijing    2018-A    18    1200.0
1  1002  2018-01-02   shanghai   2018-B    26    NaN
```

```
2  1003 2018-01-03    guangzhou    2018-C  28  2500.0
3  1004 2018-01-04    Shenzhen     2018-D  36  5500.0
4  1005 2018-01-05    nanjing      2018-E  42  NaN
5  1006 2018-01-06    changzhou    2018-F  52  4300.0
```
#查看二维表格类型 DataFrame 的信息
```
>>> print(type(df))    #输出 df 的类型
<class 'pandas.core.frame.DataFrame'>
>>> print(df.ndim)     #输出 df 的维数
2
>>> print(df.shape)    #输出 df 的维度
(6, 6)
>>> print(df.dtypes)   #输出 df 各列的数据类型
id                  int64
date                datetime64[ns]
city                object
category            object
age                 int64
price               float64
dtype: object
```
#输出 df 基本信息（如类型、行数、列数、列名称、每列数据类型及所占空间）
```
>>> print(df.info())
<class 'pandas.core.frame.DataFrame'>
Int64Index: 6 entries, 0 to 5
Data columns (total 6 columns):
id          6 non-null int64
date        6 non-null datetime64[ns]
city        6 non-null object
category    6 non-null object
age         6 non-null int64
price       4 non-null float64
dtypes: datetime64[ns](1), float64(1), int64(2), object(2)
memory usage: 336.0+ bytes
None
>>> print(df['date'])         #输出 DataFrame 某一列的值
0   2018-01-01
1   2018-01-02
2   2018-01-03
3   2018-01-04
4   2018-01-05
5   2018-01-06
Name: date, dtype: datetime64[ns]
>>> print(df[['age','price']])   #输出 DataFrame 某几列的值
     age    price
```

```
0    18   1200
1    26   NaN
2    28   2500
3    36   5500
4    42   NaN
5    52   4300
>>> print(df.isnull())      #以二维表格的形式输出每个元素是否为空值 NaN
   id   date   city  category  age  price
0  False  False  False  False  False  False
1  False  False  False  False  False  True
2  False  False  False  False  False  False
3  False  False  False  False  False  False
4  False  False  False  False  False  True
5  False  False  False  False  False  False
#查看各列是否存在空值，True 表示有空值，False 表示无空值
>>> print(df.isnull().any(axis=0))
id         False
date       False
city       False
category   False
age        False
price      True
dtype: bool
>>> print(df.isnull().any(axis=0).sum())    #计算有空值列的列数量总和
1
# any()参数省略，默认是 axis=0，功能同上
>>> print(df.isnull().any().sum())
1
#查看各行是否存在空值，True 表示有空值，False 表示无空值
>>> print(df.isnull().any(axis=1))
0    False
1    True
2    False
3    False
4    True
5    False
dtype: bool
>>> print(df.isnull().any(axis=1).sum())    #计算有空值行的行数量总和
2
>>> print(df['price'].unique)               #查看某一列的唯一值
<bound method Series.unique of
0    1200
1    NaN
```

```
2       2500
3       5500
4        NaN
5       4300
Name: price, dtype: float64>
>>> print(df.values)            #查看数据表的值,无索引列,无 column 行,只有值
[[1001 Timestamp('2018-01-01 00:00:00') 'Beijing' '2018-A' 18 1200.0]
 [1002 Timestamp('2018-01-02 00:00:00') 'shanghai' '2018-B' 26 nan]
 [1003 Timestamp('2018-01-03 00:00:00') 'guangzhou ' '2018-C' 28 2500.0]
 [1004 Timestamp('2018-01-04 00:00:00') 'Shenzhen' '2018-D' 36 5500.0]
 [1005 Timestamp('2018-01-05 00:00:00') 'nanjing' '2018-E' 42 nan]
 [1006 Timestamp('2018-01-06 00:00:00') 'changzhou' '2018-F' 52 4300.0]]
>>> print(df.columns)           #输出 df 的列名称,df.columns 的类型是 Index 类型
Index([u'id', u'date', u'city', u'category', u'age', u'price'], dtype='object')
>>> print(df.index)             #输出 df 的索引,是 Int64Index 类型
Int64Index([0, 1, 2, 3, 4, 5], dtype='int64')
>>> print(type(df.index))       #输出 df.index 的类型,是 Int64Index 类型
<class 'pandas.core.index.Int64Index'>
>>> print(df.head())            #查看前 5 行数据
    id       date      city category  age   price
0  1001 2018-01-01   Beijing   2018-A   18  1200.0
1  1002 2018-01-02  shanghai   2018-B   26     NaN
2  1003 2018-01-03 guangzhou   2018-C   28  2500.0
3  1004 2018-01-04  Shenzhen   2018-D   36  5500.0
4  1005 2018-01-05   nanjing   2018-E   42     NaN
>>> print(df.tail())            #查看后 5 行数据
    id       date      city category  age   price
1  1002 2018-01-02  shanghai   2018-B   26     NaN
2  1003 2018-01-03 guangzhou   2018-C   28  2500.0
3  1004 2018-01-04  Shenzhen   2018-D   36  5500.0
4  1005 2018-01-05   nanjing   2018-E   42     NaN
5  1006 2018-01-06 changzhou   2018-F   52  4300.0
```

(2)二维数组作为 DataFrame()的输入创建二维表格

```
#创建 5 行 4 列成正态分布的二维数组,作为 DataFrame 的 values
>>> print(np.random.randn(5,4))
[[-1.56164768  0.23250797 -0.60714462 -0.34239522]
 [ 1.38752891 -0.88799006  0.34465538 -0.71466392]
 [-0.21680858 -0.73574451  0.64413335 -0.63590005]
 [-0.57422574  0.35862263 -1.13393719 -1.55768979]
 [-0.806723   0.21843685  1.05660182 -0.19729089]]
#创建日期型索引,作为 DataFrame 的 index
>>> dates = pd.date_range('20180101', periods=5)
>>> print(dates)
```

```
DatetimeIndex(['2018-01-01', '2018-01-02', '2018-01-03', '2018-01-04',
               '2018-01-05'],
              dtype='datetime64[ns]', freq='D')
```
#指定 DataFrame 的 values、index 和 columns，用 pandas 的 DataFrame()创建二维表格
```
>>> df = pd.DataFrame(np.random.randn(5,4), index=dates, columns=list('ABCD'))
>>> print(df)
                   A         B         C         D
2018-01-01  1.158688  2.204771  1.027239 -0.673552
2018-01-02 -0.939068  0.170598 -1.367631 -1.007976
2018-01-03  1.518561  2.305893  0.899330 -1.288355
2018-01-04 -0.265787  2.061118  0.214048  2.476414
2018-01-05 -1.390000 -1.846206  0.418815 -0.170965
>>> df = pd.DataFrame(np.random.randn(5,4), index=dates, columns=['A','B','C','D'])
>>> print(df)
                   A         B         C         D
2018-01-01  0.410627 -0.053808  0.953441  0.467723
2018-01-02 -0.193324 -0.447891  0.785282  0.253761
2018-01-03  1.540900  0.085000  0.894841 -0.611010
2018-01-04 -1.580378  0.230995  0.523364 -0.765742
2018-01-05  1.497622 -0.065709  0.894580 -0.079458
```
#省略索引和列名称，采用默认的索引和列名称
```
>>> df = pd.DataFrame(np.random.randn(5,4))
>>> print(df)
          0         1         2         3
0  0.481351 -1.335567 -0.947719  0.690185
1  1.833256 -1.345276  0.746558  1.480533
2 -0.072962  0.982486  1.311147 -0.671566
3 -1.171508 -0.631660 -1.133772  0.857777
4 -1.505808 -1.254998  1.716109 -0.921805
```

3. Panel 类型
（1）创建面板
#从 3D ndarray 类型的对象创建
```
>>> data = np.random.rand(2,4,5)
>>> p = pd.Panel(data)
>>> p
<class 'pandas.core.panel.Panel'>
Dimensions: 2 (items) x 4 (major_axis) x 5 (minor_axis)
Items axis: 0 to 1
Major_axis axis: 0 to 3
Minor_axis axis: 0 to 4
```

- Items -axis 0：每个项目对应于内部包含的数据帧（DataFrame）。
- Major_axis -axis 1：它是每个数据帧（DataFrame）的索引（行）。
- Minor_axis -axis 2：它是每个数据帧（DataFrame）的列。

```
#从字典类型的对象创建
>>> data = {'Item1' : pd.DataFrame(np.random.randn(4, 3)),'Item2' : pd.DataFrame (np.random.randn(4, 2))}
>>> p = pd.Panel(data)
>>> p
<class 'pandas.core.panel.Panel'>
Dimensions: 2 (items) x 4 (major_axis) x 3 (minor_axis)
Items axis: Item1 to Item2
Major_axis axis: 0 to 3
Minor_axis axis: 0 to 2
```

（2）数据选择

要从面板中选择数据，可以使用 Items、Major_axis、Minor_axis。

```
>>> p['Item1']
          0         1         2
0 -0.953024  0.964619  1.642965
1 -1.026179  1.946268  0.502787
2 -0.392396  0.164757  0.114692
3 -1.528766  2.820033  0.204405
>>> p.major_xs(1)    #panel.major_axis(index)格式
      Item1      Item2
0 -1.026179  -1.455539
1  1.946268  -1.598119
2  0.502787       NaN
>>> p.minor_xs(1)    #panel.minor_axis(index)格式
      Item1      Item2
0  0.964619   0.079751
1  1.946268  -1.598119
2  0.164757  -0.255084
3  2.820033   0.072696
```

9.2.2 pandas 模块数据清洗

可靠、正确的数据是分析出可靠、正确结果的前提，但用于分析的原始数据往往存在较多问题，因此数据清洗必不可少。数据清洗是整个数据分析过程中一项非常重要但又非常复杂和烦琐的工作。有分析称，数据清洗约占整个项目 80% 的时间。

数据清洗的目的是让数据可用，以便于后续的分析工作。在数据清洗之前必须首先理解数据，理解数据的列和行、记录、数据格式、语义错误、缺失的条目及错误的格式等，这样就可以大概了解数据分析之前要做哪些清洗工作。数据清洗主要是对数据中的重复值、异常值、空值、多余的空格和大小写错误等进行处理。本小节将介绍几种常用的数据清洗方法。

1. 空值/缺失值处理

（1）检查数据表中的空值数量

Python 中的空值显示为 NaN，在处理空值之前一般要先检查下数据表中的空值数量，对关注的关键字段进行空值查找。pandas 中查找数据表中空值的函数有两个：一个是函数 isnull()，如果是空值就显示为True；另一个是notnull()，该函数则正好相反，如果是空值就显示为False。

```
>>> import numpy as np
>>> import pandas as pd
>>> df = pd.DataFrame({"id":[1001,1002,1002,1003,1004,1004,1005,1006,np.nan], "date":pd.date_range('20180101', periods=9), "city":['BeiJing', 'ShangHai','ShangHai    ','GuangZhou    ', 'ShenZhen','ShenZhen   ', 'NanJing', 'ChangZhou',np.nan],"city":['BeiJing', 'ShangHai','ShangHai','GuangZhou ', 'ShenZhen','ShenZhen', 'NanJing', 'ChangZhou',np.nan], "age":[-18,20,20,28,36,36,42, 152, np.nan],"category":['2018-A','2018-B','2018-B','2018-C','2018-D','2018-D','2018-E','2018-F',np.nan], "age":[18,20,20,28,36,36,42,152,np.nan], "price":[1200,np.nan,np.nan,2500,5500,5500,np.nan,4300, np.nan], "na":[np.nan,np.nan,np.nan,np.nan,np.nan,np.nan,np.nan,np.nan,np.nan]}, columns =['id','date','city','city','age','category','age','price','na'])
>>> df
     id       date      city       city       age  category  age   price    na
0  1001.0 2018-01-01  BeiJing    BeiJing     18.0   2018-A  18.0  1200.0   NaN
1  1002.0 2018-01-02  ShangHai   ShangHai    20.0   2018-B  20.0     NaN   NaN
2  1002.0 2018-01-03  ShangHai   ShangHai    20.0   2018-B  20.0     NaN   NaN
3  1003.0 2018-01-04  GuangZhou  GuangZhou   28.0   2018-C  28.0  2500.0   NaN
4  1004.0 2018-01-05  ShenZhen   ShenZhen    36.0   2018-D  36.0  5500.0   NaN
5  1004.0 2018-01-06  ShenZhen   ShenZhen    36.0   2018-D  36.0  5500.0   NaN
6  1005.0 2018-01-07  NanJing    NanJing     42.0   2018-E  42.0     NaN   NaN
7  1006.0 2018-01-08  ChangZhou  ChangZhou  152.0   2018-F 152.0  4300.0   NaN
8     NaN 2018-01-09  NaN        NaN          NaN      NaN   NaN     NaN   NaN
>>> df.shape                     #df的维度为9行9列
(9, 9)
>>> df.isnull().any(axis=0).sum()     #df 有空值列的列数量为8
8
>>> df.isnull().all(axis=0).sum()     #df 中全部是空值列的列数量为1
1
>>> df.isnull().any(axis=0)           #df 各列空值的情况，True 表示有空值，False 表示无空值
id        True
date      False
city      True
city      True
age       True
category  True
age       True
price     True
na        True
dtype: bool
>>> df.isnull().any(axis=1).sum()     #df 有空值行的行数量为9
9
>>> df.isnull().all(axis=1).sum()     #df 中全部是空值行的行数量为0
0
```

```
>>> df.isnull().any(axis=1)        #df 各行的空值情况，True 表示有空值，False 表示无空值
0    True
1    True
2    True
3    True
4    True
5    True
6    True
7    True
8    True
dtype: bool
```

（2）处理缺失数据的方法

典型的处理缺失数据的方法是使用初始值、均值或高频值填充代替数据缺失的记录，或删除数据缺失的记录。填充代替时使用 fillna()函数对空值进行填充，可以选择填充 0 值或者其他合适的值。删除时使用 dropna()函数直接将包含空值的数据删除。

① 填充 0 值或均值。

```
>>> df1 = df
>>> df1
#用 0 进行填充，当然填充的值要根据具体处理对象进行选择
>>> df1.fillna(value=0)
     id       date       city        city     age  category  age   price    na
0  1001.0  2018-01-01   BeiJing    BeiJing    18.0  2018-A   18.0  1200.0  0.0
1  1002.0  2018-01-02   ShangHai   ShangHai   20.0  2018-B   20.0     0.0  0.0
2  1002.0  2018-01-03   ShangHai   ShangHai   20.0  2018-B   20.0     0.0  0.0
3  1003.0  2018-01-04   GuangZhou  GuangZhou  28.0  2018-C   28.0  2500.0  0.0
4  1004.0  2018-01-05   ShenZhen   ShenZhen   36.0  2018-D   36.0  5500.0  0.0
5  1004.0  2018-01-06   ShenZhen   ShenZhen   36.0  2018-D   36.0  5500.0  0.0
6  1005.0  2018-01-07   NanJing    NanJing    42.0  2018-E   42.0     0.0  0.0
7  1006.0  2018-01-08   ChangZhou  ChangZhou  152.0 2018-F   152.0 4300.0  0.0
8     0.0  2018-01-09          0          0    0.0        0    0.0    0.0  0.0
#对 price 列所有值的均值进行填充
>>> df1['price'] = df1['price'].fillna(value=df1['price'].mean())
>>> df1
     id       date       city        city     age  category  age   price    na
0  1001.0  2018-01-01   BeiJing    BeiJing    18.0  2018-A   18.0  1200.0  NaN
1  1002.0  2018-01-02   ShangHai   ShangHai   20.0  2018-B   20.0  3800.0  NaN
2  1002.0  2018-01-03   ShangHai   ShangHai   20.0  2018-B   20.0  3800.0  NaN
3  1003.0  2018-01-04   GuangZhou  GuangZhou  28.0  2018-C   28.0  2500.0  NaN
4  1004.0  2018-01-05   ShenZhen   ShenZhen   36.0  2018-D   36.0  5500.0  NaN
5  1004.0  2018-01-06   ShenZhen   ShenZhen   36.0  2018-D   36.0  5500.0  NaN
6  1005.0  2018-01-07   NanJing    NanJing    42.0  2018-E   42.0  3800.0  NaN
7  1006.0  2018-01-08   ChangZhou  ChangZhou  152.0 2018-F   152.0 4300.0  NaN
8    NaN   2018-01-09        NaN        NaN    NaN     NaN    NaN  3800.0  NaN
```

② 删除不完整的行和列。

使用 dropna()方法删除不完整的行或列。

```
>>> df1
      id       date       city       city     age  category    age   price   na
0  1001.0  2018-01-01    BeiJing    BeiJing   18.0   2018-A    18.0  1200.0  NaN
1  1002.0  2018-01-02   ShangHai   ShangHai   20.0   2018-B    20.0  3800.0  NaN
2  1002.0  2018-01-03   ShangHai   ShangHai   20.0   2018-B    20.0  3800.0  NaN
3  1003.0  2018-01-04  GuangZhou  GuangZhou   28.0   2018-C    28.0  2500.0  NaN
4  1004.0  2018-01-05   ShenZhen   ShenZhen   36.0   2018-D    36.0  5500.0  NaN
5  1004.0  2018-01-06   ShenZhen   ShenZhen   36.0   2018-D    36.0  5500.0  NaN
6  1005.0  2018-01-07    NanJing    NanJing   42.0   2018-E    42.0  3800.0  NaN
7  1006.0  2018-01-08  ChangZhou  ChangZhou  152.0   2018-F   152.0  4300.0  NaN
8    NaN   2018-01-09        NaN        NaN    NaN      NaN     NaN  3800.0  NaN
>>> df1.dropna(axis=1,how='all')   #删除全为空值(NaN)的列
      id       date       city       city     age  category    age   price
0  1001.0  2018-01-01    BeiJing    BeiJing   18.0   2018-A    18.0  1200.0
1  1002.0  2018-01-02   ShangHai   ShangHai   20.0   2018-B    20.0  3800.0
2  1002.0  2018-01-03   ShangHai   ShangHai   20.0   2018-B    20.0  3800.0
3  1003.0  2018-01-04  GuangZhou  GuangZhou   28.0   2018-C    28.0  2500.0
4  1004.0  2018-01-05   ShenZhen   ShenZhen    6.0   2018-D    36.0  5500.0
5  1004.0  2018-01-06   ShenZhen   ShenZhen   36.0   2018-D    36.0  5500.0
6  1005.0  2018-01-07    NanJing    NanJing   42.0   2018-E    42.0  3800.0
7  1006.0  2018-01-08  ChangZhou  ChangZhou  152.0   2018-F   152.0  4300.0
8    NaN   2018-01-09        NaN        NaN    NaN      NaN     NaN  3800.0
>>> df1.dropna(axis=1,how='any')   #删除任何包含空值(NaN)的列，行不删除
       date     price
0  2018-01-01  1200.0
1  2018-01-02  3800.0
2  2018-01-03  3800.0
3  2018-01-04  2500.0
4  2018-01-05  5500.0
5  2018-01-06  5500.0
6  2018-01-07  3800.0
7  2018-01-08  4300.0
8  2018-01-09  3800.0
#删除全为空值(NaN)的列和有空值(NaN)的行
>>> df1.dropna(axis=1,how='all').dropna(axis=0,how='any')
      id       date       city       city     age  category    age   price
0  1001.0  2018-01-01    BeiJing    BeiJing   18.0   2018-A    18.0  1200.0
1  1002.0  2018-01-02   ShangHai   ShangHai   20.0   2018-B    20.0  3800.0
2  1002.0  2018-01-03   ShangHai   ShangHai   20.0   2018-B    20.0  3800.0
3  1003.0  2018-01-04  GuangZhou  GuangZhou   28.0   2018-C    28.0  2500.0
4  1004.0  2018-01-05   ShenZhen   ShenZhen   36.0   2018-D    36.0  5500.0
```

```
5   1004.0 2018-01-06    ShenZhen    ShenZhen  36.0   2018-D   36.0   5500.0
6   1005.0 2018-01-07    NanJing     NanJing   42.0   2018-E   42.0   3800.0
7   1006.0 2018-01-08    ChangZhou   ChangZhou 152.0  2018-F   152.0  4300.0
```

③ 其他处理方法。

```
>>> df1
     id      date       city        city     age   category  age    price    na
0  1001.0 2018-01-01   BeiJing     BeiJing   18.0   2018-A   18.0   1200.0   NaN
1  1002.0 2018-01-02   ShangHai    ShangHai  20.0   2018-B   20.0   3800.0   NaN
2  1002.0 2018-01-03   ShangHai    ShangHai  20.0   2018-B   20.0   3800.0   NaN
3  1003.0 2018-01-04   GuangZhou   GuangZhou 28.0   2018-C   28.0   2500.0   NaN
4  1004.0 2018-01-05   ShenZhen    ShenZhen  36.0   2018-D   36.0   5500.0   NaN
5  1004.0 2018-01-06   ShenZhen    ShenZhen  36.0   2018-D   36.0   5500.0   NaN
6  1005.0 2018-01-07   NanJing     NanJing   42.0   2018-E   42.0   3800.0   NaN
7  1006.0 2018-01-08   ChangZhou   ChangZhou 152.0  2018-F   152.0  4300.0   NaN
8    NaN  2018-01-09     NaN         NaN     NaN     NaN     NaN   3800.0   NaN
```

#用 iloc 和 loc 选取 DataFrame 中的数据
```
>>> df1.iloc[8,1]                    #选取 8 行 1 列的元素
Timestamp('2018-01-09 00:00:00')     #时间戳类型值为 2018-01-09 00:00:00
>>> df1.iloc[1:4,3]                  #选取 1、2、3 行，第 3 列的数据
1    ShangHai
2    ShangHai
3    GuangZhou
Name: city, dtype: object
>>> df1.loc[1:3,"city"]              #选取 1、2、3 行的 city 列的数据
     city        city
1  ShangHai    ShangHai
2  ShangHai    ShangHai
3  GuangZhou   GuangZhou
```

iloc 是根据行号来索引的，从 0 行开始；loc 是根据行的索引号来索引的。

#给 df1 的 8 行 1 列元素赋空值（NaN），由于该字段是时间类型的，因此是 NaT
```
>>> df1.iloc[8,1] = np.nan
>>> df1
     id      date       city        city     age   category  age    price    na
0  1001.0 2018-01-01   BeiJing     BeiJing   18.0   2018-A   18.0   1200.0   NaN
1  1002.0 2018-01-02   ShangHai    ShangHai  20.0   2018-B   20.0   3800.0   NaN
2  1002.0 2018-01-03   ShangHai    ShangHai  20.0   2018-B   20.0   3800.0   NaN
3  1003.0 2018-01-04   GuangZhou   GuangZhou 28.0   2018-C   28.0   2500.0   NaN
4  1004.0 2018-01-05   ShenZhen    ShenZhen  36.0   2018-D   36.0   5500.0   NaN
5  1004.0 2018-01-06   ShenZhen    ShenZhen  36.0   2018-D   36.0   5500.0   NaN
6  1005.0 2018-01-07   NanJing     NanJing   42.0   2018-E   42.0   3800.0   NaN
7  1006.0 2018-01-08   ChangZhou   ChangZhou 152.0  2018-F   152.0  4300.0   NaN
8    NaN    NaT          NaN         NaN     NaN     NaN     NaN   3800.0   NaN
```

#删除 price 列，用 del 可以删除列，如 del df1['price']

```
>>> df2 = df1.drop(['price'],axis=1)
>>> df2
      id        date       city       city     age   category   age    na
0  1001.0  2018-01-01   BeiJing    BeiJing    18.0    2018-A   18.0   NaN
1  1002.0  2018-01-02   ShangHai   ShangHai   20.0    2018-B   20.0   NaN
2  1002.0  2018-01-03   ShangHai   ShangHai   20.0    2018-B   20.0   NaN
3  1003.0  2018-01-04   GuangZhou  GuangZhou  28.0    2018-C   28.0   NaN
4  1004.0  2018-01-05   ShenZhen   ShenZhen   36.0    2018-D   36.0   NaN
5  1004.0  2018-01-06   ShenZhen   ShenZhen   36.0    2018-D   36.0   NaN
6  1005.0  2018-01-07   NanJing    NanJing    42.0    2018-E   42.0   NaN
7  1006.0  2018-01-08   ChangZhou  ChangZhou  152.0   2018-F   152.0  NaN
8    NaN      NaT         NaN        NaN       NaN      NaN     NaN   NaN
#删除全为空值的行，参数 axis 可以省略，默认 axis=0
>>> df3 = df2.dropna(axis=0,how='all')
>>> df3
      id        date       city       city     age   category   age    na
0  1001.0  2018-01-01   BeiJing    BeiJing    18.0    2018-A   18.0   NaN
1  1002.0  2018-01-02   ShangHai   ShangHai   20.0    2018-B   20.0   NaN
2  1002.0  2018-01-03   ShangHai   ShangHai   20.0    2018-B   20.0   NaN
3  1003.0  2018-01-04   GuangZhou  GuangZhou  28.0    2018-C   28.0   NaN
4  1004.0  2018-01-05   ShenZhen   ShenZhen   36.0    2018-D   36.0   NaN
5  1004.0  2018-01-06   ShenZhen   ShenZhen   36.0    2018-D   36.0   NaN
6  1005.0  2018-01-07   NanJing    NanJing    42.0    2018-E   42.0   NaN
7  1006.0  2018-01-08   ChangZhou  ChangZhou  152.0   2018-F   152.0  NaN
>>> df3.iloc[0,7] = 99        #修改最后一列前两个元素的值为 99、88
>>> df3.iloc[1,7] = 88
>>> df3
      id        date       city       city     age   category   age    na
0  1001.0  2018-01-01   BeiJing    BeiJing    18.0    2018-A   18.0   99.0
1  1002.0  2018-01-02   ShangHai   ShangHai   20.0    2018-B   20.0   88.0
2  1002.0  2018-01-03   ShangHai   ShangHai   20.0    2018-B   20.0   NaN
3  1003.0  2018-01-04   GuangZhou  GuangZhou  28.0    2018-C   28.0   NaN
4  1004.0  2018-01-05   ShenZhen   ShenZhen   36.0    2018-D   36.0   NaN
5  1004.0  2018-01-06   ShenZhen   ShenZhen   36.0    2018-D   36.0   NaN
6  1005.0  2018-01-07   NanJing    NanJing    42.0    2018-E   42.0   NaN
7  1006.0  2018-01-08   ChangZhou  ChangZhou  152.0   2018-F   152.0  NaN
#删除任何包含空值的行，列不删除
>>> df3.dropna(axis=0,how='any')
      id        date       city       city     age   category   age    na
0  1001.0  2018-01-01   BeiJing    BeiJing    18.0    2018-A   18.0   99.0
1  1002.0  2018-01-02   ShangHai   ShangHai   20.0    2018-B   20.0   88.0
>>> df3.dropna(thresh=2)     #一行中至少要有 2 个非空值的数据才可以保留下来
      id        date       city       city     age   category   age    na
```

```
0  1001.0  2018-01-01  BeiJing    BeiJing     18.0   2018-A   18.0   99.0
1  1002.0  2018-01-02  ShangHai   ShangHai    20.0   2018-B   20.0   88.0
2  1002.0  2018-01-03  ShangHai   ShangHai    20.0   2018-B   20.0   NaN
3  1003.0  2018-01-04  GuangZhou  GuangZhou   28.0   2018-C   28.0   NaN
4  1004.0  2018-01-05  ShenZhen   ShenZhen    36.0   2018-D   36.0   NaN
5  1004.0  2018-01-06  ShenZhen   ShenZhen    36.0   2018-D   36.0   NaN
6  1005.0  2018-01-07  NanJing    NanJing     42.0   2018-E   42.0   NaN
7  1006.0  2018-01-08  ChangZhou  ChangZhou  152.0   2018-F  152.0   NaN
```
```
>>> df3.dropna(thresh=8)     #一行中至少要有 8 个非空值的数据才可以保留下来
      id         date       city       city    age   category   age   na
0  1001.0  2018-01-01  BeiJing    BeiJing     18.0   2018-A   18.0   99.0
1  1002.0  2018-01-02  ShangHai   ShangHai    20.0   2018-B   20.0   88.0
```

2. 去重

DataFrame 中存在重复的行或者行中某几列的值重复时，一般使用 drop()和 drop_duplicates() 方法，其结果是产生一个新的 DataFrame，如果将 inplace 参数设置为 True，则在原来的 DataFrame 上进行修改。

```
>>> dfqc = pd.DataFrame({'a':[1,1,4,3,3],'b':[2,2,3,2,2],'c':[3,3,2,2,4]})
>>> dfqc1 = dfqc
>>> dfqc1
   a  b  c
0  1  2  3
1  1  2  3
2  4  3  2
3  3  2  2
4  3  2  4
#a 列元素有重复，重复的第一行保留，其余行去除
>>> dfqc1.drop_duplicates(subset=['a'],keep='first',inplace=False)
   a  b  c
0  1  2  3
2  4  3  2
3  3  2  2
#a 列元素有重复，重复的最后一行保留，其余行去除
>>> dfqc1.drop_duplicates(subset=['a'],keep='last')
   a  b  c
1  1  2  3
2  4  3  2
4  3  2  4
#a 列元素有重复的行全部去除，inplace 省略
>>> dfqc1.drop_duplicates(subset=['a'],keep=False)
   a  b  c
2  4  3  2
#a、b、c 列元素都有重复，重复的第一行保留，其余行去除
```

```
>>> dfqc1.drop_duplicates(subset=['a','b','c'])
   a  b  c
0  1  2  3
2  4  3  2
3  3  2  2
4  3  2  4
```
#subset=None 表示去除所有列元素相同的行
```
>>> dfqc1.drop_duplicates(subset=None,keep='first',inplace=False)
   a  b  c
0  1  2  3
2  4  3  2
3  3  2  2
4  3  2  4
```
dfqc1 的值经过以上操作未发生变化，因为 inplace 默认为 False，即生成一个副本
#并未在原 DataFrame 上进行删除
```
>>> dfqc1
   a  b  c
0  1  2  3
1  1  2  3
2  4  3  2
3  3  2  2
4  3  2  4
```
#inplace=True 表示在原 DataFrame 上删除重复行，默认为 False，表示生成副本
```
>>> dfqc1.drop_duplicates(inplace=True)
>>> dfqc1
   a  b  c
0  1  2  3
2  4  3  2
3  3  2  2
4  3  2  4
>>> dfqc    #dfqc 的值发生变化，原因是 dfqc1 = dfqc 是浅复制，如果需要深复制，可用 copy()
   a  b  c
0  1  2  3
2  4  3  2
3  3  2  2
4  3  2  4
```

3. 删除数据间的空格

数据间的空格会影响后续数据的统计和计算。Python 中去除空格的方法有 3 种，第一种是去除数据两边的空格，第二种是单独去除左边的空格，第三种是单独去除右边的空格。

```
>>> df = pd.DataFrame({"id":[1001,1002,1003,1004,1005,1006],"date":pd.date_range('20180101',
periods=6), "city":['BeiJing', ' ShangHai ','GuangZhou ','ShenZhen ',' NanJing',' ChangZhou   '],
"age":[-18,20  ,28,36,36,152], "category":['2018-A','2018-B' ,'2018-C','2018-D' ,'2018-E','2018-F'],
"price":[1200 ,2500,5500,5500,4300,6200]},columns =['id','date','city','age','category','price'])
```

```
>>> df
      id       date        city   age  category  price
0  1001 2018-01-01     BeiJing   -18   2018-A    1200
1  1002 2018-01-02    ShangHai    20   2018-B    2500
2  1003 2018-01-03   GuangZhou    28   2018-C    5500
3  1004 2018-01-04    ShenZhen    36   2018-D    5500
4  1005 2018-01-05     NanJing    36   2018-E    4300
5  1006 2018-01-06   ChangZhou   152   2018-F    6200
>>> df1 = df.copy()
>>> df1
      id       date        city   age  category  price
0  1001 2018-01-01     BeiJing   -18   2018-A    1200
1  1002 2018-01-02    ShangHai    20   2018-B    2500
2  1003 2018-01-03   GuangZhou    28   2018-C    5500
3  1004 2018-01-04    ShenZhen    36   2018-D    5500
4  1005 2018-01-05     NanJing    36   2018-E    4300
5  1006 2018-01-06   ChangZhou   152   2018-F    6200
>>> df1['city'] = df1['city'].map(str.lstrip)    # 单独去除左边的空格
>>> df1
      id       date        city   age  category  price
0  1001 2018-01-01     BeiJing   -18   2018-A    1200
1  1002 2018-01-02    ShangHai    20   2018-B    2500
2  1003 2018-01-03   GuangZhou    28   2018-C    5500
3  1004 2018-01-04    ShenZhen    36   2018-D    5500
4  1005 2018-01-05     NanJing    36   2018-E    4300
5  1006 2018-01-06   ChangZhou   152   2018-F    6200
>>> df1['city'] = df1['city'].map(str.rstrip)    #单独去除右边的空格
>>> df1
      id       date        city   age  category  price
0  1001 2018-01-01     BeiJing   -18   2018-A    1200
1  1002 2018-01-02    ShangHai    20   2018-B    2500
2  1003 2018-01-03   GuangZhou    28   2018-C    5500
3  1004 2018-01-04    ShenZhen    36   2018-D    5500
4  1005 2018-01-05     NanJing    36   2018-E    4300
5  1006 2018-01-06   ChangZhou    15   2018-F    6200
>>> df1 = df
>>> df1
      id       date        city   age  category  price
0  1001 2018-01-01     BeiJing   -18   2018-A    1200
1  1002 2018-01-02    ShangHai    20   2018-B    2500
2  1003 2018-01-03   GuangZhou    28   2018-C    5500
3  1004 2018-01-04    ShenZhen    36   2018-D    5500
4  1005 2018-01-05     NanJing    36   2018-E    4300
```

5	1006	2018-01-06	ChangZhou	152	2018-F	6200

上述去除左右两边的空格代码等价于 df1['city']=df1['city'].map(str.strip)。

df1['city'] = df1['city'].str.strip()的功能与 df1['city'] = df1['city'].map(str.strip)相同。

4. 字母大小写转换

字母大小写转换的方法有3种，分别为全部转换为大写、全部转换为小写、转换首字母为大写。

```
>>> df1['city'] = df1['city'].str.lower()    #转换成小写字母
>>> df1
     id   date        city       age    category    price
0  1001  2018-01-01   beijing    -18    2018-A      1200
1  1002  2018-01-02   shanghai   20     2018-B      2500
2  1003  2018-01-03   guangzhou  28     2018-C      5500
3  1004  2018-01-04   shenzhen   36     2018-D      5500
4  1005  2018-01-05   nanjing    36     2018-E      4300
5  1006  2018-01-06   changzhou  152    2018-F      6200
>>> df1['city'] = df1['city'].str.upper()    #转换成大写字母
>>> df1
     id   date        city       age    category    price
0  1001  2018-01-01   BEIJING    -18    2018-A      1200
1  1002  2018-01-02   SHANGHAI   20     2018-B      2500
2  1003  2018-01-03   GUANGZHOU  28     2018-C      5500
3  1004  2018-01-04   SHENZHEN   36     2018-D      5500
4  1005  2018-01-05   NANJING    36     2018-E      4300
5  1006  2018-01-06   CHANGZHOU  152    2018-F      6200
>>> df1['city'] = df1['city'].map(str.lower)    #转换成小写字母
>>> df1
     id   date        city       age    category    price
0  1001  2018-01-01   beijing    -18    2018-A      1200
1  1002  2018-01-02   shanghai   20     2018-B      2500
2  1003  2018-01-03   guangzhou  28     2018-C      5500
3  1004  2018-01-04   shenzhen   36     2018-D      5500
4  1005  2018-01-05   nanjing    36     2018-E      4300
5  1006  2018-01-06   changzhou  152    2018-F      6200
>>> df1['city'] = df1['city'].map(str.upper)    #转换成大写字母
>>> df1
     id   date        city       age    category    price
0  1001  2018-01-01   BEIJING    -18    2018-A      1200
1  1002  2018-01-02   SHANGHAI   20     2018-B      2500
2  1003  2018-01-03   GUANGZHOU  28     2018-C      5500
3  1004  2018-01-04   SHENZHEN   36     2018-D      5500
4  1005  2018-01-05   NANJING    36     2018-E      4300
5  1006  2018-01-06   CHANGZHOU  152    2018-F      6200
>>> df1['city'] = df1['city'].map(str.title)    #转换首字母为大写
>>> df1
```

```
       id       date       city     age  category   price
0    1001  2018-01-01    Beijing    -18   2018-A    1200
1    1002  2018-01-02    Shanghai    20   2018-B    2500
2    1003  2018-01-03    Guangzhou   28   2018-C    5500
3    1004  2018-01-04    Shenzhen    36   2018-D    5500
4    1005  2018-01-05    Nanjing     36   2018-E    4300
5    1006  2018-01-06    Changzhou  152   2018-F    6200
```

5. 关键字段内容统一性检查

数据表中关键字段的内容需要进行检查，以确保关键字段中的内容统一。检查内容主要包括数据是否全部为字符或数字，或是否是字符及数字的组合，如果不符合标准则可能存在问题。

```
>>> df = pd.DataFrame({'a':[18,88,92,22,200],'b':[22,'a',100,90,42],'c':['a','c','d','e','f'],'d':['d','e','a',66,'k'],'e':['q','z','#','e','r']},columns=list('abcde'))
>>> df
     a    b   c   d   e
0   18   22   a   d   q
1   88    a   c   e   z
2   92  100   d   a   #
3   22   90   e  66   e
4  200   42   f   k   r
>>> df.info()          #查看 df 的基本信息
<class 'pandas.core.frame.DataFrame'>
RangeIndex: 5 entries, 0 to 4
Data columns (total 5 columns):
a    5 non-null int64
b    5 non-null object
c    5 non-null object
d    5 non-null object
e    5 non-null object
dtypes: int64(1), object(4)
memory usage: 280.0+ bytes
>>> df['a'].astype(np.string_)          #将 a 列内容转换成字符串
0    b'18'
1    b'88'
2    b'92'
3    b'22'
4    b'200'
Name: a, dtype: bytes168
>>> df['a'] = df['a'].astype(np.string_)     #修改 a 列内容，转换成字符串类型
>>> df.info()
<class 'pandas.core.frame.DataFrame'>
RangeIndex: 5 entries, 0 to 4
Data columns (total 5 columns):
a    5 non-null |S21
```

```
b    5 non-null object
c    5 non-null object
d    5 non-null object
e    5 non-null object
dtypes: bytes168(1), object(4)
memory usage: 345.0+ bytes
>>> df['a'].apply(lambda x: x.isdigit())    #判断 a 列字符串的内容是否全部为数字
0    True
1    True
2    True
3    True
4    True
Name: a, dtype: bool
>>> df
        a    b    c    d    e
0    b'18'   22    a    d    q
1    b'88'        a    c    e    z
2    b'92'  100    d    a    #
3    b'22'   90    e   66    e
4    b'200'  42    f    k    r
>>> df['b'] = df['b'].astype(np.string_)    #修改 b 列内容，转换成字符串类型
>>> df['b'].apply(lambda x: x.isdigit())    #判断 b 列的内容是否全部为数字
0    True
1    False
2    True
3    True
4    True
Name: b, dtype: bool
>>> df['c'].apply(lambda x: x.isalnum())    #判断 c 列的内容是否全部为字母和数字
0    True
1    True
2    True
3    True
4    True
Name: c, dtype: bool
>>> df['e'].apply(lambda x: x.isalnum())    #判断 e 列的内容是否全部为字母和数字
0    True
1    True
2    False
3    True
4    True
Name: e, dtype: bool
>>> df['c'].apply(lambda x: x.isalpha())    #判断 c 列的内容是否全部为字母
```

```
0    True
1    True
2    True
3    True
4    True
Name: c, dtype: bool
```

6. 异常值和极端值查看

对于数值型数据，需要检查是否有异常值和极端值，这些值一般不符合业务逻辑。查看方法是使用describe()函数生成数据的描述统计结果，该函数只会针对数值型变量做计算，主要关注最大值和最小值的情况。

```
>>> df1 = pd.DataFrame(np.arange(12).reshape(3,4))
>>> df1
   0  1  2   3
0  0  1  2   3
1  4  5  6   7
2  8  9  10  11
>>> df1.describe().T    #查看数值型列的汇总统计，并转置
   count  mean  std  min  25%  50%  75%  max
0  3.0    4.0   4.0  0.0  2.0  4.0  6.0  8.0
1  3.0    5.0   4.0  1.0  3.0  5.0  7.0  9.0
2  3.0    6.0   4.0  2.0  4.0  6.0  8.0  10.0
3  3.0    7.0   4.0  3.0  5.0  7.0  9.0  11.0
>>> df1.describe().astype(np.int64)   #查看数值型列的汇总统计，并转换成整型
       0  1  2   3
count  3  3  3   3
mean   4  5  6   7
std    4  4  4   4
min    0  1  2   3
25%    2  3  4   5
50%    4  5  6   7
75%    6  7  8   9
max    8  9  10  11
```

7. 数据替换

数据替换可使用 replace() 函数，replace() 的基本结构是 df.replace(原值 1, 新值 1, inplace=True)，原值和新值可以用列表或字典给出，如 df.replace([原值 1, 新值 1],[原值 2, 新值 2],...)或 df.replace({原值 1:新值 1, 原值 2:新值 2,...})，也可以将多个原值替换成一个值，如 df.replace([原值 1, 原值 2, 原值 3,...], 新值)。

replace()函数可以搜索整个 DataFrame，并将其中的所有原值替换成新值，如 df.replace()，也可以对某一列或几列数据的值进行替换，如 df[列名].replace()。replace()函数还可以对部分列的字符串进行部分或全部替换，如 df[列名]=df[列名].str.replace(原字符串的全部或部分, 新字符串)。另外，还可以用正则表达式，如 df.replace('[A-Z]','中国',regex=True)，将 df 的"A~Z"字母替换为"中国"，regex=True 必不可少。

```
>>> df1    #如果最大值 11 和最小值 0 是异常值，则可以使用 replace()函数替换异常数据
```

```
     0   1   2   3
0    0   1   2   3
1    4   5   6   7
2    8   9  10  11
```
#用平均值替换，抛出异常，平均值形状不一致
```
>>> df1.replace([0,11],df1.mean())
Traceback (most recent call last):
  File "<pyshell#183>", line 1, in <module>
    df1.replace([0,11],df1.mean())
  File "C:\Users\Administrator\AppData\Local\Programs\Python\Python36\lib\site-packages\pandas\core\generic.py", line 4575, in replace
    (len(to_replace), len(value)))
ValueError: Replacement lists must match in length. Expecting 2 got 4
>>> df1.mean()
0    4
1    5
2    6
3    7
dtype: float64
>>> df1.mean().mean()   #对df1各列的平均值再求平均值
5.5
```
replace()中的前一参数列表内有多个值，后一参数有一个值
```
>>> df1.replace([0,11],df1.mean().mean())
     0    1   2    3
0  5.5    1   2  3.0
1  4.0    5   6  7.0
2  8.0    9  10  5.5
>>> df1       # df1 的值未改变
     0   1   2   3
0    0   1   2   3
1    4   5   6   7
2    8   9  10  11
```
inplace=True 表示原地操作，df1 的值被改变
```
>>> df1.replace([0,11],df1.mean().mean(),inplace=True)
>>> df1
     0    1   2    3
0  5.5    1   2  3.0
1  4.0    5   6  7.0
2  8.0    9  10  5.5
>>> df = pd.DataFrame({'省份':['城市-A','城市-A','城市-B','城市-B','城市-C','城市-C'],'编码':['ab33.33gp','ab33.335s','ab33.88ps','ab33.899g','ab33.92ag','ab33.92ap'],'城市':['城市-B','城市-C','城市-A','城市-C','城市-A','城市-B'],'suzhilie1':[np.nan,211.86,211.87,211.87,211.85,211.85],'suzhilie2':[33.88,33.92,np.nan,33.92,33.33,33.88],'suzhilie3':[211.87,211.85,211.86,211.85,np.nan,211.87]},column
```

```
s=['省份','编码','城市','suzhilie1','suzhilie2','suzhilie3'])
>>> df
     省份    编码      城市     suzhilie1  suzhilie2  suzhilie3
0  城市-A  ab33.33gp   城市-B      NaN       33.88     211.87
1  城市-A  ab33.335s   城市-C     211.86     33.92     211.85
2  城市-B  ab33.88ps   城市-A     211.87      NaN      211.86
3  城市-B  ab33.899g   城市-C     211.87     33.92     211.85
4  城市-C  ab33.92ag   城市-A     211.85     33.33      NaN
5  城市-C  ab33.92ap   城市-B     211.85     33.88     211.87
>>> df1 = df.copy()    #深复制备份
>>> df1
     省份    编码      城市     suzhilie1  suzhilie2  suzhilie3
0  城市-A  ab33.33gp   城市-B      NaN       33.88     211.87
1  城市-A  ab33.335s   城市-C     211.86     33.92     211.85
2  城市-B  ab33.88ps   城市-A     211.87      NaN      211.86
3  城市-B  ab33.899g   城市-C     211.87     33.92     211.85
4  城市-C  ab33.92ag   城市-A     211.85     33.33      NaN
5  城市-C  ab33.92ap   城市-B     211.85     33.88     211.87
>>> df1.info()
<class 'pandas.core.frame.DataFrame'>
Int64Index: 6 entries, 0 to 5
Data columns (total 6 columns):
省份         6 non-null object
编码         6 non-null object
城市         6 non-null object
suzhilie1  5 non-null float64
suzhilie2  5 non-null float64
suzhilie3  5 non-null float64
dtypes: float64(3), object(3)
memory usage: 336.0+ bytes
#对 df1 指定一列进行原地操作，数值 211.85 被字符 A 代替
>>> df1['suzhilie3'].replace(211.85,'A',inplace=True)
>>> df1
     省份    编码      城市     suzhilie1  suzhilie2  suzhilie3
0  城市-A  ab33.33gp   城市-B      NaN       33.88     211.87
1  城市-A  ab33.335s   城市-C     211.86     33.92       A
2  城市-B  ab33.88ps   城市-A     211.87      NaN      211.86
3  城市-B  ab33.899g   城市-C     211.87     33.92       A
4  城市-C  ab33.92ag   城市-A     211.85     33.33      NaN
5  城市-C  ab33.92ap   城市-B     211.85     33.88     211.87
>>> df1.info()   # suzhilie3 列的数值 211.85 被字符 A 代替后，数据类型由 float64 变为 object
<class 'pandas.core.frame.DataFrame'>
Int64Index: 6 entries, 0 to 5
```

```
Data columns (total 6 columns):
省份           6 non-null object
编码           6 non-null object
城市           6 non-null object
suzhilie1    5 non-null float64
suzhilie2    5 non-null float64
suzhilie3    5 non-null object
dtypes: float64(2), object(4)
memory usage: 336.0+ bytes
```
#对 df1 的整体操作，前列表值对应替换为后列表值
```
>>> df1.replace(['A',33.88],['B',100])
      省份      编码        城市    suzhilie1  suzhilie2  suzhilie3
0   城市-A   ab33.33gp   城市-B       NaN       100.00     211.87
1   城市-A   ab33.335s   城市-C      211.86      33.92        B
2   城市-B   ab33.88ps   城市-A      211.87       NaN      211.86
3   城市-B   ab33.899g   城市-C      211.87      33.92        B
4   城市-C   ab33.92ag   城市-A      211.85      33.33       NaN
5   城市-C   ab33.92ap   城市-B      211.85      100.00     211.87
>>> df1        #上一步操作没有给 df1 重新赋值，或使用 inplace=True，因此 df1 未变
      省份      编码        城市    suzhilie1  suzhilie2  suzhilie3
0   城市-A   ab33.33gp   城市-B       NaN        33.88     211.87
1   城市-A   ab33.335s   城市-C      211.86      33.92        A
2   城市-B   ab33.88ps   城市-A      211.87       NaN      211.86
3   城市-B   ab33.899g   城市-C      211.87      33.92        A
4   城市-C   ab33.92ag   城市-A      211.85      33.33       NaN
5   城市-C   ab33.92ap   城市-B      211.85      33.88     211.87
```
#对 df1 的整体操作，功能同上，这里使用字典，键替换为值
```
>>> df1.replace({'A':'B',33.88:100})
      省份      编码        城市    suzhilie1  suzhilie2  suzhilie3
0   城市-A   ab33.33gp   城市-B       NaN       100.00     211.87
1   城市-A   ab33.335s   城市-C      211.86      33.92        B
2   城市-B   ab33.88ps   城市-A      211.87       NaN      211.86
3   城市-B   ab33.899g   城市-C      211.87      33.92        B
4   城市-C   ab33.92ag   城市-A      211.85      33.33       NaN
5   城市-C   ab33.92ap   城市-B      211.85      100.00     211.87
>>> df1
      省份      编码        城市    suzhilie1  suzhilie2  suzhilie3
0   城市-A   ab33.33gp   城市-B       NaN        33.88     211.87
1   城市-A   ab33.335s   城市-C      211.86      33.92        A
2   城市-B   ab33.88ps   城市-A      211.87       NaN      211.86
3   城市-B   ab33.899g   城市-C      211.87      33.92        A
4   城市-C   ab33.92ag   城市-A      211.85      33.33       NaN
5   城市-C   ab33.92ap   城市-B      211.85      33.88     211.87
```

```
#对df1的整体操作，前列表有多个值，替换为后面的一个值，类型不同
>>> df1.replace(['A',33.88],'B')
    省份      编码       城市    suzhilie1  suzhilie2  suzhilie3
0  城市-A   ab33.33gp   城市-B       NaN         B       211.87
1  城市-A   ab33.335s   城市-C     211.86      33.92          B
2  城市-B   ab33.88ps   城市-A     211.87        NaN     211.86
3  城市-B   ab33.899g   城市-C     211.87      33.92          B
4  城市-C   ab33.92ag   城市-A     211.85      33.33        NaN
5  城市-C   ab33.92ap   城市-B     211.85         B     211.87
#df1的一列有多个值，替换为对应的多个值
>>> df1['城市'].replace(['城市-B','城市-A'],['A','E'],inplace=True)
>>> df1
    省份      编码      城市    suzhilie1  suzhilie2  suzhilie3
0  城市-A   ab33.33gp     A         NaN       33.88     211.87
1  城市-A   ab33.335s   城市-C     211.86      33.92          A
2  城市-B   ab33.88ps     E       211.87        NaN     211.86
3  城市-B   ab33.899g   城市-C     211.87      33.92          A
4  城市-C   ab33.92ag     E       211.85      33.33        NaN
5  城市-C   ab33.92ap     A       211.85      33.88     211.87
#对df1的整体操作，regex=True表示用正则表达式，所有的字母A~Z替换为城市
>>> df1.replace('[A-Z]','城市',regex=True)
      省份        编码         城市    suzhilie1  suzhilie2  suzhilie3
0  城市-城市   ab33.33gp      城市         NaN       33.88     211.87
1  城市-城市   ab33.335s   城市-城市      211.86      33.92       城市
2  城市-城市   ab33.88ps      城市       211.87        NaN     211.86
3  城市-城市   ab33.899g   城市-城市      211.87      33.92       城市
4  城市-城市   ab33.92ag      城市       211.85      33.33        NaN
5  城市-城市   ab33.92ap      城市       211.85      33.88     211.87
>>> df1    #上一步操作没有给df1重新赋值，或使用inplace=True，因此df1未变
    省份      编码      城市    suzhilie1  suzhilie2  suzhilie3
0  城市-A   ab33.33gp     A         NaN       33.88     211.87
1  城市-A   ab33.335s   城市-C     211.86      33.92          A
2  城市-B   ab33.88ps     E       211.87        NaN     211.86
3  城市-B   ab33.899g   城市-C     211.87      33.92          A
4  城市-C   ab33.92ag     E       211.85      33.33        NaN
5  城市-C   ab33.92ap     A       211.85      33.88     211.87
>>> df1.info()    #查看df1各列的类型
<class 'pandas.core.frame.DataFrame'>
RangeIndex: 6 entries, 0 to 5
Data columns (total 6 columns):
省份           6 non-null object
编码           6 non-null object
城市           6 non-null object
```

```
suzhilie1    5 non-null float64
suzhilie2    5 non-null float64
suzhilie3    5 non-null object
dtypes: float64(2), object(4)
memory usage: 368.0+ bytes
```
#对df1的整体操作，只有suzhilie2列的数值型数据33.88替换为字符型数据B
```
>>> df1.replace(33.88,'B')
     省份     编码       城市   suzhilie1  suzhilie2  suzhilie3
0   城市-A   ab33.33gp     A       NaN        B       211.87
1   城市-A   ab33.335s   城市-C     211.86     33.92      A
2   城市-B   ab33.88ps     E       211.87    NaN       211.86
3   城市-B   ab33.899g   城市-C     211.87     33.92      A
4   城市-C   ab33.92ag     E       211.85     33.33     NaN
5   城市-C   ab33.92ap     A       211.85      B       211.87
>>> df1
     省份     编码       城市   suzhilie1  suzhilie2  suzhilie3
0   城市-A   ab33.33gp     A       NaN       33.88    211.87
1   城市-A   ab33.335s   城市-C     211.86     33.92      A
2   城市-B   ab33.88ps     E       211.87    NaN       211.86
3   城市-B   ab33.899g   城市-C     211.87     33.92      A
4   城市-C   ab33.92ag     E       211.85     33.33     NaN
5   城市-C   ab33.92ap     A       211.85     33.88    211.87
```
#不能将编码列33.88替换为B
```
>>> df1['编码'] = df1['编码'].replace('33.88','B')
>>> df1
     省份     编码       城市   suzhilie1  suzhilie2  suzhilie3
0   城市-A   ab33.33gp     A       NaN       33.88    211.87
1   城市-A   ab33.335s   城市-C     211.86     33.92      A
2   城市-B   ab33.88ps     E       211.87    NaN       211.86
3   城市-B   ab33.899g   城市-C     211.87     33.92      A
4   城市-C   ab33.92ag     E       211.85     33.33     NaN
5   城市-C   ab33.92ap     A       211.85     33.88    211.87
```
#用.str转换为字符型，实现将编码列33.88替换为B
```
>>> df1['编码']=df1['编码'].str.replace('33.88','B')
>>> df1
     省份     编码       城市   suzhilie1  suzhilie2  suzhilie3
0   城市-A   ab33.33gp     A       NaN       33.88    211.87
1   城市-A   ab33.335s   城市-C     211.86     33.92      A
2   城市-B    abBps       E       211.87    NaN       211.86
3   城市-B   ab33.899g   城市-C     211.87     33.92      A
4   城市-C   ab33.92ag     E       211.85     33.33     NaN
5   城市-C   ab33.92ap     A       211.85     33.88    211.87
>>> df1 = df1.str.replace('33.92','Y')    # DataFrame 不可用.str
```

```
Traceback (most recent call last):
...
AttributeError: 'DataFrame' object has no attribute 'str'
>>> df1[['编码','suzhilie2']]=df1[['编码','suzhilie2']].str.replace('33.92','Y')
#原因同上
Traceback (most recent call last):
...
AttributeError: 'DataFrame' object has no attribute 'str'
```

8. 更改数据格式

更改数据格式使用的函数是 astype()，例如，贷款金额通常为整数，因此数据格式设置为 int64。如果是利息字段，由于会有小数，因此通常设置数据格式为 float64。

```
>>> df1
    省份      编码      城市    suzhilie1  suzhilie2  suzhilie3
0  城市-A   abY.Ygp      A        NaN       33.88     211.87
1  城市-A   abY.Y5s    城市-C     211.86     33.92       A
2  城市-B   abBps        E       211.87     NaN       211.86
3  城市-B   abY.899g   城市-C     211.87     33.92       A
4  城市-C   abY.92ag     E       211.85     33.33      NaN
5  城市-C   abY.92ap     A       211.85     33.88     211.87
>>> df1.info()
<class 'pandas.core.frame.DataFrame'>
Int64Index: 6 entries, 0 to 5
Data columns (total 6 columns):
省份         6 non-null object
编码         6 non-null object
城市         6 non-null object
suzhilie1   5 non-null float64
suzhilie2   5 non-null float64
suzhilie3   5 non-null object
dtypes: float64(2), object(4)
memory usage: 336.0+ bytes
# suzhilie2 列有空值（NaN），不能更改数据格式
>>> df1['suzhilie2'] = df1['suzhilie2'].astype(np.int64)
Traceback (most recent call last):
...
ValueError: Cannot convert non-finite values (NA or inf) to integer
#用该列的均值填充
>>> df1['suzhilie2'] = df1['suzhilie2'].fillna(df1['suzhilie2'].mean())
>>> df1
    省份      编码      城市    suzhilie1  suzhilie2  suzhilie3
0  城市-A   abY.Ygp      A        NaN      33.880    211.87
1  城市-A   abY.Y5s    城市-C     211.86    33.920      A
2  城市-B   abBps        E       211.87    33.786    211.86
```

```
    3   城市-B    abY.899g   城市-C    211.87    33.920      A
    4   城市-C    abY.92ag      E     211.85    33.330     NaN
    5   城市-C    abY.92ap      A     211.85    33.880    211.87
```
将 suzhilie2 列的数据格式改为 np.int64
```
>>> df1['suzhilie2'] = df1['suzhilie2'].astype(np.int64)
>>> df1
      省份       编码       城市    suzhilie1   suzhilie2   suzhilie3
  0  城市-A    abY.Ygp       A       NaN          33         211.87
  1  城市-A    abY.Y5s    城市-C    211.86         33          A
  2  城市-B     abBps        E     211.87         33         211.86
  3  城市-B    abY.899g   城市-C    211.87         33          A
  4  城市-C    abY.92ag      E     211.85         33         NaN
  5  城市-C    abY.92ap      A     211.85         33         211.87
>>> df1.info()
<class 'pandas.core.frame.DataFrame'>
Int64Index: 6 entries, 0 to 5
Data columns (total 6 columns):
省份         6 non-null object
编码         6 non-null object
城市         6 non-null object
suzhilie1   5 non-null float64
suzhilie2   6 non-null int64
suzhilie3   5 non-null object
dtypes: float64(1), int64(1), object(4)
memory usage: 336.0+ bytes
```
将 suzhilie2 列的数据格式改为 np.float64
```
>>> df1['suzhilie2'] = df1['suzhilie2'].astype(np.float64)
>>> df1
      省份       编码       城市    suzhilie1   suzhilie2   suzhilie3
  0  城市-A    ab33.33gp     A       NaN         33.0        211.87
  1  城市-A    ab33.335s   城市-C   211.86        33.0          A
  2  城市-B     abBps        E    211.87        33.0        211.86
  3  城市-B    ab33.899g   城市-C   211.87        33.0          A
  4  城市-C    ab33.92ag     E    211.85        33.0         NaN
  5  城市-C    ab33.92ap     A    211.85        33.0        211.87
>>> df1.info()
<class 'pandas.core.frame.DataFrame'>
RangeIndex: 6 entries, 0 to 5
Data columns (total 6 columns):
省份         6 non-null object
编码         6 non-null object
城市         6 non-null object
suzhilie1   5 non-null float64
```

```
suzhilie2    6 non-null float64
suzhilie3    5 non-null object
dtypes: float64(2), object(4)
memory usage: 368.0+ bytes
```

pandas 中使用 to_datetime()函数进行日期格式化处理，to_datetime()方法可以解析多种不同的日期表示形式。

```
>>> date = ['2017-6-26', '2017-6-27']
>>> pd.to_datetime(date)
DatetimeIndex(['2017-06-26', '2017-06-27'], dtype='datetime64[ns]', freq=None)
>>> dates = ['2017-06-20', '2017-06-21', '2017-06-22', '2017-06-23', '2017-06-24', '2017-06-25', '2017-06-26', '2017-06-27']
>>> s_date = pd.Series(dates)
>>> s_date          #数据类型为 object
0    2017-06-20
1    2017-06-21
2    2017-06-22
3    2017-06-23
4    2017-06-24
5    2017-06-25
6    2017-06-26
7    2017-06-27
dtype: object
>>> f_date = pd.to_datetime(s,format="%Y-%m-%d")
>>> f_date          #格式化后，类型变为 datetime64[ns]
0    2017-06-20
1    2017-06-21
2    2017-06-22
3    2017-06-23
4    2017-06-24
5    2017-06-25
6    2017-06-26
7    2017-06-27
dtype: datetime64[ns]
```

9. 重命名列名

可对列名称赋值，实现原地修改，也可用 rename()实现浅复制，或通过 inplace=True 实现深复制。

```
>>> df1
    省份      编码       城市   suzhilie1  suzhilie2  suzhilie3
0   城市-A   abY.Ygp    A       NaN        33       211.87
1   城市-A   abY.Y5s   城市-C   211.86      33         A
2   城市-B   abBps      E      211.87      33       211.86
3   城市-B   abY.899g  城市-C   211.87      33         A
4   城市-C   abY.92ag   E      211.85      33        NaN
5   城市-C   abY.92ap   A      211.85      33       211.87
```

```
>>> df1.columns      #当前的列名称
Index(['省份', '编码', '城市', 'suzhilie1', 'suzhilie2', 'suzhilie3'], dtype='object')
#重命名列名称 columns 为 0、1、2、3、4、5，原地修改
>>> df1.columns=[0,1,2,3,4,5]
>>> df1
        0       1        2       3      4       5
0    城市-A   abY.Ygp    A     NaN     33   211.87
1    城市-A   abY.Y5s  城市-C   211.86   33      A
2    城市-B   abBps     E     211.87   33   211.86
3    城市-B   abY.899g 城市-C   211.87   33      A
4    城市-C   abY.92ag  E     211.85   33    NaN
5    城市-C   abY.92ap  A     211.85   33   211.87
#重命名 columns，原地修改
>>> df1.columns=['省份','编码','城市','suzhilie1','suzhilie2','suzhilie3']
>>> df1
       省份      编码      城市    suzhilie1   suzhilie2   suzhilie3
0    城市-A   abY.Ygp    A       NaN          33        211.87
1    城市-A   abY.Y5s  城市-C    211.86        33           A
2    城市-B   abBps     E       211.87        33        211.86
3    城市-B   abY.899g 城市-C    211.87        33           A
4    城市-C   abY.92ag  E       211.85        33         NaN
5    城市-C   abY.92ap  A       211.85        33        211.87
#非原地修改
>>> df1.rename(columns={'省份':0,'编码':1,'城市':2,'suzhilie1':3,'suzhilie2':4,'suzhilie3':5})
        0       1        2       3      4       5
0    城市-A   abY.Ygp    A     NaN     33   211.87
1    城市-A   abY.Y5s  城市-C   211.86   33      A
2    城市-B   abBps     E     211.87   33   211.86
3    城市-B   abY.899g 城市-C   211.87   33      A
4    城市-C   abY.92ag  E     211.85   33    NaN
5    城市-C   abY.92ap  A     211.85   33   211.87
>>> df1      #非原地修改，df1 的 columns 未变
       省份      编码      城市    suzhilie1   suzhilie2   suzhilie3
0    城市-A   abY.Ygp    A       NaN          33        211.87
1    城市-A   abY.Y5s  城市-C    211.86        33           A
2    城市-B   abBps     E       211.87        33        211.86
3    城市-B   abY.899g 城市-C    211.87        33           A
4    城市-C   abY.92ag  E       211.85        33         NaN
5    城市-C   abY.92ap  A       211.85        33        211.87
# rename()原地修改，可用 inplace=True
>>> df1.rename(columns={'省份':0,'编码':1, '城市':2,'suzhilie1':3,'suzhilie2':4,'suzhilie3':5},inplace=True)
>>> df1
```

```
       0        1        2       3       4      5
0    城市-A    abY.Ygp      A     NaN     33   211.87
1    城市-A    abY.Y5s    城市-C  211.86    33      A
2    城市-B     abBps      E    211.87    33   211.86
3    城市-B    abY.899g   城市-C  211.87    33      A
4    城市-C    abY.92ag    E    211.85    33    NaN
5    城市-C    abY.92ap    A    211.85    33   211.87
```
```
>>> type(df1.columns)
<class 'pandas.core.indexes.numeric.Int64Index'>
>>> type(df1.index)
<class 'pandas.core.indexes.range.RangeIndex'>
>>> df1.columns
Int64Index([0, 1, 2, 3, 4, 5], dtype='int64')
```

9.2.3 pandas 模块数据预处理

1. 数据表合并

在 Python 中，panda.merge()方法可根据一个或多个键将不同 DataFrame 类型的数据按行连接起来；pandas.concat()方法可以沿着一条轴将多个对象堆叠到一起。

（1）使用 merge()方法进行合并

使用 merge()方法进行合并时，可以根据一个或多个键将不同 DataFrame 类型的数据按行连接起来。

merge()方法的格式：

merge(left, right, how='inner', on=None, left_on=None, right_on=None,left_index=False, right_index=False, sort=True, suffixes=('_x', '_y'), copy=True, indicator=False)

left 与 right：两个不同的 DataFrame 类型数据。

how：指合并（连接）的方式，有 inner（内连接）、left（左外连接）、right（右外连接）、outer（全外连接），默认为 inner。

on：指用于连接的列索引名称，必须存在于左、右两个 DataFrame 对象中。如果没有指定 DataFrame 对象且其他参数也未指定，则以两个 DataFrame 的重叠列名作为连接键。

left_on：左侧 DataFrame 对象中用作连接键的列名。当两个 DataFrame 对象中没有相同的列名，但有含义相同的列时，就可以使用这个参数。

right_on：与 left_on 配合使用，右侧 DataFrame 对象中用作连接键的列名。

left_index：使用左侧 DataFrame 对象中的行索引作为连接键。

right_index：使用右侧 DataFrame 对象中的行索引作为连接键。

sort：默认为 True，将合并的数据进行排序。在大多数情况下，设置为 False 可以提高性能。

suffixes：字符串值组成的元组，当左、右 DataFrame 对象中存在相同的列名时，用于指定列名后面附加的后缀名称，默认为('_x','_y')。

copy：默认为 True，总是将数据复制到数据结构中。在大多数情况下，设置为 False 可以提高性能。

```
>>> df1 = pd.DataFrame({'id':['1001','1002','1003'],'name':['mily','jake','merry']})
>>> df1
      id   name
0   1001   mily
```

```
1   1002    jake
2   1003    merry
>>> df2 = pd.DataFrame({'id':['1001','1002','1004'],'score':[82,95,77]})
>>> df2
    id      score
0   1001    82
1   1002    95
2   1004    77
>>> df3 = pd.merge(df1,df2)    #默认以重叠的列名当作连接键
>>> df3
    id     name    score
0   1001   mily    82
1   1002   jake    95
#当两个 DataFrame 对象中的列名不相同时，需要用 left_on 和 right_on 进行设置
>>> df22 = pd.DataFrame({'sid':['1001','1002','1004'],'score':[82,95,77]})
#df1 中的 id 和 df22 中的 sid 作为连接键
>>> df33 = pd.merge(df1,df22, left_on='id',right_on='sid')
>>> df33
    id     name    score    sid
0   1001   mily    82       1001
1   1002   jake    95       1002
#左连接，保留左边 df1 中的所有行，如果有的列中没有数据，则以 NaN 填充
>>> pd.merge(df1,df2, how='left')
    id     name    score
0   1001   mily    82
1   1002   jake    95
2   1003   merry   NaN
#右连接，保留右边 df2 中的所有行，如果有的列中没有数据，则以 NaN 填充
>>> pd.merge(df1,df2, how='right')
    id     name    score
0   1001   mily    82
1   1002   jake    95
2   1004   NaN     77
>>> pd.merge(df1,df2, how='outer')    #外连接，相当于 df1、df2 并集
    id     name    score
0   1001   mily    82
1   1002   jake    95
2   1003   merry   NaN
3   1004   NaN     77
>>> pd.merge(df1,df2, how='inner')    #内连接，相当于 df1、df2 交集
    id     name    score
0   1001   mily    82
1   1002   jake    95
```

（2）使用 concat() 方法进行拼接

如果仅进行简单的"拼接"而不是合并，可使用 concat() 方法。concat() 方法可以指定按某个轴进行连接，也可以指定连接的方式（有 outer、inner 两种）。

concat() 方法的格式：

concat(objs,axis=0,join='outer',join_axes=None,ignore_index=False,keys=None,levels=None, names=None, verify_integrity=False, copy=True)

objs：参与连接的对象，唯一必须给定的参数。
axis：指明连接的轴向，0 是纵轴，1 是横轴，默认是 0。
join：inner（交集）、outer（并集）、默认是 outer。

```
>>> df1
    id   name
0  1001  mily
1  1002  jake
2  1003  merry
>>> df2
    id   score
0  1001   82
1  1002   95
2  1004   77
```

#axis=0 是纵轴拼接，索引直接拼接

```
>>> df3 = pd.concat([df1,df2],axis=0，sort=True)
    id   name   score
0  1001  mily   NaN
1  1002  jake   NaN
2  1003  merry  NaN
0  1001  NaN    82
1  1002  NaN    95
2  1004  NaN    77
>>> df4 = pd.concat([df1,df2],axis=1)     # axis=1 是横轴拼接
    id   name   id    score
0  1001  mily   1001   82
1  1002  jake   1002   95
2  1003  merry  1004   77
```

在横向连接中，要加上 join 参数的属性，如果是 inner，得到的是两个表对象的交集；如果是 outer，得到的是两个表对象的并集。这里需要对照下面示例进行理解。

```
>>> pd.concat([df1,df2],axis=0,join='outer')
    id    name   score
0  1001   mily   NaN
1  1002   jake   NaN
2  1003   merry  NaN
0  1001   NaN    82.0
1  1002   NaN    95.0
2  1004   NaN    77.0
```

```
>>> pd.concat([df1,df2],axis=0,join='inner')
   id
0  1001
1  1002
2  1003
0  1001
1  1002
2  1004
```

2. 设置索引列

pandas 有以下 3 个方法可以重新设置索引。

① reset_index()方法，使索引按 0,1,2,3,…的顺序递增。
② set_index()方法，将 DataFrame 中的某列作为索引。
③ reindex()方法，设置新索引。

上述方法有两个重要参数：第一个是 inplace 参数，如果设置为 True，就不会返回一个新的 DataFrame，而是直接修改该 DataFrame；第二个是 drop 参数，如果设置为 True，就会移掉该列的数据。

```
>>> df1 = pd.DataFrame({'id':['1001','1002','1003'],'name':['mily','jake','merry']})
>>> df1
   id    name
0  1001  mily
1  1002  jake
2  1003  merry
>>> df2 = pd.DataFrame({'id':['1001','1002','1004'],'score':[82,95,77]})
>>> df2
   id    score
0  1001  82
1  1002  95
2  1004  77
>>> df3 = pd.concat([df1,df2],axis=0)    # axis=0 是纵轴拼接，索引直接拼接
   id    name   score
0  1001  mily   NaN
1  1002  jake   NaN
2  1003  merry  NaN
0  1001  NaN    82
1  1002  NaN    95
2  1004  NaN    77
#使用 reset_index()设置索引，原行索引作为一列保留，列名为 index
>>> df3.reset_index()
   index  id    name   score
0  0      1001  mily   NaN
1  1      1002  jake   NaN
2  2      1003  merry  NaN
3  0      1001  NaN    82
```

```
4    1  1002  NaN   95
5    2  1004  NaN   77
>>> df3                  #重新索引，inplace 默认为 False，所以 df3 保持原状
    id    name  score
0  1001   mily   NaN
1  1002   jake   NaN
2  1003  merry   NaN
0  1001   NaN   82.0
1  1002   NaN   95.0
2  1004   NaN   77.0
>>> df3.reset_index(drop=True)    # drop=True，删除原索引列
    id    name  score
0  1001   mily   NaN
1  1002   jake   NaN
2  1003  merry   NaN
3  1001   NaN   82.0
4  1002   NaN   95.0
5  1004   NaN   77.0
# drop 为 True，就会移出该列的数据，设置 id 列为新索引
>>> df4 = df3.set_index('id', inplace=False, drop=True)
>>> df4
       name  score
id
1001   mily   NaN
1002   jake   NaN
1003  merry   NaN
1001   NaN    82
1002   NaN    95
1004   NaN    77
>>> df4.index
Index(['1001', '1002', '1003', '1001', '1002', '1004'], dtype='object', name='id')
>>> df4.values
array([['mily', nan],
       ['jake', nan],
       ['merry', nan],
       [nan, 82.0],
       [nan, 95.0],
       [nan, 77.0]], dtype=object)
# drop 为 False，就不移掉该列的数据
>>> df3.set_index('id', inplace=False, drop=False)
        id    name  score
id
1001  1001   mily   NaN
```

```
1002  1002  jake   NaN
1003  1003  merry  NaN
1001  1001  NaN    82
1002  1002  NaN    95
1004  1004  NaN    77
```

reindex()方法可重排序索引和指定索引。使用 reindex()方法创建一个适应新索引的新对象后，原对象不变。如果某个索引值不存在，就会引入缺失值 NaN。reindex()方法可以通过 fill_value 参数填充默认值，也可以通过 method 参数设置填充方法。reindex()方法的参数 method 若取值 ffill 或 pad，可实现前向填充（或搬运）值；取值为 bfill 或 backfill，可实现后向填充（或搬运）值。reindex()方法也可以通过 columns 参数对列进行重新索引。

```
>>> df= pd.DataFrame(np.arange(9).reshape((3, 3)), index=['a', 'c', 'd'],columns=['A', 'B', 'C'])
>>> df
   A  B  C
a  0  1  2
c  3  4  5
d  6  7  8
#索引值不存在，引入缺失值 NaN，增加 D 列，值为 NaN
>>> df.reindex(index=['a', 'b', 'c', 'd'],columns=list(df.columns)+['D'])
    A    B    C    D
a   0    1    2  NaN
b  NaN  NaN  NaN  NaN
c   3    4    5  NaN
d   6    7    8  NaN
>>> df                  #创建一个适应新索引的新对象，原对象不变
   A  B  C
a  0  1  2
c  3  4  5
d  6  7  8
#填充默认值
>>> df.reindex(index=['a', 'b', 'c', 'd'],columns=list(df.columns)+['D'],fill_value=0)
   A  B  C  D
a  0  1  2  0
b  0  0  0  0
c  3  4  5  0
d  6  7  8  0
>>> df    #创建一个适应新索引的新对象，原对象不变
   A  B  C
a  0  1  2
c  3  4  5
d  6  7  8
>>> df.reindex(index=['a', 'b', 'c', 'd'],columns=list(df.columns)+['D'],method='ffill')    #前向填充
   A  B  C  D
a  0  1  2  2
```

```
b  0  1  2  2
c  3  4  5  5
d  6  7  8  8
>>> df.reindex(index=['a', 'b', 'c', 'd'],columns=list(df.columns)+['D'],method='pad')    #同上
   A  B  C  D
a  0  1  2  2
b  0  1  2  2
c  3  4  5  5
d  6  7  8  8
>>> df.reindex(index=['a', 'b', 'c', 'd'],columns=list(df.columns)+['D'],method='bfill')   #后向填充
   A  B  C  D
a  0  1  2  NaN
b  3  4  5  NaN
c  3  4  5  NaN
d  6  7  8  NaN
>>> df.reindex(index=['a', 'b', 'c', 'd'],columns=list(df.columns)+['D'],method='backfill')  #同上
   A  B  C  D
a  0  1  2  NaN
b  3  4  5  NaN
c  3  4  5  NaN
d  6  7  8  NaN
```

3. 按照索引列排序

```
>>> df3
     id  name  score
0  1001  mily    NaN
1  1002  jake    NaN
2  1003  merry   NaN
0  1001   NaN     82
1  1002   NaN     95
2  1004   NaN     77
>>> df3.sort_index()      #按索引排序
     id  name  score
0  1001  mily    NaN
0  1001   NaN     82
1  1002  jake    NaN
1  1002   NaN     95
2  1003  merry   NaN
2  1004   NaN     77
>>> df4
      name  score
id
1001  mily    NaN
1002  jake    NaN
```

```
1003   merry    NaN
1001   NaN      82
1002   NaN      95
1004   NaN      77
>>> df4.sort_index()    #按索引排序
       name    score
id
1001   mily    NaN
1001   NaN     82
1002   jake    NaN
1002   NaN     95
1003   merry   NaN
1004   NaN     77
```

4. 按照特定列的值排序

```
>>> df3
     id     name    score
0    1001   mily    NaN
1    1002   jake    NaN
2    1003   merry   NaN
0    1001   NaN     82
1    1002   NaN     95
2    1004   NaN     77
>>> df3.sort_values(by=['score'])    #按 score 列排序
     id     name    score
2    1004   NaN     77.0
0    1001   NaN     82.0
1    1002   NaN     95.0
0    1001   mily    NaN
1    1002   jake    NaN
2    1003   merry   NaN
```

5. 根据条件填充列

#如果 price 列的值大于 3000，则 group 列填充 high，否则填充 low

```
>>> df = pd.DataFrame({"id":[1001,1002,1003,1004,1005,1006], "date":pd.date_range('20180101', periods=6), "city":['BeiJing', ' ShangHai ','GuangZhou ','ShenZhen ', ' NanJing', ' ChangZhou '], "age":[-18,20 ,28,36,36,152], "category":['2018-A','2018-B' ,'2018-C','2018-D' ,'2018-E','2018-F'], "price":[1200 ,2500,5500,5500,4300,6200]}, columns =['id','date','city','age','category','price'])
>>> df
     id    date         city        age   category   price
0    1001  2018-01-01   BeiJing     -18   2018-A     1200
1    1002  2018-01-02   ShangHai    20    2018-B     2500
2    1003  2018-01-03   GuangZhou   28    2018-C     5500
3    1004  2018-01-04   ShenZhen    36    2018-D     5500
4    1005  2018-01-05   NanJing     36    2018-E     4300
```

```
5   1006 2018-01-06    ChangZhou   152    2018-F     6200
# 增加一列group，并填充high 或low
>>> df['group'] = np.where(df['price'] > 3000,'high','low')
>>> df
    id    date          city       age   category   price   group
0   1001  2018-01-01    BeiJing    -18   2018-A     1200    low
1   1002  2018-01-02    ShangHai   20    2018-B     2500    low
2   1003  2018-01-03    GuangZhou  28    2018-C     5500    high
3   1004  2018-01-04    ShenZhen   36    2018-D     5500    high
4   1005  2018-01-05    NanJing    36    2018-E     4300    high
5   1006  2018-01-06    ChangZhou  152   2018-F     6200    high
#对符合条件的数据进行分组标记
#注意，此处的NanJing前有一个空格
>>> df.loc[(df['city'] == ' NanJing') & (df['price'] >= 4000), 'sign']=1
>>> df
    id    date          city       age   category   price   group   sign
0   1001  2018-01-01    BeiJing    -18   2018-A     1200    low     NaN
1   1002  2018-01-02    ShangHai   20    2018-B     2500    low     NaN
2   1003  2018-01-03    GuangZhou  28    2018-C     5500    high    NaN
3   1004  2018-01-04    ShenZhen   36    2018-D     5500    high    NaN
4   1005  2018-01-05    NanJing    36    2018-E     4300    high    1.0
5   1006  2018-01-06    ChangZhou  152   2018-F     6200    high    NaN
```

6. 分列（拆分列）

对category列的值分列，并创建数据表，索引值为df.index，列名称为category和size。

```
>>> df_split= pd.DataFrame((x.split('-') for x in df['category']),index=df.index,columns=\
['category','size'])
    category  size
0   2018      A
1   2018      B
2   2018      C
3   2018      D
4   2018      E
5   2018      F
#合并数据
>>> df=pd.merge(df,df_split,right_index=True, left_index=True)
>>> df
    id    date          city       age   category_x  price  group  sign  category_y  size
0   1001  2018-01-01    BeiJing    -18   2018-A      1200   low    NaN   2018        A
1   1002  2018-01-02    ShangHai   20    2018-B      2500   low    NaN   2018        B
2   1003  2018-01-03    GuangZhou  28    2018-C      5500   high   NaN   2018        C
3   1004  2018-01-04    ShenZhen   36    2018-D      5500   high   NaN   2018        D
4   1005  2018-01-05    NanJing    36    2018-E      4300   high   1.0   2018        E
5   1006  2018-01-06    ChangZhou  152   2018-F      6200   high   NaN   2018        F
```

9.2.4 pandas 模块数据提取

数据提取主要用到的 3 个函数为 loc()、iloc()和 ix()函数。loc()函数按标签值进行提取，iloc()函数按索引位置进行提取，ix()函数可以同时按标签和索引位置进行提取。

```
>>> df = pd.DataFrame({"id":[1001,1002,1003,1004,1005,1006],"date":pd.date_range('20180101',periods=6), "city":['BeiJing', ' ShangHai ','GuangZhou ','ShenZhen ', ' NanJing', ' ChangZhou '], "age":[-18,20 ,28,36,36,152], "category":['2018-A','2018-B' ,'2018-C','2018-D' ,'2018-E','2018-F'], "price":[1200 ,2500,5500,5500,4300,6200]}, columns =['id','date','city','age','category','price'])
>>> df
     id   date        city       age   category   price
0  1001  2018-01-01   BeiJing    -18   2018-A     1200
1  1002  2018-01-02   ShangHai   20    2018-B     2500
2  1003  2018-01-03   GuangZhou  28    2018-C     5500
3  1004  2018-01-04   ShenZhen   36    2018-D     5500
4  1005  2018-01-05   NanJing    36    2018-E     4300
5  1006  2018-01-06   ChangZhou  152   2018-F     6200
```

1. 提取单行、单列数值

```
>>> df.loc[3]     #按行索引的标签 3 提取第 3 行数值
id                            1004
date          2018-01-04 00:00:00
city                      ShenZhen
age                             36
category                    2018-D
price                         5500
Name: 3, dtype: object
>>> df.loc[3:4]   #冒号前后的数字是行索引的标签名称
     id   date        city       age   category   price
3  1004  2018-01-04   ShenZhen   36    2018-D     5500
4  1005  2018-01-05   NanJing    36    2018-E     4300
#冒号前后的数字是数据所在的行索引位置，从第 3 行开始到第 4 行，左闭右开
#注意与 df.loc[3:4]进行比较
>>> df.iloc[3:4]
     id   date        city       age   category   price
3  1004  2018-01-04   ShenZhen   36    2018-D     5500
>>> df['id']     #提取单列数值
0    1001
1    1002
2    1003
3    1004
4    1005
5    1006
Name: id, dtype: int64
```

```
>>> df.loc[:,['id']]      #取所有行中列标签为 id 的列
    id
0   1001
1   1002
2   1003
3   1004
4   1005
5   1006
>>> df.iloc[:,[0]]        #取所有行中数据所在的位置为 0 的列
    id
0   1001
1   1002
2   1003
3   1004
4   1005
5   1006
>>> df.ix[:,['id']]
    id
0   1001
1   1002
2   1003
3   1004
4   1005
5   1006
>>> df.ix[:,[0]]
    id
0   1001
1   1002
2   1003
3   1004
4   1005
5   1006
```

2. 提取行、列区域数值

```
#取第 3~5 行中 0~3 列的数据,左闭右开
>>> df.iloc[3:5,0:3]
    id    date        city
3   1004  2018-01-04  ShenZhen
4   1005  2018-01-05  NanJing
>>> df.iloc[:,0:3]
    id    date        city
0   1001  2018-01-01  BeiJing
1   1002  2018-01-02  ShangHai
2   1003  2018-01-03  GuangZhou
```

```
  3  1004  2018-01-04   ShenZhen
  4  1005  2018-01-05   NanJing
  5  1006  2018-01-06   ChangZhou
>>> df[['id','age']]    #取所有行中 id 列和 age 列的数据
     id    age
  0  1001  -18
  1  1002   20
  2  1003   28
  3  1004   36
  4  1005   36
  5  1006  152
>>> df.loc[:,'id':'age']    #取所有行中 id 列到 age 列的数据
     id    date         city         age
  0  1001  2018-01-01   BeiJing      -18
  1  1002  2018-01-02   ShangHai      20
  2  1003  2018-01-03   GuangZhou     28
  3  1004  2018-01-04   ShenZhen      36
  4  1005  2018-01-05   NanJing       36
  5  1006  2018-01-06   ChangZhou    152
>>> df.iloc[:,0:3]    #取所有行中 0~3 列的数据，左闭右开
     id    date         city
  0  1001  2018-01-01   BeiJing
  1  1002  2018-01-02   ShangHai
  2  1003  2018-01-03   GuangZhou
  3  1004  2018-01-04   ShenZhen
  4  1005  2018-01-05   NanJing
  5  1006  2018-01-06   ChangZhou
>>> df.ix[:,'id':'age']    #取所有行中 id 列到 age 列的数据
     id    date         city         age
  0  1001  2018-01-01   BeiJing      -18
  1  1002  2018-01-02   ShangHai      20
  2  1003  2018-01-03   GuangZhou     28
  3  1004  2018-01-04   ShenZhen      36
  4  1005  2018-01-05   NanJing       36
  5  1006  2018-01-06   ChangZhou    152
>>> df.ix[:,0:3]    #取所有行中 0~3 列的数据，左闭右开
     id    date         city
  0  1001  2018-01-01   BeiJing
  1  1002  2018-01-02   ShangHai
  2  1003  2018-01-03   GuangZhou
  3  1004  2018-01-04   ShenZhen
  4  1005  2018-01-05   NanJing
  5  1006  2018-01-06   ChangZhou
```

3. 提取非连续行列数据

```
>>> df.iloc[[0,2,5],[4,5]]    #提取第 0、2、5 行的 4、5 列对应的数据
    category  price
0   2018-A    1200
2   2018-C    5500
5   2018-F    6200
```

4. 按条件提取数据

```
# 提取 date 列日期数据小于等于 2018-01-03 的行
>>> df[df['date']<='2018-01-03']
    id    date         city        age   category  price
0   1001  2018-01-01   BeiJing     -18   2018-A    1200
1   1002  2018-01-02   ShangHai    20    2018-B    2500
2   1003  2018-01-03   GuangZhou   28    2018-C    5500
>>> df.loc[df['city'].isin(['ShenZhen','ChangZhou'])]
    id    date         city        age   category  price
3   1004  2018-01-04   ShenZhen    36    2018-D    5500
5   1006  2018-01-06   ChangZhou   152   2018-F    6200
```

5. 使用 ix 按索引标签和位置混合提取数据

```
>>> df.ix[:3, 'id':'age']    #逗号前的数字是行数据所在的位置，逗号后是列索引的标签名称
    id    date         city        age
0   1001  2018-01-01   BeiJing     -18
1   1002  2018-01-02   ShangHai    20
2   1003  2018-01-03   GuangZhou   28
3   1004  2018-01-04   ShenZhen    36
```

6. 数据包含判断

```
# city 列中是否包含 shanghai，包含为 True，不包含为 False，区分大小写
>>> df['city'].isin([' shanghai'])
0    False
1    False
2    False
3    False
4    False
5    False
Name: city, dtype: bool
```

7. 提取列的部分字符

如果提取 category 列的前 3 个字符，需要使用字符串处理方法。

```
>>> df.category    #取 df 的 category 列，生成 Series
0    2018-A
1    2018-B
2    2018-C
3    2018-D
4    2018-E
5    2018-F
```

```
Name: category, dtype: object
>>> type(df.category)      #df 的 category 列是 Series 类型
<class 'pandas.core.series.Series'>
>>> df.category.str        #df 的 category 列的 String 方法
<pandas.core.strings.StringMethods object at 0x7efc46dd9e50>
>>> type(df.category.str)
<class 'pandas.core.strings.StringMethods'>
>>> df.category.str[:3]    #提取 category 列每个元素的前 3 个字符
0    201
1    201
2    201
3    201
4    201
5    201
Name: category, dtype: object
>>> type(df.category.str[:3])
<class 'pandas.core.series.Series'>
#提取 category 列每个元素的前 3 个字符，并生成数据表
>>> pd.DataFrame(df.category.str[:3])
  category
0     201
1     201
2     201
3     201
4     201
5     201
```

9.2.5　pandas 模块数据筛选

数据筛选可使用与、或、非 3 个条件，并配合大于、小于、等于、不等于对数据进行筛选，进行计数与求和。

1. 使用"与"进行筛选

```
>>> df
     id        date       city   age  category  price
0  1001  2018-01-01    BeiJing   -18    2018-A   1200
1  1002  2018-01-02   ShangHai    20    2018-B   2500
2  1003  2018-01-03  GuangZhou    28    2018-C   5500
3  1004  2018-01-04   ShenZhen    36    2018-D   5500
4  1005  2018-01-05    NanJing    36    2018-E   4300
5  1006  2018-01-06  ChangZhou   152    2018-F   6200
#通过 str.strip()去除首尾的空格
>>> df.loc[(df['age'] > 25) & (df['city'].str.strip() == 'ShenZhen'), ['id','city','age','category','gender']]
     id       city  age category  gender
```

| | 3 | 1004 | ShenZhen | 36 | 2018-D | NaN |

2. 使用"或"进行筛选

```
>>> df.loc[(df['age'] > 25) | (df['city'].str.strip() == 'ShenZhen'), ['id','city','age','category','gender']].sort_values(by='age')
```

	id	city	age	category	gender
2	1003	GuangZhou	28	2018-C	NaN
3	1004	ShenZhen	36	2018-D	NaN
4	1005	NanJing	36	2018-E	NaN
5	1006	ChangZhou	152	2018-F	NaN

3. 使用"非"进行筛选

```
>>> df.loc[(df['city'].str.strip() != 'ShenZhen'), list(df.columns)].sort_values(by='price')
```

	id	date	city	age	category	price
0	1001	2018-01-01	BeiJing	-18	2018-A	1200
1	1002	2018-01-02	ShangHai	20	2018-B	2500
4	1005	2018-01-05	NanJing	36	2018-E	4300
2	1003	2018-01-03	GuangZhou	28	2018-C	5500
5	1006	2018-01-06	ChangZhou	152	2018-F	6200

4. 使用 query() 函数进行筛选

```
# query()只支持 string 形式的值
>>> df.query('age == [18,20,36]')
```

	id	date	city	age	category	price
1	1002	2018-01-02	ShangHai	20	2018-B	2500
3	1004	2018-01-04	ShenZhen	36	2018-D	5500
4	1005	2018-01-05	NanJing	36	2018-E	4300

9.2.6 pandas 模块数据汇总

数据汇总主要使用 groupby() 和 pivot_table() 函数。groupby() 主要实现按列分组统计，pivot_table() 主要实现二维的分组统计，也就是 Excel 的数据透视表功能。

```
>>> df
```

	id	date	city	age	category	price
0	1001	2018-01-01	BeiJing	-18	2018-A	1200
1	1002	2018-01-02	ShangHai	20	2018-B	2500
2	1003	2018-01-03	GuangZhou	28	2018-C	5500
3	1004	2018-01-04	ShenZhen	36	2018-D	5500
4	1005	2018-01-05	NanJing	36	2018-E	4300
5	1006	2018-01-06	ChangZhou	152	2018-F	6200

1. 对所有的列计数汇总

```
>>> df.groupby('city').count()    #按照 city 列对所有列进行计数汇总
```

	id	date	age	category	price
city					
ShangHai	1	1	1	1	1
BeiJing	1	1	1	1	1

```
ChangZhou    1    1    1    1    1
GuangZhou    1    1    1    1    1
NanJing      1    1    1    1    1
ShenZhen     1    1    1    1    1
```

2. 对单个字段进行分组汇总

```
>>> df.groupby('city')['age'].count()    #按 city 列对 age 字段进行计数
city
 ShangHai    1
BeiJing      1
ChangZhou    1
GuangZhou    1
NanJing      1
ShenZhen     1
Name: age, dtype: int64
>>> df.groupby('age')['price'].sum()    #按 age 列进行分组，对 price 求和
age
-18     1200
 20     2500
 28     5500
 36     9800
 152    6200
Name: price, dtype: int64
```

3. 对两个字段进行分组汇总

```
>>> df.groupby(['city','age'])['id'].count()    #汇总不同城市中不同年龄的人数
city       age
 ShangHai   20    1
BeiJing    -18    1
ChangZhou   152   1
GuangZhou   28    1
NanJing     36    1
ShenZhen    36    1
Name: id, dtype: int64
```

4. 对单个字段分组，进行多种汇总

```
>>> df.groupby('city')['price'].agg([len,np.sum,np.mean])
            len    sum    mean
city
 ShangHai    1    2500    2500
BeiJing      1    1200    1200
ChangZhou    1    6200    6200
GuangZhou    1    5500    5500
NanJing      1    4300    4300
ShenZhen     1    5500    5500
```

5. 多维度分组汇总

```
>>> df = pd.DataFrame({'key1' : ['a', 'b', 'a', 'b', 'a', 'b', 'a', 'a'],'key2' : ['one', 'one', 'two', 'three', 'two', 'two', 'one', 'three'], 'data1': np.random.randn(8), 'data2': np.random.randn(8)})
>>> df
      data1      data2  key1   key2
0  0.872943   0.478501    a    one
1 -0.428307   0.111715    b    one
2 -1.256894  -0.732271    a    two
3  0.212878   2.051143    b    three
4 -1.922591   2.345911    a    two
5  0.877699  -0.454723    b    two
6  1.590206   1.883469    a    one
7  0.583905  -0.702138    a    three
>>> df_obj = df
#pivot_table()具有数据透视表功能，按 key1 和 key2 进行分组，并对 data1 求平均值
>>> df_obj.pivot_table(values='data1',index='key1',columns='key2',aggfunc='mean')
key2       one      three       two
key1
a    -0.081392  -0.940345  0.706476
b    -0.223542   0.443293  0.683789
```

对上述代码中的参数介绍如下。

values：汇总的列。
index：行分组标签。
columns：列分组标签。
aggfunc：汇总的函数（sum()、mean()、min()、max()等）。

9.2.7 pandas 模块数据统计

数据统计主要包括数据采样、描述性统计、计算标准差与协方差和相关性分析。

1. 数据采样

随机采样是指调查对象总体中的每个部分都有同等被抽中的可能，是一种完全依照机会均等的原则进行的采样调查，被称为"等概率"。随机采样有简单随机采样、等距采样、类型采样和整群采样 4 种基本形式。非随机采样是指采样时不遵循随机原则，而是按照研究人员的主观经验或其他条件来抽取样本的一种采样方法。在 Python 中，简单随机采样可通过编写代码和利用 pandas 库或 numpy 库实现。

```
>>> df.sample(n=3)    #简单随机采样，随机采集 3 个样本
     id    date        city      age  category  price
2  1003  2018-01-03  GuangZhou   28    2018-C   5500
3  1004  2018-01-04  ShenZhen    36    2018-D   5500
1  1002  2018-01-02  ShangHai    20    2018-B   2500
>>> df.sample(n=3)    #简单随机采样，不同次的采样值不同
     id    date        city      age  category  price
5  1006  2018-01-06  ChangZhou  152    2018-F   6200
```

```
0   1001 2018-01-01    BeiJing    -18    2018-A    1200
4   1005 2018-01-05    NanJing     36    2018-E    4300
>>> weights = [0, 0, 0, 0.2, 0, 0.8]
>>> df.sample(n=2, weights=weights)   #设置采样权重
    id    date         city        age   category  price
3   1004 2018-01-04    ShenZhen    36    2018-D    5500
5   1006 2018-01-06    ChangZhou   152   2018-F    6200
>>> df.sample(n=3, replace=False)   #采样后不放回，不会抽到重复数据
    id    date         city        age   category  price
4   1005 2018-01-05    NanJing     36    2018-E    4300
1   1002 2018-01-02    ShangHai    20    2018-B    2500
0   1001 2018-01-01    BeiJing    -18    2018-A    1200
```

2. 数据表描述性统计

DataFrame 的描述性统计用 discribe() 函数实现。对于数值数据，结果的索引将包括计数、平均值、标准差、最小值、最大值，以及较低的百分位数和 50 百分位数。默认情况下，较低的百分位数为 25，较高的百分位数为 75，50 百分位数与中位数相同。

```
>>> df.describe()   #显示计数、平均值、标准差、分位数、最大值和最小值等
              id              age             price
count    6.000000        6.000000         6.000000
mean     1003.500000     42.333333        4200.000000
std      1.870829        57.360846        1963.670033
min      1001.000000    -18.000000        1200.000000
25%      1002.250000     22.000000        2950.000000
50%      1003.500000     32.000000        4900.000000
75%      1004.750000     36.000000        5500.000000
max      1006.000000     152.000000       6200.000000
>>> df.describe().round(2).T   #round()函数设置显示小数位为2位，T表示转置
         count   mean      std     min      25%       50%     75%      max
id       6.0    1003.50    1.87    1001.0   1002.25   1003.5  1004.75  1006.0
age      6.0    42.33     57.36   -18.0     22.00     32.0    36.00    152.0
price    6.0    4200.00   1963.67  1200.0   2950.00   4900.0  5500.00  6200.0
```

3. 计算列的标准差

标准差又称均方差，在概率统计中常用来统计分布程度。标准差是总体各单位标准值与其平均数差的平方的算术平均数的平方根，反映组内个体间的离散程度。标准差是对一组数据平均值分散程度的度量。一个较大的标准差，代表大部分数值与其平均值之间的差异较大；一个较小的标准差，代表这些数值较接近平均值。例如，两组数的集合{0,3,10,15}和{5,6,8,9}，其平均值都是 7，但第二个集合具有较小的标准差。如果平均值与预测值相差太远（同时与标准差数值做比较），则认为测量值与预测值互相矛盾。因为如果测量值都落在一定的数值范围之外，可以合理推论预测值是否正确。pandas 中计算标准差的方法是 std()。

```
>>> df['price'].std()
1963.6700333813724
```

4. 计算协方差

协方差在概率论和统计学中用于衡量两个变量的总体误差，表示两个变量总体误差的期望。而方差

是协方差的一种特殊情况，即两个变量相同的情况。如果两个变量的变化趋势一致，即如果其中的一个变量大于自身的期望值时，另外一个变量也大于自身的期望值，那么两个变量之间的协方差就是正值；如果两个变量的变化趋势相反，即其中的一个变量大于自身的期望值时，另外一个变量却小于自身的期望值，那么两个变量之间的协方差就是负值。pandas 中计算协方差的方法是 cov()。

```
>>> df['price'].cov(df['age'])   #计算两个字段间的协方差
82160.0
>>> df.cov()    #数据表中所有字段间的协方差
          id          age         price
id       3.5      90.600000        3040.0
age     90.6    3290.266667       82160.0
price 3040.0   82160.000000     3856000.0
```

5. 相关性分析

相关性分析是指对两个或多个具备相关性的变量元素进行分析，从而衡量变量元素的密切程度。元素之间需要存在一定的联系才可以进行相关性分析。相关性分析是研究两个或两个以上处于同等地位的随机变量间的相关关系的统计分析方法。如在一段时期内出生率随经济水平提高而上升，说明两指标间是正相关关系；而在另一时期，随着经济水平进一步发展，却出现出生率下降的现象，两指标间就是负相关关系。

相关性分析与回归分析之间的区别：回归分析侧重于研究随机变量间的依赖关系，以便用一个变量去预测另一个变量；相关性分析则侧重于发现随机变量间的种种相关特性。pandas 中计算相关性的方法是 corr()。

```
#两个字段的相关性分析
#相关系数在-1～1 之间，接近 1 为正相关，接近-1 为负相关，0 为不相关
>>> df['price'].corr(df['age'])
0.72941782001934674
>>> df.corr()    #数据表的相关性分析
          id          age         price
id    1.000000     0.844265      0.827506
age   0.844265     1.000000      0.729418
price 0.827506     0.729418      1.000000
```

9.2.8 pandas 模块综合应用示例

【例 9-1】给定以下数据，请依次完成操作。

id	name	sex	age	address	Mjob	Ojob
10001	LY	F	18	California	at_home	health
10002	CE	M	20	Texas	services	teacher
10003	ZS	M	36	Florida	at_home	teacher
10004	LS	F	47	California	services	health
10005	WU	F	13	Texas	student	other
10006	ZL	F	25	Florida	at_home	teacher
10007	SQ	M	32	California	teacher	health
10008	ZB	F	45	Florida	health	health
10009	WJ	M	13	Texas	student	other

      10010   ZS   M   16   Texas   student   at_home

（1）导入相应数据分析模块。
>>> import numpy as np
>>> import pandas as pd
>>> import random

（2）根据给定的原始数据集创建一个 DataFrame 类型对象 df。
>>> df = pd.DataFrame({'id':['10001','10002','10003','10004','10005','10006','10007','10008','10009','10010'], 'name':['LY','CE','ZS','LS','WU','ZL','SQ','ZB','WJ','ZS'], 'sex':['F','M','M','F','F','F','M','F','M','M'], 'age':[18,20,36,47,13,25,32,45,13,16], 'address':['California','Texas','Florida','California','Texas','Florida','California','Florida','Texas','Texas'], 'Mjob': ['at_home','services','at_home','services','student','at_home','teacher','health','student','student'], 'Ojob': ['health','teacher','teacher','health','other','teacher','health','health','other','at_home']},columns=['id','name', 'sex', 'age', 'address', 'Mjob', 'Ojob'])

（3）查看 df。
>>> df

	id	name	sex	age	address	Mjob	Ojob
0	10001	LY	F	18	California	at_home	health
1	10002	CE	M	20	Texas	services	teacher
2	10003	ZS	M	36	Florida	at_home	teacher
3	10004	LS	F	47	California	services	health
4	10005	WU	F	13	Texas	student	other
5	10006	ZL	F	25	Florida	at_home	teacher
6	10007	SQ	M	32	California	teacher	health
7	10008	ZB	F	45	Florida	health	health
8	10009	WJ	M	13	Texas	student	other
9	10010	ZS	M	16	Texas	student	at_home

（4）查看 df 的前 5 行。
>>> df.head()

	id	name	sex	age	address	Mjob	Ojob
0	10001	LY	F	18	California	at_home	health
1	10002	CE	M	20	Texas	services	teacher
2	10003	ZS	M	36	Florida	at_home	teacher
3	10004	LS	F	47	California	services	health
4	10005	WU	F	13	Texas	student	other

（5）查看行和列的索引值。
>>> df.columns
Index(['id', 'name', 'sex', 'age', 'address', 'Mjob', 'Ojob'], dtype='object')
>>> df.index
RangeIndex(start=0, stop=10, step=1)

（6）分别查看 name、sex 列的值。
>>> df['name']
0   LY
1   CE

```
2    ZS
3    LS
4    WU
5    ZL
6    SQ
7    ZB
8    WJ
9    ZS
Name: name, dtype: object
>>> df[['name','sex']]
   name sex
0   LY   F
1   CE   M
2   ZS   M
3   LS   F
4   WU   F
5   ZL   F
6   SQ   M
7   ZB   F
8   WJ   M
9   ZS   M
```

（7）连续切片，取 0~5 行、0~5 列、左闭右开的所有数据。

```
>>> df.iloc[:5,0:5]
    Id     name  sex  age  address
0   10001  LY    F    18   California
1   10002  CE    M    20   Texas
2   10003  ZS    M    36   Florida
3   10004  LS    F    47   California
4   10005  WU    F    13   Texas
```

（8）筛选出第 2~5 行的第 1、3、5 列的所有数据。

```
>>> df.iloc[2:6,[1,3,5]]
   name  age  Mjob
2  ZS    36   at_home
3  LS    47   services
4  WU    13   student
5  ZL    25   at_home
```

（9）分别筛选出 Mjob 列值不为"student"和值为"student"的所有数据。

```
>>> df.loc[df["Mjob"] != "student"]
   id     name  sex  age  address     Mjob      Ojob
0  10001  LY    F    18   California  at_home   health
1  10002  CE    M    20   Texas       services  teacher
2  10003  ZS    M    36   Florida     at_home   teacher
3  10004  LS    F    47   California  services  health
```

```
5  10006  ZL  F  25  Florida     at_home  teacher
6  10007  SQ  M  32  California  teacher  health
7  10008  ZB  F  45  Florida     health   health
>>> df.loc[df["Mjob"] == "student"]
   id     name sex age  address  Mjob     Ojob
4  10005  WU   F   13   Texas    student  other
8  10009  WJ   M   13   Texas    student  other
9  10010  ZS   M   16   Texas    student  at_home
```

（10）按 Mjob 分类，求每一种职业所有用户的平均年龄。

```
>>> df.groupby('Mjob').age.mean()
Mjob
at_home    26.333333
health     45.000000
services   33.500000
student    14.000000
teacher    32.000000
Name: age, dtype: float64
>>> df.groupby('Mjob')['age'].mean()
Mjob
at_home    26.333333
health     45.000000
services   33.500000
student    14.000000
teacher    32.000000
Name: age, dtype: float64
```

（11）求每一种职业男性的占比，并排序（作为新的一列 gender_n 添加到 df 最后）。

```
>>> def gender_count(x):  #定义函数对性别进行标识，M 用 1 表示，F 用 0 表示
...     if x == 'M':
...         return 1
...     if x == 'F':
...         return 0
>>> df['gender_n'] = df['sex'].apply(gender_count)  #df 增加一列，调用函数对性别进行标识
>>> df
   id     name sex age  address     Mjob      Ojob     gender_n
0  10001  LY   F   18   California  at_home   health   0
1  10002  CE   M   20   Texas       services  teacher  1
2  10003  ZS   M   36   Florida     at_home   teacher  1
3  10004  LS   F   47   California  services  health   0
4  10005  WU   F   13   Texas       student   other    0
5  10006  ZL   F   25   Florida     at_home   teacher  0
6  10007  SQ   M   32   California  teacher   health   1
7  10008  ZB   F   45   Florida     health    health   0
8  10009  WJ   M   13   Texas       student   other    1
```

```
9  10010  ZS  M  16       Texas    student  at_home       1
>>> a = df.groupby('Mjob').gender_n.sum() / df.Mjob.value_counts() * 100
>>> a      #各种职业男性的占比
at_home       33.333333
health         0.000000
services      50.000000
student       66.666667
teacher      100.000000
dtype: float64
>>> a.sort_values(ascending = False)      #a 按照从高到低的顺序排列
teacher      100.000000
student       66.666667
services      50.000000
at_home       33.333333
health         0.000000
dtype: float64
>>> df.groupby('Mjob').gender_n.sum()   #按 Mjob 分类，求 gender_n 的和
at_home       1
health        0
services      1
student       2
teacher       1
Name: gender_n, dtype: int64
>>> df.Mjob.value_counts()   #求 Mjob 列不同值的和。
student      3
at_home      3
services     2
teacher      1
health       1
Name: Mjob, dtype: int64
```

（12）获取每一种职业对应的最大和最小的用户年龄。

```
>>> df.groupby('Mjob').age.agg(['min', 'max'])
         min  max
Mjob
at_home   18   36
health    45   45
services  20   47
student   13   16
teacher   32   32
>>> df.groupby('Mjob').age
<pandas.core.groupby.SeriesGroupBy object at 0x7fbc243a0e10>
```

（13）删除最后一列 gender_n。

```
>>> df.drop('gender_n',axis=1,inplace=True)
```

```
>>> df
    Id     name  sex  age  address      Mjob      Ojob
0  10001   LY    F    18   California   at_home   health
1  10002   CE    M    20   Texas        services  teacher
2  10003   ZS    M    36   Florida      at_home   teacher
3  10004   LS    F    47   California   services  health
4  10005   WU    F    13   Texas        student   other
5  10006   ZL    F    25   Florida      at_home   teacher
6  10007   SQ    M    32   California   teacher   health
7  10008   ZB    F    45   Florida      health    health
8  10009   WJ    M    13   Texas        student   other
9  10010   ZS    M    16   Texas        student   at_home
```

（14）将数据列 Mjob 和 Ojob 中的所有数据实现首字母大写。

```
>>> df["Mjob"] = df['Mjob'].map(lambda x:x.capitalize())
>>> df["Ojob"] = df['Ojob'].map(lambda x:x.capitalize())
>>> df
    Id     name  sex  age  address      Mjob      Ojob
0  10001   LY    F    18   California   At_home   Health
1  10002   CE    M    20   Texas        Services  Teacher
2  10003   ZS    M    36   Florida      At_home   Teacher
3  10004   LS    F    47   California   Services  Health
4  10005   WU    F    13   Texas        Student   Other
5  10006   ZL    F    25   Florida      At_home   Teacher
6  10007   SQ    M    32   California   Teacher   Health
7  10008   ZB    F    45   Florida      Health    Health
8  10009   WJ    M    13   Texas        Student   Other
9  10010   ZS    M    16   Texas        Student   At_home
```

（15）设定 id 列为行索引。

```
>>> df.set_index(["id"])
       Id     name  sex  age  address      Mjob      Ojob
id
10001  LY    F    18   California   At_home   Health
10002  CE    M    20   Texas        Services  Teacher
10003  ZS    M    36   Florida      At_home   Teacher
10004  LS    F    47   California   Services  Health
10005  WU    F    13   Texas        Student   Other
10006  ZL    F    25   Florida      At_home   Teacher
10007  SQ    M    32   California   Teacher   Health
10008  ZB    F    45   Florida      Health    Health
10009  WJ    M    13   Texas        Student   Other
10010  ZS    M    16   Texas        Student   At_home
```

9.3 项目训练：清洗和预处理 8.6 节中爬取的 doubanread.csv 文件

【训练目标】

读取 8.6 节爬取的 CSV 文件，了解 pandas 读取 CSV 文件的方法，通过对爬取数据的处理，进一步熟悉 pandas 数据处理的功能，为实际应用打下良好的基础。

【训练内容】

（1）读入 CSV 文件到 pandas 中；
（2）对数据进行初步的分析，了解空值、缺失值等情况；
（3）对数据进行处理；
（4）进行相关的统计。

【训练步骤】

（1）项目分析

pandas 对 CSV 文件可以直接进行读写。对读取的数据，要首先通过浏览了解其初步情况，再使用空值等方法进行判断与统计，确定数据的情况，然后进行空值的处理，再对 introduction 列进行处理，最后进行相关的统计。

（2）项目实施

本项目直接在交互模式下实施即可。

```
>>> import pandas as pd
```

① 读取数据。

#读取 CSV 文件，生成 DataFrame 类型的对象（10.1.1 小节将讲解 CSV 文件的读写）

```
>>> doubanread = pd.read_csv('/home/scrapy/douban/doubanread.csv',encoding='utf-8')
```

② 初步了解数据的情况。

```
>>> len(doubanread)   #输出记录的条数，不同的爬取时间爬取的记录数也是不一样的
988
>>> doubanread.columns   #查看各列
Index(['grade', 'introduction', 'author', 'book_name', 'count'], dtype='object')
```

通过浏览发现列有空值，使用 isnull() 进行统计查看。

③ 空值查看。

```
>>> doubanread.isnull().any(axis=0).sum()   #3 列有空值
3
>>> doubanread.isnull().any(axis=0)   #各列空值的情况，True 表示有空值，False 表示无空值
grade            True
introduction     True
author           False
book_name        False
count            True
dtype: bool
```

有空值的是 grade、introduction 和 count 这 3 列。

```
>>> doubanread.isnull().all(axis=1).sum()   #全部是空值的行数量
38
```

④ 空值处理。

```
#用均值填充 grade 列，用 0 填充 count 列，删除 introduction 列中有空值的行
>>> doubanread['count']        #查看 count 列的信息
0      \n       (179450 人评价)\n
1      \n       (222769 人评价)\n
...
#用正则表达式提取评价人数
>>> doubanread['count']=doubanread['count'].str.extract(r'(\d+)')
>>> doubanread['count']        #再次查看提取的结果
0      179450
1      222769
...
>>> doubanread['count'] = doubanread['count'].fillna(value=0)
>>> doubanread['grade'] = doubanread['grade'].fillna(value=doubanread['grade'].mean())
#填完两列之后再次查看，发现只有 introduction 列有空值
>>> doubanread.isnull().any(axis=0)
grade            False
introduction     True
author           False
book_name        False
count            False
dtype: bool
#删除 introduction 列中有空值的行
>>> doubanread.dropna(axis=0,how='any',inplace=True)
>>> len(doubanread)        #再次查看行，发现只有 952 行了
952
```

⑤ 基本的统计。

```
>>> doubanread['count'].astype(float).mean()
7774.634453781513
>>> doubanread['grade'].mean()
8.355933275947296
>>> doubanread['count'].astype(float).max()
222769.0
>>> doubanread['grade'].min()
5.7
>>> doubanread['grade'].max()
9.8
>>> doubanread['count'] = doubanread['count'].astype(float)    #将类型转换为 float
>>> doubanread.describe()
            grade            count
count    952.000000      952.000000
mean       8.355933      7774.634454
std        0.616512     19263.972525
```

min	5.700000	0.000000
25%	8.000000	613.500000
50%	8.400000	1975.000000
75%	8.800000	6004.000000
max	9.800000	222769.000000

思考：对于数据的空值处理，要根据具体情况进行选择，本项目主要演示了3种处理方法。另外，对于统计分析，也要根据具体需要选择相应的统计方法。

【训练小结】

请填写如表1-1所示的项目训练小结。

9.4 本章小结

1. numpy 是一个用 Python 实现的科学计算包，是专门为进行严格的数值处理而设计的。尤其是对于大型多维数组和矩阵，numpy 有一个大型的高级数学函数库来操作这些数组。numpy 主要有 ndarray 和 matrix 两种类型的数据对象。

2. 数组 array 中的很多函数运算都是元素级的，如+、-、*、/四则运算，都针对 array 的每个元素进行处理，而 matrix 则是根据矩阵的定义进行整体处理的。

3. pandas 是 Python 的一个数据分析包，主要有 Series 和 DataFrame 两种类型的数据对象。

4. pandas 的数据处理功能强大，主要用来完成数据清洗、提取、筛选、汇总和统计。

5. pandas 的很多处理要依赖于 numpy。

9.5 练习

1. 查看 DataFrame 类型数据的后 5 行，正确的语句是（　　）。
   A. df.head(5)　　B. df.tail(3)　　C. df.head()　　D. df.tail()

2. 数据的转置的语句是（　　）。
   A. df.T　　B. df.describe()　　C. df.sort_index　　D. df.index

3. sort_index 可以按索引字典排序，ascending 表示升序时的值是（　　）。
   A. True　　B. False　　C. 1　　D. 0

4. 在统计时要考虑 NA 的值，设置 skipna 的选项是（　　）。
   A. True　　B. False　　C. 1　　D. 0

5. 对于 df.dropna()理解正确的是（　　）。
   A. 找到函数空元素的数据
   B. 替换含有空元素的数据
   C. 丢掉含有空元素的数据
   D. 以上都不正确

6. 对于 df.fillna(1)理解正确的是（　　）。
   A. 对缺失部分用 1 填充
   B. 查找为 1 的值
   C. 查找不为 1 的值
   D. 有值项用 1 填充

7. 对于 df2.index.names = []理解正确的是（　　）。
   A. 对行索引指定名称
   B. 对列索引指定名称
   C. 对索引指定名称
   D. 以上都不正确

8. 对于 df2.columns.names = []理解正确的是（　　）。
   A. 对行索引指定名称
   B. 对列索引指定名称
   C. 对索引指定名称
   D. 以上都不正确

9. 使用 zeros() 函数创建一个 2 行 3 列的数组。
10. 利用 numpy 中的 arange() 函数创建一个元素为 1~50 的数组。
11. 使用 random 模块的 random() 函数生成一个有 10 个随机数的数组。
12. 使用 min()、max()、mean() 函数求第 11 题中随机数组的最小值、最大值和平均值。
13. 建立一个元素为 [1,2,3,4,5]、索引为 ['a','b','c','d','e'] 的 Series 对象。
14. 以字典数据 data={'a':1000,'b':2000,'c':3000,'d':4000} 为基础创建 Series 对象。
15. 以字典数据 data={'state':['a','b','c','d'], 'year':[1991,1992,1993,1994], 'pop':[6,7,8,9],'age':[45,23,46,78]} 为基础创建一个 DataFrame 对象，列名为 columns=['year','state','pop','age']，并将第一行第二列的单元格值改为 2019，计算 year 列的平均值、age 列的最大值。
16. 请将下列数据输入 pandas 的 DataFrame 数据结构中，并完成下列操作任务：

xuehao	xingming	xingbie	yingyu	jisuanji	shuxue
20180101001	liuyang	Female	88	90	78
20180101002	chenxi	Man	85	85	90
20180101003	zhangli	Man	92	79	82
20180101004	liming	Female	76	98	88
20180101005	wangcheng	Female	90	76	93
20180101006	wuyue	Man	46	82	72
20180101007	sunqian	Man	82	86	85
20180101008	zhaoqi	Female	96	63	99
20180101009	wuqing	Female	36	80	95
20180101010	xiyue	Man	68	53	69

① 导入相应的数据分析模块；
② 用给定的原始数据创建一个 DataFrame 类型的对象 df；
③ 查看 df 的基本信息是否是上述数据；
④ 查看 df 前 5 行的数据信息；
⑤ 查看 df 最后 5 行的数据信息；
⑥ 查看 df 行和列的索引值；
⑦ 分别查看 df 的 xingming、yingyu、jisuanji 和 shuxue 列的值；
⑧ 对 df 切片，取 2~6 行、1~5 列的所有数据；
⑨ 筛选出 df 的第 2~8 行的第 1、3、4、5 列的所有数据；
⑩ 分别筛选出 df 的 xingbie 列值为 Female 和非 Female 的所有数据；
⑪ 按 xingbie 分组，分别求 yingyu、jisuanji、shuxue 的平均分；
⑫ 添加 gender_n 到 df 的最后一列，男性填 1，女性填 0；
⑬ 获取男性和女性的 yingyu、jisuanji、shuxue 的最高分和最低分；
⑭ 删除最后一列 gender_n；
⑮ 将 xingming 列中所有数据的首字母大写；
⑯ 将 xuehao 列设置为行索引；
⑰ 在 df 的最后添加一列 score_sun，计算每位学生各科的总分，并按总分从大到小的顺序排序。
17. 创建一个名为 judge 的函数，并根据 score_sun 列的数据值大小返回新列，列名为 legal_judge，其值根据 score_sun 列的数值大小判断，大于 180 分为合格，否则为不合格。
18. 对 8.8 节练习中的第 5 题获得的 dbmusic.txt 文件进行数据清洗、预处理及统计。

9.6 拓展训练项目

9.6.1 pandas 基本功能实验

【训练目标】

pandas 是 Python 的一个数据分析包,该工具是为了完成数据分析任务而创建的。pandas 纳入了大量的库和一些标准的数据模型,提供了高效操作大型数据集所需的工具,如创建 Series、DataFrame 类型的数据对象,查看对象信息,实现对数据快速统计汇总、转置、排序、选择和布尔索引操作的工具等。通过完成本实验任务,读者应能够熟练掌握 pandas 基本功能的操作。

【训练内容】

(1)导入实验常用的 Python 包:pandas、numpy;
(2)创建 Series、DataFrame 对象,并查看相关信息;
(3)进行切片操作;
(4)对数据进行快速统计汇总、转置、排序和布尔索引等操作。

9.6.2 pandas 汇总和计算实验

【训练目标】

pandas 常用的数学和统计方法大部分用于约简和汇总统计,用来从系列中提取一个值(如总和或平均)或从数据帧的行(列)中提取一个系列。通过完成本实验任务,读者应能够熟练掌握 pandas 常用于统计和数学的操作方法。

【训练内容】

(1)导入实验常用的 Python 包:pandas、numpy 和 matplotlib;
(2)构建实验数据,使其按列统计、按行统计、进行求和运算;
(3)对 DataFrame 类型的数据按列计数、求平均值、求 std 和各个分位数;
(4)对 Series 对象进行分类计数;
(5)计算算术中数。

9.6.3 pandas 缺失数据处理

【训练目标】

在数据分析中,原始数据不完整的情况很常见。pandas 使用浮点值 NaN 表示浮点和非浮点数组中的缺失数据,使用 isnull()和 notnull()函数来判断缺失情况。对于缺失数据,一般的处理方法为过滤掉或者填充。通过完成本实验任务,读者应能够熟悉 pandas 缺失数据的处理方法。

【训练内容】

(1)导入实验常用的 Python 包:pandas、numpy 和 matplotlib;
(2)过滤 pandas 缺失数据;
(3)对 pandas 缺失值进行填充。

9.6.4 pandas 构建层次化索引

【训练目标】

层次化索引(Hierarchical Indexing)是 pandas 的一个重要功能,它可以在一个轴上有多个(两个以上)索引,这就表示 pandas 能够以低维度形式来表示高维度的数据。通过完成本实验任务,读者应进一步熟悉 pandas 的数据结构,能够用 pandas 构建层次化索引。

【训练内容】

(1)导入实验常用的 Python 包:pandas、numpy 和 matplotlib;
(2)数据维度转换;
(3)以外层索引方式或内层索引方式获取数据;
(4)对层次化数据进行排序操作。

第 10 章
pandas 数据分析

▶ 学习目标

① 熟悉 pandas 支持的文件类型，会对这些文件进行读写；

② 理解 pandas 与 MySQL 数据库交互的过程，会读写数据库中的表；

③ 熟悉 pandas 的字符串处理函数，能进行基本的处理；

④ 理解分组与聚合的过程，基本会用常用的聚合函数进行数据统计。

pandas 具有强大的数据分析功能，第 9 章主要介绍了基本的数据处理功能，本章重点介绍数据分析和与其他类型的文件进行交互的功能。

10.1 pandas 文件读写基础

第 6 章直接使用 Python 内置的文件操作函数来读写文件，实现了基本的数据处理功能。对于类似于二维表的大数据文件，使用 pandas 库的文件操作方法可以直接将数据转换成 pandas 的 DataFrame 数据结构，从而更有效地实现数据处理及相应的数据分析功能。本节主要讲解如何读写 CSV 和 Excel 文件。

10.1.1 CSV 文件的读写

CSV 文件一般是指用逗号分隔值（Comma-Separated Values，CSV，有时也称字符分隔值，分隔字符也可以不是逗号）以纯文本形式存储表格数据（数字和文本）的文件。纯文本意味着该文件是一个字符序列，不含必须像二进制数字那样被解读的数据。

CSV 文件泛指具有以下特征的任何文件：

（1）纯文本，使用某个字符集，如 ASCII、Unicode、EBCDIC 或 GB2312；

（2）由记录组成（典型的是每行一条记录）；

（3）每条记录被分隔符分隔为字段（典型分隔符有逗号、分号或制表符；有时分隔符可以包括可选的空格）；

（4）不同的记录有相同的字段序列。

1. CSV 文件的读取

pandas 模块用于读取 CSV 文件的方法是 read_csv()，其格式如下：

read_csv(filepath,sep=',',delimiter=None,header=0,names=None,index_col=None,usecols=None,squeeze=False,prefix=None,mangle_dupe_cols=True,dtype=None,engine=None,converters=None,

```
true_values=None,false_values=None,skipinitialspace=False,skiprows=None,nrows=None,na_values=
None,keep_default_na=True,na_filter=True,verbose=False,skip_blank_lines=True,parse_dates=False,
infer_datetime_format=False,keep_date_col=False,date_parser=None,dayfirst=False,iterator=False,
chunksize=None,compression='infer',thousands=None,decimal=b'.',lineterminator=None,quotechar='"',
quoting=0,escapechar=None,comment=None,encoding=None,dialect=None,tupleize_cols=None,error_
bad_lines=True,warn_bad_lines=True,skip_footer=0,doublequote=True,delim_whitespace=False,low_
memory=True,memory_map=False,float_precision=None)
```

read_csv()方法的参数很多，此处重点介绍常用的几个参数。

filepath：表示文件位置、URL、文件类型对象的字符串。

sep 或 delimiter：用于对行中各字段进行拆分的字符序列或正则表达式。

header：用作列名的行号。默认为 0（第一行），如果文件没有标题行，就将 header 参数设置为 None。

names：用于二维表列名的设置，可结合 header=None。

index_col：用作行索引的编号列或列名。可以是单个名称、数字或由多个名称、数字组成的列表（层次化索引）。

converters：由列号/列名与函数之间映射关系组成的字典。例如，{"age:",f}会对列索引为 age 的列的所有值应用函数 f()。

squeeze：如果数据经过解析之后只有一列，则返回 Series。

skiprows：需要忽略的行数（从 0 开始），设置的行数将不会进行读取。

nrows：需要读取的行数。

na_values：设置需要将值替换成 NaN 的值。

verbose：打印各种解析器的输出信息，如"非数值列中的缺失值的数量"等。

comment：用于设置注释开始的标识符。

encoding：用于 Unicode 的文本编码格式。例如，utf-8 或 gbk 等文本的编码格式。

parse_dates：尝试将数据解析为日期，默认为 False。如果为 True，则尝试解析所有列。除此之外，参数可以指定需要解析的一组列号或列名。如果列表的元素为列表或元组，就会将多个列组合到一起，再进行日期解析工作。

keep_date_col：如果连接多列解析日期，则保持参与连接的列。默认为 False。

date_parser：用于解析日期的函数。

dayfirst：当解析有歧义的日期时，将其看作国际格式（例如，7/6/2012 →June 7，2012），默认为 False。

iterator：返回一个 TextParser，以便逐块读取文件。

chunksize：文件块的大小（用于迭代）。

thousands：千分位分隔符，如"，"或"."。

skip_footer：需要忽略的行数（从文件末尾开始计算）。

如果要读取图 6-3 所示的 CSV 文件的内容，读取命令如下：

```
>>> import pandas as pd
>>> df = pd.read_csv("/home/ubuntu/test/jc2017.csv",header=None,encoding="utf-8")
#header=None 表示没有表头
>>> df
        0         1
0     姓名      手机号码
1     **辉   18352366565
```

```
2    **平    15751362522
3    涂*     18100670831
...
```

当文件内容中有中文字符时,要注意 encoding 参数的设置,也就是 CSV 文件的编码。

```
>>> df.columns                    #二维表的列名为 0、1
Int64Index([0, 1], dtype='int64')
>>> df = pd.read_csv("/home/ubuntu/test/jc2017.csv",encoding="utf-8")    #默认第一行为列名
>>> df
     姓名       手机号码
0    **辉     18352366565
1    **平     15751362522
2    涂*      18100670831
...
>>> df.columns                    #二维表的表头(列名)为姓名、手机号码
Index(['姓名', '手机号码'], dtype='object')
>>> df.index                      #默认的行索引从 0 开始
RangeIndex(start=0, stop=16, step=1)
>>> len(df)                       #有 16 条记录
16
>>> df["备注"] = [16,15,14,13,12,11,10,9,8,7,6,5,4,3,2,1]    #添加一列"备注"
>>> df
     姓名       手机号码          备注
0    **辉     18352366565     16
1    **平     15751362522     15
2    涂*      18100670831     14
3    侍正*    13852261506     13
4    陈月*    15952331944     12
5    王*瑶    15252330641     11
6    杜*宇    13852363326     10
7    李*雨    15298682741     9
8    李*丽    15052134671     8
9    王青*    13115240657     7
10   曾妍*    15250881539     6
11   陆*静    18252383291     5
12   张*迪    15152572905     4
13   林*豪    18762707303     3
14   **强     13770459330     2
15   ** 雅    18260321605     1
```

2. 将 DataFrame 二维表写成 CSV 文件

pandas 模块用于写 CSV 文件的方法是 to_csv(),其格式如下:

to_csv(self, path=None, sep=',', na_rep='', float_format=None, columns=None, header=True, index=True, index_label=None, mode='w', encoding=None, compression=None, quoting=None, quotechar='"', line_terminator='\n', chunksize=None, tupleize_cols=None, date_format=None, doublequote=True, escapechar=None, decimal='.')

各参数的含义基本与 read_cvs() 方法相同。

>>> df.to_csv("/home/ubuntu/test/jc2017_w.csv",header=True,sep="*",encoding="gbk",index=False)

写入成功后，即可用 gedit 打开该文件，如图 10-1 所示。各字段间用 "*" 分隔，带有标题行，行索引不写入。

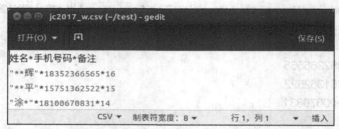

图 10-1 用 gedit 打开写入的 CSV 文件

10.1.2 Excel 文件的读写

1. Excel 文件的读取

pandas 模块用于读取 Excel 文件的方法是 read_Excel()，其格式如下：

read_Excel(io, sheet_name=0, header=0, names=None, index_col=None, usecols=None, squeeze=False, dtype=None, engine=None, converters=None, true_values=None, false_values=None, skiprows=None, nrows=None, na_values=None, parse_dates=False, date_parser=None, thousands=None, comment=None, skipfooter=0, convert_float=True, **kwds)

read_Excel() 方法的参数也较多，和 read_csv() 同名的参数意义基本相同。

io：表示要读取的文件及其路径。

sheet_name：表示要读取的工作表名或者工作表的序号，默认是最左边的工作表。

如果要读取图 10-2 所示的 Excel 文件内容，具体操作如下。

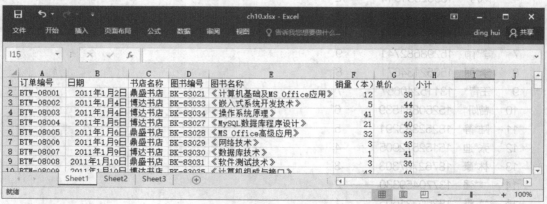

图 10-2 ch10.xlsx 文件的内容

>>> df = pd.read_Excel("/home/ubuntu/test/ch10.xlsx",encoding="gbk")
>>> df
    订单编号   日期   书店名称 ... 销量（本）   单价   小计

```
0   BTW-08001  2011-01-02  鼎盛书店  ...    12    36    NaN
1   BTW-08002  2011-01-04  博达书店  ...     5    44    NaN
2   BTW-08003  2011-01-04  博达书店  ...    41    39    NaN
3   BTW-08004  2011-01-05  博达书店  ...    21    40    NaN
4   BTW-08005  2011-01-06  鼎盛书店  ...    32    39    NaN
...
```

从结果可以看到,"小计"列原来是空的,读入后,其值为 NaN。

```
>>> df.columns              #列名就是 Excel 表的表头
Index(['订单编号', '日期', '书店名称', '图书编号', '图书名称', '销量(本)', '单价', '小计'], dtype='object')
>>> df.index                #行索引默认从 0 开始
RangeIndex(start=0, stop=31, step=1)
>>> df["小计"] = df["销量(本)"]*df["单价"]     #计算"小计"列
>>> df
    订单编号       日期      书店名称  ...  销量(本)  单价   小计
0   BTW-08001  2011-01-02  鼎盛书店  ...    12    36    432
1   BTW-08002  2011-01-04  博达书店  ...     5    44    220
2   BTW-08003  2011-01-04  博达书店  ...    41    39    1599
3   BTW-08004  2011-01-05  博达书店  ...    21    40    840
...
```

2. 将 DataFrame 二维表写成 Excel 文件

pandas 模块使用 to_Excel() 方法来进行 Excel 文件的写入。to_Excel() 方法的格式如下:

to_Excel(self, Excel_writer, sheet_name='Sheet1', na_rep='', float_format=None, columns=None, header=True, index=True, index_label=None, startrow=0, startcol=0, engine=None, merge_cells=True, encoding=None, inf_rep='inf', verbose=True, freeze_panes=None)

参数同 to_csv() 方法。

```
>>> df.to_Excel("/home/ubuntu/test/ch10_w.xlsx",sheet_name="图书",encoding="utf-8")
```

写入成功后,打开 ch10_w.xlsx 文件,如图 10-3 所示。此时可以看到,"小计"列的内容就是刚才计算的结果,并且工作表的名称是"图书"。注意,增加了一列,没有列名称,这是因为 index 参数使用了默认值 True,表示将行索引也写入。另外,"日期"列自动识别后采用国际格式,增加了时间。

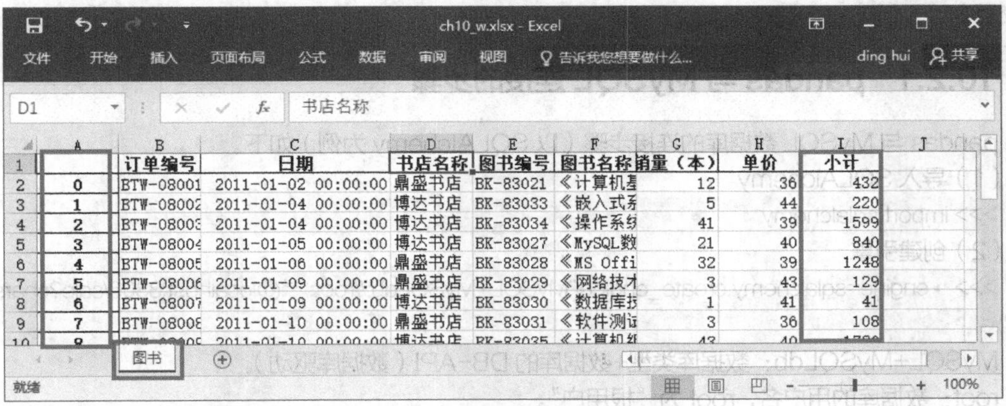

图 10-3 打开刚写入的 ch10_w.xlsx 文件

如果改用：

```
>>> df.to_Excel("/home/ubuntu/test/ch10_w_b.xlsx",sheet_name="图书",encoding= "utf-8",index=\
False)
```

重新写入，结果如图 10-4 所示，此时就没有索引列了。

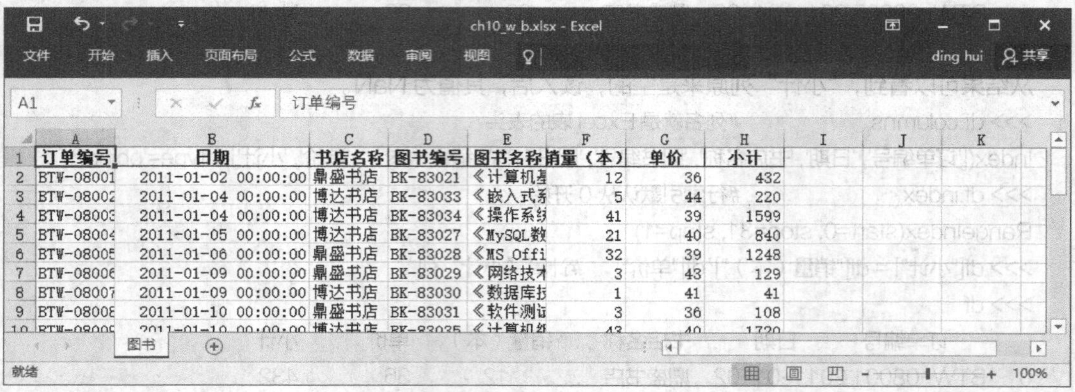

图 10-4 不带行索引写入 Excel 文件

☞ 写 Excel 文件时，如果出现"ModuleNotFoundError: No module named 'openpyxl'"的错误提示，可用 pip install openpyxl 命令安装 openpyxl 模块。

10.2 pandas 与 MySQL 数据库的交互

pandas 提供了数据二维表与关系型数据库交互的便捷方法，可以从关系型数据库中读取数据以生成 DataFrame 类型的对象，也可以直接将 DataFrame 类型的对象写入数据库。

pandas 与 MySQL 数据库的交互其实和 Python 与 MySQL 的交互是类似的，需要一个 ORM（Object-Relational Mapping）把关系型数据库的表结构映射到对象上，较为常用的是 SQLAlchemy 库。SQLAlchemy 支持 MySQL、PostgreSQL、Oracle、MS SQL Server、SQLite 等主流数据库。

在 Ubuntu 系统下，在 Python 3 版本中使用以下命令即可进行安装：

```
pip3 install sqlalchemy
pip3 install MySQLclient
```

当然 sqlalchemy 和 MySQLclient 这两个安装，需要已经安装了 MySQL 的 Server 才能进行后续的交互。

10.2.1 pandas 与 MySQL 连接的步骤

pandas 与 MySQL 数据库的连接步骤（以 SQLAlchemy 为例）如下。

（1）导入 SQLAlchemy

```
>>> import sqlalchemy
```

（2）创建引擎

```
>>>    engine=sqlalchemy.create_engine('MySQL+MySQLdb://root:***@localhost:3306/sale?charset=\
utf8')
```

MySQL+MySQLdb：数据库类型+数据库的 DB-API（数据库驱动）。

root：数据库的用户名，root 为"根用户"。

***：用户密码。

localhost：MySQL 服务器的名称，表示服务器和客户端在同一台机器上。
3306：服务器的端口号。
sale：数据库名称。
charset=utf8：设置字符编码格式，方便汉字的使用。

（3）读取 MySQL 数据库的数据

```
>>> df = pd.read_sql(sql, con, index_col=None, parse_dates=None, columns=None,chunksize=\
None)
```

sql：选择读取数据的查询语句。
con：设置引擎。
index_col：设置行索引列。
parse_dates：指定某列是否解释为日期。
columns：设置列名称。
chunksize：设置一次循环读取的数据块的大小。

（4）将数据写入 MySQL 数据库

数据读取为 DataFrame 类型的对象后，经过一系列处理，将处理结果写入 MySQL。

```
>>> df.to_sql(name, con, if_exists='fail', index=True, index_label=None, chunksize=None,\
dtype=None)
```

name：写入时必须提供的表名。
con：引擎参数。
if_exists：if_exists = 'replace'表示如果数据库中有 name 表，则替换；if_exists='append'，表示如果数据库中有 name 表，则在表后面添加；if_exists='fail'表示如果数据库中有 name 表，则写入失败。
index：行索引是否写入。
index_label：层次索引时才需要。
chunksize：设置数据块的大小。
dtype：写入的数据类型。

（5）关闭引擎

```
>>> engine.dispose()
```

10.2.2　pandas 与 MySQL 交互

下面通过具体实例来查看如何进行交互。

【例 10-1】图 10-5 是数据库 sale 内表 ddmx 的内容。请用 Python 编程，删除有 NULL 值的行，并计算"金额"（金额=数量*单价*（1-折扣））列，按产品类别统计每类商品的总金额，最后将新的计算结果存入 ddmx 表内，并在数据库 sale 内新建一个 spflhz 表，存放分类统计的结果。

分析：本例的主要思路是读取 MySQL 数据表的信息，生成 DataFrame 类型的数据对象，通过 pandas 数据清洗、汇总等功能进行处理，最后将处理结果存入数据库表中。

程序如下：

```
#ch10_1.py
#导入相关模块
import pandas as pd
import sqlalchemy
#导入相关的数据类型
```

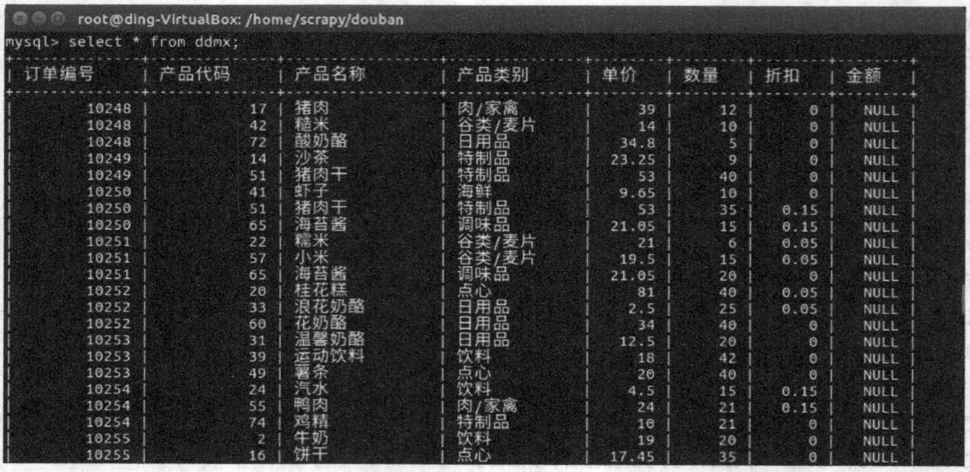

root@ding-VirtualBox: /home/scrapy/douban

mysql> select * from ddmx;

订单编号	产品代码	产品名称	产品类别	单价	数量	折扣	金额
10248	17	猪肉	肉/家禽	39	12	0	NULL
10248	42	糙米	谷类/麦片	14	10	0	NULL
10248	72	酸奶酪	日用品	34.8	5	0	NULL
10249	14	沙茶	特制品	23.25	9	0	NULL
10249	51	猪肉干	特制品	53	40	0	NULL
10250	41	虾子	海鲜	9.65	10	0	NULL
10250	51	猪肉干	特制品	53	35	0.15	NULL
10250	65	海苔酱	调味品	21.05	15	0.15	NULL
10251	22	糯米	谷类/麦片	21	6	0.05	NULL
10251	57	小米	谷类/麦片	19.5	15	0.05	NULL
10251	65	海苔酱	调味品	21.05	20	0	NULL
10252	20	桂花糕	点心	81	40	0.05	NULL
10252	33	浪花奶酪	日用品	2.5	25	0.05	NULL
10252	60	花奶酪	日用品	34	40	0	NULL
10253	31	温馨奶酪	日用品	12.5	20	0	NULL
10253	39	运动饮料	饮料	18	42	0	NULL
10253	49	薯条	点心	20	40	0	NULL
10254	24	汽水	饮料	4.5	15	0.15	NULL
10254	55	鸭肉	肉/家禽	24	21	0.15	NULL
10254	74	鸡精	特制品	10	21	0	NULL
10255	2	牛奶	饮料	19	20	0	NULL
10255	16	饼干	点心	17.45	35	0	NULL

图 10-5　订单明细

```
from sqlalchemy import Integer,Float,DATE,NVARCHAR

#定义 pandas 类型与 MySQL 类型的转换函数
def mapp(df):
    dtypedict = {}
    for i ,j in zip(df.columns,df.dtypes):   #列名与类型的映射
        if 'object' in str(j):
            dtypedict.update({i:NVARCHAR(255)})
        if 'int' in str(j):
            dtypedict.update({i:Integer()})
        if 'float' in str(j):
            dtypedict.update({i:Float(precision=2,asdecimal=True)})
        if 'datetime64' in str(j):
            dtypedict.update({i:DATE()})

    return dtypedict

#创建数据库连接的引擎
engine = sqlalchemy.create_engine("MySQL+MySQLdb://root:123123@localhost:3306/sale?charset
=utf8")

#读取数据表
ddmx = pd.read_sql("select * from ddmx",con=engine)

#去除空行
ddmx.dropna(axis=1)

#计算"金额"列
```

```
ddmx['金额'] = ddmx['数量']*ddmx['单价']*(1-ddmx['折扣'])

#统计每类商品的总金额
spflhz = ddmx.groupby(by='产品类别')['金额'].sum()

#将 spflhz 转换成 DataFrame 类型
spflhz = pd.DataFrame(data=spflhz.values.reshape(1,8),columns=spflhz.index)

#写入数据库
#生成字段类型
dtype_ddmx = mapp(ddmx)
ddmx.to_sql('ddmx',con=engine,if_exists='replace',dtype=dtype_ddmx)
dtype_spflhz = mapp(spflhz)
spflhz.to_sql('spflhz',con=engine,if_exists='replace',dtype=dtype_spflhz)

#关闭引擎
engine.dispose()
```

程序运行后,使用 MySQL 命令查看运行结果。这里主要查看 sale 数据库里是不是有 ddmx 和 spflhz 表,并分别查看表的记录,观察 ddmx 表的金额是否已经计算。spflhz 表有多少个字段,就表示将商品分为几类,可知每类商品的总金额为多少。

通过此例可以看到,pandas 读取 MySQL 的数据信息后,可以方便地进行各类处理,最后将处理结果再存入数据库,充分发挥 pandas 强大的数据处理能力。

☞ 读者可以使用 source 命令直接导入 ddmx.sql,即 MySQL> source ddmx.sql,而不需要在 Python 中进行数据库和表的创建。

10.3 pandas 字符串处理

pandas 提供了一组字符串函数,可以方便地对字符串数据进行操作,这些函数其实是针对 Series 的。对于 DataFrame 类型的对象,每一列就是一个 Series 类型的对象。因此 pandas 的字符串函数都是对 Series 类型对象的操作,先通过 pandas 内置的 str()方法转换成字符串,然后运用字符串处理函数进行处理。

```
>>> import pandas as pd
>>> dir(pd.Series.str)     #列出所有的方法和属性
['__class__', '__delattr__', '__dict__', '__dir__', '__doc__', '__eq__', '__format__', '__ge__',
'__getattribute__', '__getitem__', '__gt__', '__hash__', '__init__', '__init_subclass__', '__iter__', '__le__',
'__lt__', '__module__', '__ne__', '__new__', '__reduce__', '__reduce_ex__', '__repr__', '__setattr__',
'__sizeof__', '__str__', '__subclasshook__', '__weakref__', '_freeze', '_make_accessor', '_wrap_result',
'capitalize', 'cat', 'center', 'contains', 'count', 'decode', 'encode', 'endswith', 'extract', 'extractall', 'find', 'findall',
'get', 'get_dummies', 'index', 'isalnum', 'isalpha', 'isdecimal', 'isdigit', 'islower', 'isnumeric', 'isspace', 'istitle',
'isupper', 'join', 'len', 'ljust', 'lower', 'lstrip', 'match', 'normalize', 'pad', 'partition', 'repeat', 'replace', 'rfind', 'rindex',
'rjust', 'rpartition', 'rsplit', 'rstrip', 'slice', 'slice_replace', 'split', 'startswith', 'strip', 'swapcase', 'title', 'translate',
'upper', 'wrap', 'zfill']
```

pandas 提供了很多字符串操作函数,其中很多是和 2.3 节中的字符串函数同名的函数,功能也是一样的，只是 2.3 节中的函数是针对单个字符串操作的，这里介绍的是对序列的每一个元素进行操作的。例如：

```
>>> s = pd.Series(['Java','python','123'])
>>> s.str.len()    #输出序列中每一个元素的长度
0    4
1    6
2    3
dtype: int64
>>> s.str.isdigit()    #检查序列中每个元素是不是由数字构成的，"123"是由数字构成的，所以输出True
0    False
1    False
2    True
dtype: bool
#查找子字符串"t"，-1 表示没有查到，2 表示子字符串出现在 2 号位置
>>> s.str.find('t')
0    -1
1     2
2    -1
dtype: int64
```

为方便后续讲解，准备以下 DataFrame 类型的数据。

```
>>> ddmx
```

	订单编号	产品代码	产品名称	产品类别	单价	数量	金额
0	10248	17	猪肉	肉/家禽	39.00	12	468.00
1	10248	42	糙米	谷类/麦片	14.00	10	140.00
2	10248	72	酸奶酪	日用品	34.80	5	174.00
3	10249	14	沙茶	特制品	23.25	9	209.25
4	10249	51	猪肉干	特制品	53.00	40	2120.00

```
>>> ddmx.dtypes
订单编号    int64
产品代码    int64
产品名称    object
产品类别    object
单价      float64
数量      int64
金额      float64
```

1. cat()

格式：cat(self, others=None, sep=None, na_rep=None)

功能：依次用 sep 指定的字符拼接序列对应的元素。

others：序列，默认为空。

sep：连接的分隔符，默认为空。

na_rep：默认为 None，表示缺失值被忽略；否则用 na_rep 的字符串替换缺失值。

```
>>> pd.Series(['a', 'b', 'c']).str.cat(['A', 'B', 'C'], sep=',')
0    a,A
```

```
1    b,B
2    c,C
dtype: object
>>> pd.Series(['a', 'b', 'c']).str.cat(sep=',')    #生成了一个字符串
'a,b,c'
>>> pd.Series(['a', 'b']).str.cat([['x', 'y'], ['1', '2']], sep=',')
0    a,x,1
1    b,y,2
dtype: object
#用"="拼接"产品名称"和"单价",astype('str')强制将"单价"列转换为 str 类型
>>> jgb = pd.Series(ddmx['产品名称']).str.cat(others=pd.Series(ddmx['单价']).astype('str'), sep=' = ')
>>> jgb
0    猪肉=39.0
1    糙米=14.0
2    酸奶酪=34.8
3    沙茶=23.25
4    猪肉干=53.0
Name: 产品名称, dtype: object
#再在价格表后添加单位"元"
>>> jgb.str.cat(sep='元')
'猪肉 = 39.0 元糙米 = 14.0 元酸奶酪 = 34.8 元沙茶 = 23.25 元猪肉干 = 53.0 元'
```
这样拼接后就变成了字符串。下面改进一下,生成列表的形式。
```
>>> jgb = pd.Series(ddmx['产品名称']).str.cat(others=pd.Series(ddmx['单价']).astype('str'),sep=' = ')
>>> dw = pd.Series(('元*'*len(jgb)).split('*'))    #生成一个由"元"构成的 Series
>>> dw                        #最后多一个空元素
1    元
2    元
2    元
3    元
4    元
5
dtype: object
>>> del dw[5]                #删除最后的空元素
>>> jgb.str.cat(others=dw)   #拼接构成一个新的价格表
0    猪肉 = 39.0 元
1    糙米 = 14.0 元
2    酸奶酪 = 34.8 元
3    沙茶 = 23.25 元
4    猪肉干 = 53.0 元
Name: 产品名称, dtype: object
```
☞ 拼接的两个 Series 对象一定要长度一致。

2. get()

格式:get(self,i)

功能：提取指定位置的字符。
```
>>> pd.Series(ddmx['订单编号']).astype(str).str.get(0)
0    1
1    1
2    1
3    1
4    1
Name: 订单编号, dtype: object
>>> s = pd.Series(['Java','python','C#','delphi'])
>>> s
0      Java
1    python
2        C#
3     delphi
dtype: object
>>> s.str.get(2)
0      v
1      t
2    NaN
3      l
dtype: object
>>> s.str.get(-1)    #-1 代表最后一个位置
0    a
1    n
2    #
3    i
dtype: object
```

3. get_dummies()

格式：get_dummies(self, sep='|')

功能：将 Series 序列的每个元素用 sep 指定的字符进行分割，转换成一个单热点的 DataFrame 对象。

```
>>> s = pd.Series(['a', 'b', 'c'])
>>> s
0    a
1    b
2    c
dtype: object
>>> d = s.str.get_dummies()   #将 Series 的每个元素作为一个列名，行索引和列名交叉的位置为1
>>> d
   a  b  c
0  1  0  0
1  0  1  0
2  0  0  1
```

```
>>> s = pd.Series(['a|b', 'a', 'a|c'])
>>> s
0    a|b
1      a
2    a|c
dtype: object
>>> d = s.str.get_dummies()
```
#默认用"|"进行分割,所以"a|b"分割成"a"和"b",同样"a|c"分割成"a"和"c"
```
>>> d
   a  b  c
0  1  1  0
1  1  0  0
2  1  0  1
```

4. contains()

格式:contains(self, pat, case=True, flags=0, na=NaN, regex=True)
功能:如果元素中包含子字符串,则返回布尔值True,否则返回False。
pat:子字符串或者正则表达式。
case:True表示匹配时大小写敏感,否则不敏感。
flags:整型,默认为0,表示没有flags。
na:默认为NaN,替换缺失值。
regex:布尔值,默认为True。如果为True,则使用re.research,否则使用Python返回值。

```
>>> pd.Series(ddmx['产品名称']).str.contains('肉')    #包含"肉"的元素都返回True
0     True
1    False
2    False
3    False
4     True
Name: 产品名称, dtype: bool
>>> s = pd.Series(['a4','we43','3ere','slFd34','M2'])
>>> s
0        a4
1      we43
2      3ere
3    slFd34
4        M2
dtype: object
>>> pat=r'[a-z][0-9]'              #设置匹配模式
>>> s.str.contains(pat,case=False)   #case=False,大小写不敏感匹配
0     True
1     True
2    False
3     True
4     True
```

```
dtype: bool
>>> s.str.contains(pat,case=True)    #case=True,大小写敏感匹配
0    True
1    True
2    False
3    True
4    False
dtype: bool
```

5. replace()

格式：replace(self, pat, repl, n=-1, case=None, flags=0)
功能：用 repl 表示的字符串替换 pat 模式匹配的字符串。
n：表示替换的次数，-1 表示全部替换。

```
>>> s
0      a4
1    we43
2    3ere
3   slFd34
4      M2
dtype: object
>>> pat
'[a-z][0-9]'
>>> s.str.replace(pat,'aa')    #用 "aa" 替换与 pat 匹配的字符串
0      aa
1    waa3
2    3ere
3   slFaa4
4      M2
dtype: object
>>> s.str.replace(pat,'aa',case=False)    #case=False,大小写不敏感
0      aa
1    waa3
2    3ere
3   slFaa4
4      aa
dtype: object
```

6. extract()

格式：Series.str.extract(pat, flags=0, expand=None)
功能：从序列的每个元素中提取匹配的字符串，只返回第一个匹配的字符串。
expand：布尔型，表示是否返回 DataFrame 格式。

```
>>> s.str.extract('([d-z][0-9])')
0    NaN
1     e4
2    NaN
```

```
3        d3
4        NaN
dtype: object
```

7. extractall()

格式：extractall(pat, flags=0)

功能：返回所有匹配的子字符串及起始位置。

```
>>> s
0            a4
1           we43
2           3ere
3          slFd34
4            M2
dtype: object
>>> s.str.extractall('([a-z])')
              0
    match
0   0         a
1   0         w
    1         e
2   0         e
    1         r
    2         e
3   0         s
    1         l
    2         d
#match 列表示匹配的起始位置，最左边的一列代表元素的索引
```

10.4 pandas 数据分组与聚合

在 pandas 模块数据汇总中，其实已经在使用数据分组与聚合的概念了。如 df.groupby('age').count()语句，就是先对 df 对象按 age 列的值进行分组，然后统计每组的数量。groupby()完成的是分组功能，count()完成的是聚合功能。这里重点讲解分组与聚合的过程以及 agg()和 apply()两个聚合应用函数。

10.4.1 使用内置的聚合函数进行聚合运算

pandas 内置的聚合函数有 sum()、mean()、max()、min()、size()、describe()、count()、std()、var()等。

```
>>> ddmx    #sale 数据库的 ddmx 表
```

	订单编号	产品代码	产品名称	产品类别	单价	数量	折扣	金额
0	10248	17	猪肉	肉/家禽	39.00	12	0.00	468.0000
1	10248	42	糙米	谷类/麦片	14.00	10	0.00	140.0000
2	10248	72	酸奶酪	日用品	34.80	5	0.00	174.0000

3	10249	14		沙茶	特制品	23.25	9	0.00	209.2500
......	......								
904	10588	18		墨鱼	海鲜	62.50	40	0.20	2000.0000
905	10588	42		糙米	谷类/麦片	14.00	100	0.20	1120.0000

```
[906 rows x 8 columns]
#按"产品类别"进行分组，统计每组金额的和
>>> ddmx.groupby('产品类别')['金额'].sum()
产品类别
日用品           110183.2800
海鲜             48789.8615
点心             83242.0930
特制品            43525.3840
肉/家禽           73216.6500
调味品            51984.6360
谷类/麦片          44120.6850
饮料            126706.9750
Name: 金额, dtype: float64
>>> ddmx.groupby('产品类别')['单价'].mean()   #每类产品的平均单价
产品类别
日用品           27.378333
海鲜            20.289200
点心            24.437376
特制品           36.300833
肉/家禽          41.666220
调味品           21.837778
谷类/麦片         23.515823
饮料            34.568792
Name: 单价, dtype: float64
>>> ddmx.groupby('产品类别')['单价'].max()   #每类产品的最高单价
产品类别
日用品            55.00
海鲜             62.50
点心             81.00
特制品            53.00
肉/家禽          123.79
调味品            43.90
谷类/麦片          38.00
饮料            263.50
Name: 单价, dtype: float64
>>> ddmx.groupby('产品类别')['金额'].max()   #每类产品的最高销售额
产品类别
```

```
日用品        3300.00
海鲜         2000.00
点心         5268.00
特制品        2650.00
肉/家禽       4456.44
调味品        2985.20
谷类/麦片      2660.00
饮料         13175.00
Name: 金额, dtype: float64
>>> ddmx.groupby('产品类别')['折扣'].max()    #每类产品的最高折扣,都是 0.25
产品类别
日用品        0.25
海鲜         0.25
点心         0.25
特制品        0.25
肉/家禽       0.25
调味品        0.25
谷类/麦片      0.25
饮料         0.25
Name: 折扣, dtype: float64
```

通过 pandas 内置的聚合函数可以完成常规的统计分析工作。

10.4.2 分组与聚合过程

图 10-6 展示了分组与聚合的过程,原始数据有两列,分别是"组别"列和"成绩"列,将成绩按组别进行分组,分为 A、B、C 这 3 组,对这 3 组数据分别应用求和功能进行聚合,最后获得 3 组数据,即 A 组是 236,B 组是 154,C 组是 271。

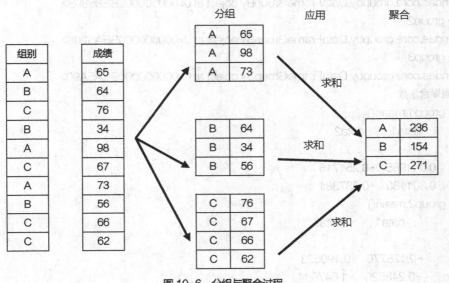

图 10-6 分组与聚合过程

10.4.3 agg()和apply()聚合函数

1. agg()函数

对于分组的某一列（行）或多个列（行，axis=0/1）应用 agg(func)，可以对分组后的数据应用 func 函数。例如，ddmx.groupby('产品类别')['金额'].agg('max')是对分组后的"金额"列求最大值。

```
>>> import pandas as pd
>>> import numpy as np
#创建一个 DataFrame 对象
>>> dict_obj = {'key1' : ['a', 'b', 'a', 'b', 'a', 'b', 'a', 'a'],'key2' : ['one', 'one', 'two', 'three',
'two', 'two', 'one', 'three'], 'data1': np.random.randn(8), 'data2': np.random.randn(8)}
>>> df_obj = pd.DataFrame(dict_obj)
>>> df_obj
      data1     data2    key1  key2
0   1.004852  -0.428909   a    one
1  -0.223542  -0.166087   b    one
2   0.378401  -0.187603   a    two
3   0.443293  -1.542669   b    three
4   1.034552  -0.055337   a    two
5   0.683789   0.546614   b    two
6  -1.167637   1.166566   a    one
7  -0.940345  -1.753299   a    three
#分组
>>> group1 = df_obj.groupby('key1')
>>> group2 = df_obj.groupby('key2')
>>> group3 = df_obj.groupby(['key1','key2'])   #按 key1 和 key2 进行分组
>>> group1
<pandas.core.groupby.DataFrameGroupBy object at 0x000000000BE85898>
>>> group2
<pandas.core.groupby.DataFrameGroupBy object at 0x000000000BEA5208>
>>> group3
<pandas.core.groupby.DataFrameGroupBy object at 0x000000000BEA5A90>
#内置聚合函数
>>> group1.mean()
        data1     data2
key1
a     0.061965  -0.251716
b     0.301180  -0.387381
>>> group2.mean()
          data1     data2
key2
one   -0.128776   0.190523
three -0.248526  -1.647984
```

```
two       0.698914  0.101225
>>> group3.mean()      #注意 key1 和 key2 的分组结构
            data1     data2
key1 key2
a    one   -0.081392  0.368828
     three -0.940345 -1.753299
     two    0.706476 -0.121470
b    one   -0.223542 -0.166087
     three  0.443293 -1.542669
     two    0.683789  0.546614
>>> group1.agg('mean')    #将内置聚合函数名作为字符参数传递给 agg()
        data1     data2
key1
a      0.061965  -0.251716
b      0.301180  -0.387381
>>> group2.agg('mean')
        data1     data2
key2
one    -0.128776  0.190523
three  -0.248526 -1.647984
two     0.698914  0.101225
>>> group3.agg('mean')
            data1     data2
key1 key2
a    one   -0.081392  0.368828
     three -0.940345 -1.753299
     two    0.706476 -0.121470
b    one   -0.223542 -0.166087
     three  0.443293 -1.542669
     two    0.683789  0.546614
>>> group1.agg(['mean','sum'])   #同时完成多个函数功能时，使用字符串列表的形式
        data1              data2
        mean      sum      mean      sum
key1
a      0.061965  0.309823  -0.251716 -1.258582
b      0.301180  0.903539  -0.387381 -1.162142
#自定义聚合函数
>>> def max_min_range(df):
        return df.max()-df.min()
>>> group1.agg(max_min_range)    #自定义的函数，需要用 agg()进行调用
        data1     data2
key1
a      2.202189  2.919865
```

```
b      0.907331    2.089283
>>> group1['data1'].agg(max_min_range)   #只对 data1 列进行聚合运算
key1
a      2.202189
b      0.907331
Name: data1, dtype: float64
>>> group1.agg(lambda df :df.max()-df.min())   #简单的自定义函数直接用 lambda 表达式
        data1       data2
key1
a      2.202189    2.919865
b      0.907331    2.089283
#不同的列运用不同的聚合函数，通过字典进行映射
>>> d_mapping = {'data1':'mean', 'data2':'sum'}
>>> group1.agg(d_mapping)
        data1       data2
key1
a      0.061965   -1.258582
b      0.301180   -1.162142
#对聚合列增加前缀，以增强对显示数据的理解
>>> group1.agg('mean').add_prefix('mean_')
        mean_data1  mean_data2
key1
a      0.061965    -0.251716
b      0.301180    -0.387381
```

☞ aggregate()函数的功能同 agg()函数。

2. apply()函数

apply()和 agg()在功能上差不多，apply()常用来进行不同分组缺失数据的填充和 top N 的计算，会产生层级索引。而 agg()可以同时传入多个函数，作用于不同的列。另外，agg()只能获得标量值，而 apply()可以返回多维数据。

```
>>> group1.agg('sum')
        data1       data2
key1
a      0.309823   -1.258582
b      0.903539   -1.162142
>>> group1.apply(['sum','mean'])     #apply()不能同时传递多个函数
Traceback (most recent call last):
…
TypeError: unhashable type: 'list'
>>> group1['data1','data2'].apply(lambda x: x / x.sum())
        data1       data2
0      3.243310    0.340788
1     -0.247407    0.142915
2      1.221345    0.149059
```

```
3    0.490619   1.327436
4    3.339170   0.043968
5    0.756789  -0.470350
6   -3.768723  -0.926889
7   -3.035103   1.393075
```
#agg()必须产生一个聚合的值,而不能是多维数据
```
>>> group1['data1','data2'].agg(lambda x: x / x.sum())
Traceback (most recent call last):
    File "C:\Users\Administrator\AppData\Local\Programs\Python\Python36\lib\site-packages\pandas\core\groupby.py", line 2357, in agg_series
    ...
Exception: Must produce aggregated value
```

10.5 项目训练:电影数据统计

【训练目标】

综合运用 pandas 的文件读取、数据处理和写 MySQL 数据库的功能,对电影文件(dianying.csv)中的电影票房、上映天数进行统计,全面掌握 Python 程序设计与 pandas 数据处理方法,具备大数据处理的初步能力。

【训练内容】

(1)CSV 文件信息读取;
(2)数据清洗;
(3)数据统计;
(4)MySQL 数据库的写入。

【训练步骤】

(1)项目分析

电影文件(dianying.csv)中包含"电影名称""上线时间""下线时间""公司""导演""主演""类型""票房"和"城市"信息。首先读取全部信息并去重,然后提取需要的信息,接着对提取的干净信息进行电影票房与上映天数的分组与聚合统计,最后将统计的结果写入 MySQL 数据库。

(2)项目实施步骤

- 读取文件信息并去重,保存成 DataFrame 格式;
- 提取信息并进行规范化处理;
- 分别对电影票房、上映天数进行统计;
- 对统计的结果进行格式等处理后写入数据库。

(3)编写程序

```
#ch10_p_1.py
#导入相关的库
import pandas as pd
import datetime
import sqlalchemy
from sqlalchemy import Float,Integer,NVARCHAR,DATE

#读取 CSV 中的数据,以";"作为分隔符来添加字段名
```

```python
df = pd.read_csv('dianying.csv',delimiter=';',encoding='utf-8',names=['电影名称','上线时间','下线时间','公
司','导演','主演','类型','票房','城市'])

#提取有效的列
dyxx = df.loc[:,['电影名称','上线时间','下线时间','票房','城市','类型']]

#输出初始行数，通过比较理解去重操作
print('原始数据行数：')
print(len(dyxx))

#去重处理
dyxx = dyxx.drop_duplicates().reset_index().drop('index',axis=1)

#输出去重后的行数
print('去重后的行数：')
print(len(dyxx))

#去除票房列多余的符号"）"且转换为 float 类型，规范处理
dyxx['票房'] = dyxx['票房'].str.split('（）').str[1].astype(float)

#将时间列转换为 datetime 时间类型，规范处理
dyxx['上线时间'] = pd.to_datetime(dyxx['上线时间'])
dyxx['下线时间'] = pd.to_datetime(dyxx['下线时间'])

#计算上映总天数
dyxx['上映天数'] = dyxx['下线时间']-dyxx['上线时间']+datetime.timedelta(days=1)

#按电影名称计算总票房及最多的上映天数
tjjg = dyxx.groupby('电影名称')['票房','上映天数'].agg({'票房':'sum','上映天数':'max'})

#将票房加上单位"万元"
dw = pd.Series(('万元*'*len(tjjg)).split('*'))
del dw[len(tjjg)]    #删除最后的空元素
#将票房强制转换成 str 类型，再运用 cat()拼接
tjjg['票房'] = tjjg['票房'].astype('str').str.cat(others=dw)

#增加电影名称列
tjjg['电影名称'] =tjjg.index

#增加天数（整数类型）列
tjjg['天数']=0
for i in range(len(tjjg)):
    tjjg.iloc[i,3]=tjjg.iloc[i,1].days    #提取 timedelta 的天数

#准备写入数据库
def mapp(df):
```

```
        dtypedict = {}
        for i ,j in zip(df.columns,df.dtypes):      #列名与类型的映射
            if 'object' in str(j):
                dtypedict.update({i:NVARCHAR(255)})
            if 'int' in str(j):
                dtypedict.update({i:Integer()})
            if 'float' in str(j):
                dtypedict.update({i:Float(precision=2,asdecimal=True)})
            if 'datetime64' in str(j):
                dtypedict.update({i:DATE()})
        return dtypedict
    del tjjg['上映天数']      #删除上映天数列
    dty = mapp(tjjg)      #生成写入的数据类型
    #创建引擎
    engine = sqlalchemy.create_engine("MySQL+MySQLdb://root@localhost:3306/dyxx?charset=utf8")
    #写入数据
    tjjg.to_sql(name='tjjg',con=engine,index=False,dtype=dty,if_exists='replace')

    engine.dispose()  #关闭引擎
```

（4）调试程序

上述代码相对较长，调试时可以适当加入一些 print()来输出中间结果，以便观察问题所在。Python 是解释型语言，碰到错误会停止执行，因此只要观察停止的语句，理解所抛出的异常，就能很容易找到问题并进行修改。例如，为了观察去重的效果，去重前输出总的数据行数，去重后再输出总行数，就可以知道去掉了多少重复的行数。再例如，可以在完成票房和天数的聚合运算后添加一条 print(tjjg)语句，观察一下统计结果，这样对写入数据库的数据会有所了解，最后，通过数据库的查看语句再次观察写入结果是否正确。本项目的执行结果是在 MySQL 数据库 dyxx 里创建了一个 tjjg 表。可以通过 select * from tjjg 语句查看表的记录，结果如图 10-7 所示。

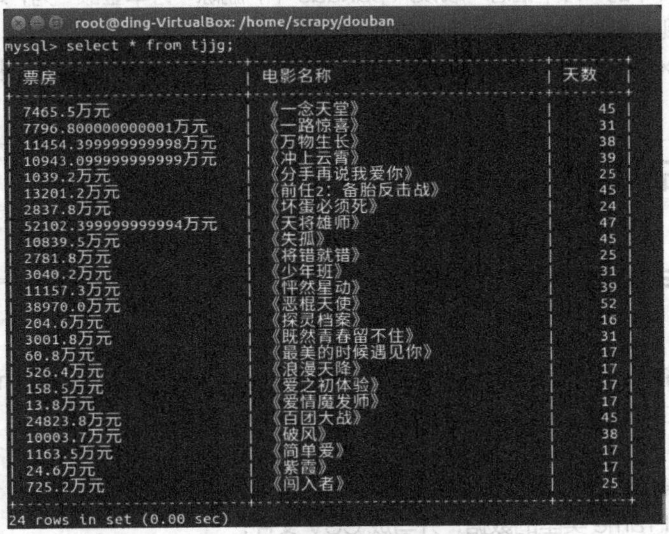
root@ding-VirtualBox: /home/scrapy/douban

mysql> select * from tjjg;

票房	电影名称	天数
7465.5万元	《一念天堂》	45
7796.800000000001万元	《一路惊喜》	31
11454.399999999998万元	《万物生长》	38
10943.099999999999万元	《冲上云霄》	39
1039.2万元	《分手再说我爱你》	25
13201.2万元	《前任2：备胎反击战》	45
2837.8万元	《坏蛋必须死》	24
52102.399999999994万元	《天将雄师》	47
10839.5万元	《失孤》	45
2781.8万元	《将错就错》	25
3040.2万元	《少年班》	31
11157.3万元	《怦然星动》	39
38970.0万元	《恶棍天使》	52
204.6万元	《探灵档案》	16
3001.8万元	《既然青春留不住》	31
60.8万元	《最美的时候遇见你》	17
526.4万元	《浪漫天降》	17
158.5万元	《爱之初体验》	17
13.8万元	《爱情魔发师》	17
24823.8万元	《百团大战》	45
10003.7万元	《破风》	38
1163.5万元	《简单爱》	17
24.6万元	《紫霞》	17
725.2万元	《闯入者》	25

24 rows in set (0.00 sec)

图 10-7 查看 tjjg 表的结果

思考：如果写入 MySQL 时要求按照"电影名称""票房""天数"的顺序排列，应该如何修改程序？

【训练小结】

请填写如表 1-1 所示的项目训练小结。

10.6 本章小结

1. CSV 文件是纯文本文件，通常以逗号作为分隔符。pandas 通过 read_csv() 和 to_csv() 方法进行读写。

2. 对于 Excel 文件，pandas 通过 read_Excel() 和 to_Excel() 方法进行读写。

3. pandas 与 MySQL 数据进行交互时，需要通过 ORM（Object-Relational Mapping）把关系型数据库的表结构映射到对象上，较为常用的是 SQLAlchemy 库。安装好 SQLAlchemy 后，pandas 与 MySQL 的交互过程如下：

① 创建引擎；
② 读取数据库的表；
③ 分析并处理数据；
④ 写入数据库；
⑤ 关闭引擎。

4. pandas 具有强大的字符处理功能，定义了很多字符处理函数，需要在不断的使用中熟悉。

5. pandas 具有很强的聚合处理能力，能够使用内置的函数或者自定义的函数进行整列（行）的处理，而不需要逐行（列）进行循环处理。

10.7 练习

1. 将 sale.xlsx 中的"订单明细"表读入 pandas 中，计算金额列（金额=单价*数量*(1-折扣)）；统计金额前 5 名和后 5 名的订单，并按产品代号分类统计各产品的金额总和及平均值，存入 MySQL 数据库 sale 的表 ddhz 内。

2. 将 sale.xlsx 中的"订单信息"表读入 pandas 中，删除"订单金额"列；增加"发货天数"列，并填入从订货日期到发货日期之间的天数；按"发货地区"统计订单数量。

3. 将 sale.xlsx 中的"客户信息"和"订单信息"表读入 pandas 中，按"地区"统计客户数量，按"客户代码统计"统计每位客户的订单数。

10.8 拓展训练项目

10.8.1 pandas 文件读写

【训练目标】

pandas 可以将 CSV 文件、Excel 文件等的表格数据读入并转换成 DataFrame 类型的数据结构，然后通过各类操作对数据进行处理和分析，以挖掘数据中有价值的信息。

【训练内容】

（1）导入实验常用的 Python 包：pandas、numpy 和 matplotlib；

（2）构建 DataFrame 类型的数据，并写成 CSV 文件；

（3）读入 CSV 文件和 Excel 文件信息，并进行简单的操作。

10.8.2 pandas 数据库读写

【训练目标】

pandas 可以与数据库进行方便的交互。通过本项目的实践，读者应熟悉在 Python 中操作 SQLite 数据库的方法，并能将通过查询方式获取的数据库表的数据转换成 DataFrame 类型的对象；还应掌握直接读入 SQLite 表来构建 DataFrame 类型对象的方法。

【训练内容】

（1）导入实验常用的 Python 包：pandas、numpy、matplotlib、pandas.io.sql；
（2）创建 SQLite 数据表的结构并插入数据；
（3）查询表的记录；
（4）将查询的结果转换成 DataFrame 类型的对象；
（5）从 SQLite 数据表直接读入数据来生成 DataFrame 类型的对象。

10.8.3 pandas 数据处理

【训练目标】

pandas 具有强大的数据处理功能。通过本项目的实践，读者应熟悉表的合并、索引重置、列的运算、元素值的修改等操作。

【训练内容】

（1）导入实验常用的 Python 包：pandas、numpy；
（2）DataFrame 类型的数据合并操作（concat()方法）；
（3）对合并后的数据重置索引；
（4）map()方法的使用；
（5）根据条件改写元素的值。

10.8.4 pandas 数据聚合和组迭代

【训练目标】

通过实践，读者应理解数据聚合和分组迭代的概念，会在分组的基础上进行聚合操作。

【训练内容】

（1）导入实验常用的 Python 包：pandas、numpy；
（2）构建实践需要的 DataFrame 类型的数据对象；
（3）按 key1 进行分组并统计 data1 的平均值；
（4）按 key1、key2 进行分组并统计 data1 的平均值；
（5）查看按 key1 和按 key1、key2 分组的结果；
（6）按 DataFrame.dtypes 进行分组，注意设置 axis=1。

第 11 章
Python可视化与可视化工具

▶ 学习目标

① 了解支持 Python 可视化的第三方库，会初步根据需要选择相应的库；
② 会用 pandas 和 matplotlib.pyplot 绘制散点图、直方图、折线图、柱状图等，并进行图形元素的设置；
③ 理解折线图、柱状图、散点图、直方图所表示的信息之间的关系，会恰当选用；
④ 理解 matplotlib 交互绘图模式的作用，会合理运用；
⑤ 熟悉子图的绘制方法，会初步绘制子图。

数据可视化是以图形或图表的形式展示数据的。数据可视化后，可以更加直观地帮助人们快速理解数据，发现数据的关键点。

数据可视化技术是对数据视觉表现形式的科学技术研究，是较为高级的技术方法。这些技术方法允许利用图形和图像处理、计算机视觉及用户界面，通过表达、建模，以及对立体、表面、属性和动画的显示，对数据进行可视化解释。Python有丰富的、功能强大的第三方库的支持，在数据可视化方面具有较强的功能。

11.1 Python 可视化与可视化工具介绍

数据可视化对于数据描述及探索性分析至关重要。恰当的统计图表可以更有效地传递数据信息。Python 中已经有很多数据可视化方面的第三方库，如 matplotlib、pandas、Seaborn、ggplot、Bokeh、pygal、geoplotlib 等。

- matplotlib 是一个 Python 绘图库，已经成为 Python 中公认的数据可视化工具。通过 matplotlib 可以很轻松地画一些图形，用几行代码即可生成折线图、直方图、条形图、散点图等，使用方便、简单。

- pandas 库更加普及，它经常应用于市场分析、金融分析及科学计算中。作为数据分析工具的集大成者，pandas 的作者曾说，pandas 的可视化功能比 matplotlib 的子库 pyplot 更加简便和强大。通常情况下，pandas 就足够应付全部的可视化工作了。

- Seaborn 是基于 matplotlib 产生的一个模块，专攻统计可视化，可以和 pandas 进行无缝链接，初学者更容易上手。相对于 matplotlib，Seaborn 的语法更简洁，两者的关系类似于 numpy 和 pandas 之间的关系。

- HoloViews 是一个开源的 Python 库，可以用非常少的代码完成数据分析和可视化。除了默认的 matplotlib 后端外，其还有一个 Bokeh 后端。Bokeh 提供了一个强大的平台，结合 Bokeh 提供的交互式小部件，可以使用 HTML 5 canvas 和 WebGL 快速进行交互和高维可视，非常适合于数据的交互式探索。

- Altair 是 Python 的一个公认的统计可视化库。它的 API 简单、友好、一致，并建立在强大的 vega-lite（交互式图形语法）之上。Altair API 不包含实际的可视化呈现代码，而是按照 vega-lite 规范输出 JSON 数据结构。由此产生的数据可以在用户界面中呈现，可视化效果好，且只需很少的代码。
- PyQtGraph 是在 PyQt 4/PySide 和 numpy 上构建的纯 Python 的 GUI 图形库。它主要用于数学、科学、工程领域。尽管 PyQtGraph 完全是在 Python 中编写的，但它本身就是一个功能非常强大的图形系统，可以进行大量的数据处理和数字运算；使用了 PyQt 的 GraphicsView 框架优化和简化了工作流程，能以最小的工作量完成数据可视化，且速度非常快。
- ggplot 是基于 R 的 ggplot 2 和图形语法的 Python 绘图系统，可用更少的代码绘制更专业的图形。它使用一个高级且富有表现力的 API 来实现线、点等元素的添加以及颜色的更改等，而不需要重复使用相同的代码。然而对那些试图进行高级定制的用户来说，尽管 ggplot 也可以制作一些非常复杂、好看的图形，它也并不是最好的选择。ggplot 与 pandas 紧密联系。如果用户打算使用 ggplot，最好将数据保存在 DataFrames 中。
- Bokeh 是一个 Python 交互式可视化库，支持现代化 Web 浏览器展示（图表可以输出为 JSON 对象、HTML 文档或者可交互的网络应用）。它提供风格优雅、简洁的 D3.js 的图形化样式，并将其扩展到高性能交互的数据集、数据流上。使用 Bokeh 可以快速、便捷地创建交互式绘图、仪表板和数据应用程序等。Bokeh 能与 numpy、pandas、Blaze 等大部分数组或表格式的数据结构完美结合。
- pygal 是一种开放标准的矢量图形语言，它基于 XML（Extensible Markup Language），可以生成多个输出格式的高分辨率 Web 图形页面，还支持给定数据的 HTML 表导出。用户可以直接用代码来描绘图像，还可以用任何文字处理工具打开 SVG 图像，通过改变部分代码来使图像具有交互功能，并且可以插入到 HTML 中以通过浏览器观看。
- VisPy 是一个用于交互式科学可视化的 Python 库，它快速、可伸缩且易于使用。VisPy 还是一个高性能的交互式 2D/3D 数据可视化库，其利用了现代图形处理单元（GPU）的计算能力，通过 OpenGL 库显示非常大的数据集。
- NetworkX 是一个 Python 包，用于创建、操纵和研究复杂网络的结构以及学习复杂网络的结构、功能及其动力学。NetworkX 提供了适合各种数据结构的图表，还有大量标准的图算法、网络结构和分析措施，可以产生随机网络、合成网络或经典网络，且节点可以是文本、图像、XML 记录等，并提供了一些示例数据（如权重、时间序列）。NetworkX 测试的代码覆盖率超过 90%，使其成为一个多样化、易于教学、能快速生成图形的 Python 平台。
- Plotly 的 Python Graphing Library 在网上提供了交互式的、公开的、高质量的图表集，可与 R、Python、Matlab 等软件对接。它拥有在其他库中很难找到的几种图表类型，如等值线图、树形图和三维图表等。Plotly 申请了 API 密钥，可以一键将统计图形同步到云端。但美中不足的是，在打开国外网站时，会比较费时，且一个账号只能创建 25 个图表，除非用户升级或删除一些图表。
- folium 是建立在 Python 系统之上的 js 库，可以轻松地将在 Python 中操作的数据可视化为交互式的单张地图，且将数据与地图紧密地联系在一起，可自定义箭头、网格等 HTML 格式的地图标记。该库还附有一些内置的地形数据。
- Gleam 允许用户只利用 Python 程序将分析生成可视化的网络应用，用户无须具备 HTML CSS 或 JavaScript 知识，就能使用任一种 Python 可视化库控制输入。当创建一个图表的时候，可以在上面加上一个域，让任何人都可以实时地玩转数据，使数据更通俗易懂。
- Vincent 是一个很酷的可视化工具，它以 Python 数据结构作为数据源，然后把其翻译成 Vega 可视化语法，并且能够在 D3.js 上运行。这让用户可以使用 Python 脚本创建漂亮的 3D 图形来展示自己的数据。Vincent 底层使用 pandas 数据，并且支持大量的图表：条形图、线图、散点图、热力图、堆条图、分组条形图、饼图、圈图、地图等。

- Python-igraph 是 Python 界面的 igraph 高性能图形库，主要针对复杂的网络研究和分析。
- Mayavi2 是一个通用的、跨平台的三维科学数据可视化工具，可以在二维和三维空间中显示标量、向量和张量数据，可通过自定义源、模块和数据过滤器轻松扩展。Mayavi2 也可以作为一个绘图引擎生成 matplotlib 或 gnuplot 脚本，也可以作为其他应用程序的交互式可视化库将生成的图片嵌入到其他应用程序中。
- geoplotlib 是 Python 的一个用于地理数据可视化和地图绘制的工具箱，它提供了一个原始数据和所有可视化之间的基本接口，支持在纯 Python 中开发硬件加速的交互式可视化，并提供点映射、内核密度估计、空间图、泰森多边形图、形状文件，并且可实现常见的空间可视化。除了为常用的地理数据提供内置的可视化功能外，geoplotlib 还允许通过定义定制层来定义复杂的数据可视化（绘制 OpenGL，如分数、行和具有高性能的多边形），创建动画。
- Basemap 和 Cartopy 包支持多个地理投影，并提供一些可视化效果，包括点图、热图、等高线图和形状文件。
- PySAL 是一个由 Python 编写的空间分析函数的开源库，它提供了许多基本的工具，主要用于形状文件。但是，该库不允许用户绘制地图贴图，并且对自定义可视化、交互性和动画的支持有限。
- Leather 适用于立即需要一个图表并且对图表的完美性要求不高的用户。它可以用于所有的数据类型，然后生成 SVG 图像，这样在调整图像大小的时候就不会损失图像质量。Leather 很新，一些文档还没有最后完成，图像成品非常基础——但这就是其设计目标。
- missingno 用图像的方式让用户能够快速评估数据缺失的情况，而不是在数据表里步履维艰。missingno 可以根据数据的完整度对数据进行排序或过滤，或者根据热度图、树状图来对数据进行修正。

Python 有很多不同的可视化工具，能否选择一个正确的工具有时是一种挑战。如果要做一些专业的统计图表，推荐使用 Seaborn、Altair；数学、科学、工程领域的读者可选择 PyQtGraph、VisPy、Mayavi2。在网络研究和分析方面，NetworkX、Python-igraph 是不错的选择；地理投影方面可选 folium、geoplotlib；评估数据缺失可选择 missingno；而有了 HoloViews，就不用为高维图形犯愁了；如果用户不喜欢花哨的修饰，可以选择 Leather；如果用户是一名新手，matplotlib、pandas 会很好上手。

本章将重点讲解 pandas 及 matplotlib 的绘图功能，它们是现在非常常用和稳健的数据可视化解决方案。

11.2 pandas 基本图形绘制

pandas 是基于 numpy 实现的 Python 第三方库，提供高性能易用的数据分析工具，其常与 numpy 和 matplotlib 一同使用，可高效地处理数据并实现数据的可视化。

11.2.1 折线图

折线图是二维图。由（x，y）坐标确定相应的点，然后将这些点依次连接起来，从而形成折线图。折线图通常用来表示数据变化的趋势，一般是随时间变化的趋势。

1. 绘图准备

此处主要做的是基本库导入，主要是 pandas、numpy、matplotlib、matplotlib.pyplot 库的导入。在脚本文件的开头包含以下导入语句，或者在交互模式下依次执行以下语句：

```
import numpy as np
import pandas as pd
import matplotlib.pyplot as plt
```

后面将直接使用这些库，不再重复导入。

2. 由 Series 类型的数据生成折线图

使用 Series.plot()方法创建折线图，步骤如下。

① 创建 Series 对象。

```
>>> s = pd.Series(np.random.rand(100))    #随机产生 100 个 0~1 之间的服从正态分布的样本
```

② 绘制折线图。

```
>>> s.plot()
```

③ 显示所绘图形。

```
>>> plt.show()
```

所绘图形如图 11-1 所示，可以看到随机数都在 0~1 之间。

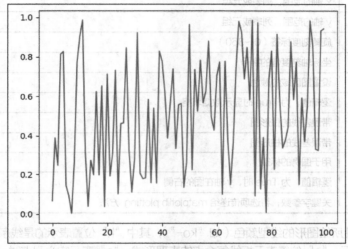

图 11-1　Series 对象生成的折线图

Series.plot()方法的参数很多，使用 help(pd.Series.plot)列出 Series.plot()方法所有的参数：

"self, kind='line', ax=None, figsize=None, use_index=True, title=None, grid=None, legend=False, style=None, logx=False, logy=False, loglog=False, xticks=None, yticks=None, xlim=None, ylim=None, rot=None, fontsize=None, colormap=None, table=False, yerr=None, xerr=None, label=None, secondary_y=False, **kwds"。

Series.plot()方法的参数及其说明如表 11-1 所示。

表 11-1　Series.plot()方法的参数及其说明

参数	说明
kind	可以是 line、bar、barh、kde、hist、box、density、area、pie，表示图的类型
ax	要在其上进行绘制的 matplotlib subplot（子图）对象。如果没有设置，则使用当前 matplotlib subplot
figsize	元组表示的图的尺寸，单位为英寸
use_index	逻辑值，默认用索引做 x 轴
title	图表的标题
grid	显示轴网格线
legend	逻辑值，为 True 时显示图例

续表

参数	说明
style	设置所绘图形的线型颜色（如"ko-"）
logx	在 x 轴上使用对数刻度
logy	在 y 轴上使用对数标尺
loglog	逻辑值，同时设置 x、y 轴的刻度是否取对数
xticks	设置 x 轴刻度的值，序列形式
yticks	设置 y 轴刻度的值，序列形式
xlim	x 轴的范围，列表或元组
ylim	y 轴的范围，列表或元组
rot	旋转刻度标签（0~360）
fontsize	坐标轴刻度值的字号
colormap	设置图区域的颜色
table	逻辑值，为 True 时显示数据表格
yerr	带误差线的柱形图
xerr	带误差线的柱形图
label	用于图例的标签
secondary_y	逻辑值，为 True 时，y 轴在图的右侧
**kwds	关键字参数，将选项传递给 matplotlib plotting 方法

style 参数设置所绘图形的线型颜色（如"ko-"），其中"k"位置表示的是线条颜色，线条颜色的种类如表 11-2 所示。"o"位置表示折线每个点的表现形式，"o"表示实心圆点时，"x"表示 x 形点；"-"位置表示线型，"-"表示实线，"--"表示短画线，"-."表示点画线，":"表示虚线。

表 11-2 线条颜色的种类

别名	b	g	r	c	m	y	k	w
全名	Blue	Green	Red	Cyan	Magenta	Yellow	Black	White

也可将这三者的表示形式分开，写法如下：

series.plot(linestyle='dashed', color='k', marker='o')

④ 重绘折线图。

```
>>> s.plot(legend=True,title='line picture',style='bo-')    #增加了图例、标题、线型颜色
>>> plt.show()
```

结果如图 11-2 所示，图上有图例和标题，这些是通过参数设置来改变的。

3. 由 DataFrame 类型的数据生成折线图

使用 DataFrame.plot()方法创建折线图，步骤如下。

① 创建 DataFrame 对象。

```
>>> df = pd.DataFrame(np.random.randn(100,2),index=range(100),columns=list('AB'))
>>> df = df.cumsum()         #累积值，使图有区分
```

② 绘图。

```
>>> df.plot(use_index=True,title="DataFrame picture")
```

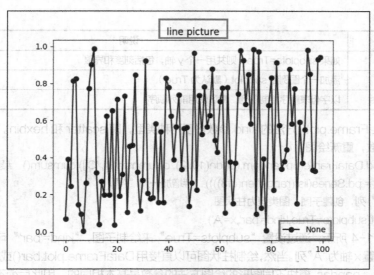

图 11-2 增加了图例和标题的折线图

③ 显示图形。
>>> plt.show()

结果如图 11-3 所示。

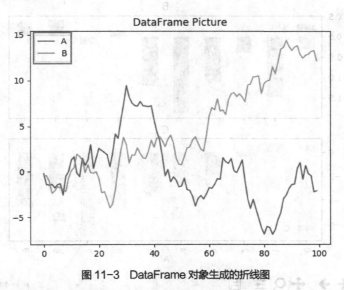

图 11-3 DataFrame 对象生成的折线图

每个 columns 列都可绘制一条折线，用不同的图例进行区分。

DataFrame.plot()方法除了与 Series.plot()方法具有相同的参数外，还有另外一些参数，如表 11-3 所示。

表 11-3　DataFrame.plot()方法的其他参数

参数	说明
subplots	逻辑值，为 True 时，将各个 DataFrame 列绘制到单独的 subplot（子图）中
sharex	如果 subplots=True，则共用一个 x 轴，包括刻度和界限

续表

参数	说明
sharey	如果 subplots=True，则共用一个 y 轴，包括刻度和界限
legend	添加一个图例到 subplot（默认为 True）
sort_columns	以字母表顺序绘制各列，默认使用前列顺序

另外，DataFrame.plot()方法的 kind 参数多了两种类型，即 scatter 和 hexbin。

④ 改变参数，重新绘图。

```
>>> df3 = pd.DataFrame(np.random.randn(10, 2), columns=['B', 'C']).cumsum()    #累积值
>>> df3['A'] = pd.Series(list(range(len(df3))))    #增加一列"A"
#x 轴为"A"列，创建子图，图类型为柱状图
>>> df3.plot(subplots=True,kind='bar',x='A')
```

结果如图 11-4 所示，通过设置"subplots=True"来绘制子图，"kind='bar'"可设置图形为柱状图，"x='A'"可设置x轴为"A"列。当然，绘制柱状图可以直接用DataFrame.plot.bar()或Series.plot.bar()方法。由此可见，pandas 模块不同图形的绘图方法的参数是基本相同的，因此后续不同类型图的绘制方法就很好理解了，相同的参数不再重复讲解。

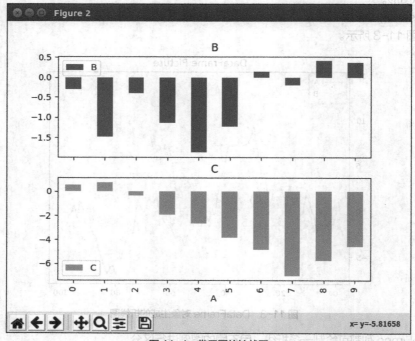

图 11-4　带子图的柱状图

11.2.2　柱状图

柱状图又称长条图、条图、条状图、棒形图，是一种以长方形的长度作为变量的统计图表，由一系列高度不等的纵向长方形表示数据分布的情况，用来比较两个及以上的数值（不同时间或者不同条件），柱状图只有一个变量，通常用于较小的数据集分析。柱状图亦可横向排列，或用多维方式表达。柱状图展示的是数值对比关系，可以通过长方形的长度表现哪些类别高、哪些类别低等情况。

pandas 中绘制柱状图可以用 DataFrame.plot.bar()或 Series.plot.bar()，也可在 DataFrame.plot()或 Series.plot()方法中使用"kind='bar'"参数进行绘制。示例如下：

```
>>> s = pd.Series(np.random.randn(10),index=list("abcdefghij"))
>>> s.plot(kind='bar',alpha=0.5)    #alpha 表示透明度，取值范围是 0～1
>>> plt.axhline(0, color='k')   #在 y=0 处绘一条黑色的直线
>>> plt.show()
```

结果如图 11-5 所示，默认使用不同的颜色表示不同的柱子，柱子为半透明。

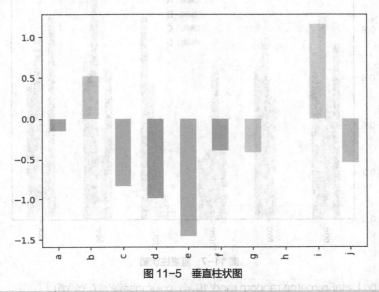

图 11-5　垂直柱状图

```
>>> s = pd.Series(np.random.randn(10),index=list("abcdefghij"))
>>> s.plot(kind='barh',alpha=0.5)    #水平柱状图
>>> plt.show()
```

结果如图 11-6 所示，长方形柱子水平放置。

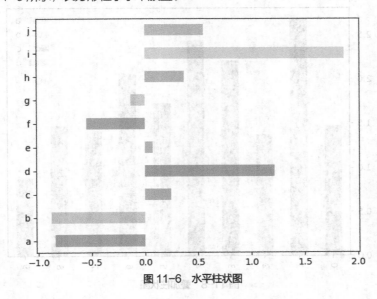

图 11-6　水平柱状图

```
>>> df = pd.DataFrame(np.random.rand(6, 4),index=['one', 'two', 'three', 'four','five', 'six'],columns=
pd.Index(['A', 'B', 'C', 'D'], name='Genus'))
>>> df.plot.bar()
>>> plt.show()
```

结果如图 11-7 所示,一种颜色代表一列数据,索引号是 x 轴坐标。

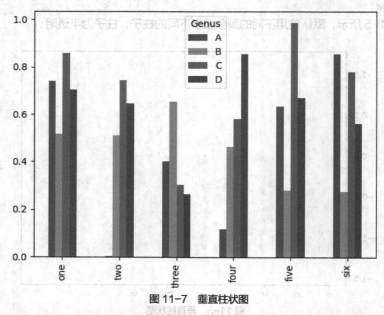

图 11-7 垂直柱状图

```
>>> df = pd.DataFrame(np.random.rand(10, 4), columns=['a', 'b', 'c', 'd'])
>>> df.plot.bar(stacked=True,use_index=True)    #叠加
>>> plt.show()
```

结果如图 11-8 所示,每行 4 列的数据用不同的颜色进行叠加显示。

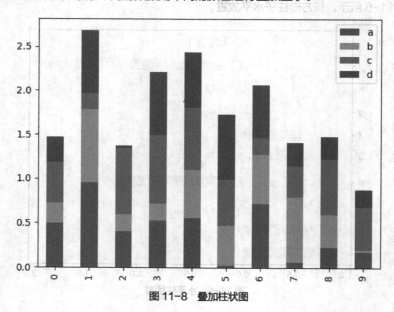

图 11-8 叠加柱状图

11.2.3 直方图

直方图（Histogram）是一种可以对值的频率进行离散化显示的柱状图。数据点被拆分到离散的、间隔均匀的面元中，绘制的是各面元中数据点的数量。直方图描述的是分类统计结果，即数据分布情况，一般用横轴表示数据类型，用纵轴表示分布情况。

pandas 中绘制直方图可以用 DataFrame.plot.hist()或 Series.plot.hist()，也可在 DataFrame.plot()或 Series.plot()方法中使用 "kind='hist'" 参数进行绘制。示例如下：

```
#随机生成 1～5 之间的整数 100 个
>>> data = pd.Series(np.random.randint(low=1,high=5,size=100))
#生成直方图，蓝色，带图例，x 轴为 0～5
>>> data.plot.hist(color='b',xticks=range(6),legend=True)
>>> plt.show（）
```

结果如图 11-9 所示。

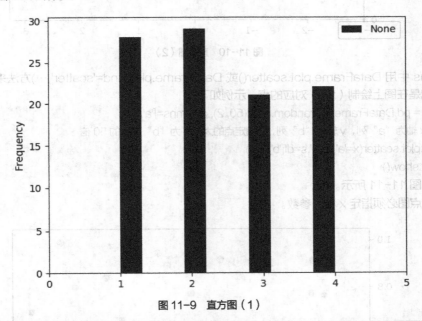

图 11-9　直方图（1）

```
>>> df4 = pd.DataFrame({'a': np.random.randn(100) + 1, 'b': np.random.randn(100), }, columns=['a','b'])
#透明度为 0.5，bins 为显示的柱子数目，本例分为 30 个区段，x 轴为-3～4
>>> df4.plot.hist(subplots=True,alpha=0.5,bins=30,xticks=range(-3,4))
>>> plt.show()
```

结果如图 11-10 所示，由于设置了 "subplots=True"，所以每列统计结果分子图显示。

11.2.4 散点图

散点图通常用来表述两个连续变量之间的关系，图中的每个点表示目标数据集中的每个样本。在回归分析中，散点图是数据点在直角坐标系平面上的分布图，表示因变量随自变量而变化的大致趋势，据此可以选择合适的函数对数据点进行拟合。

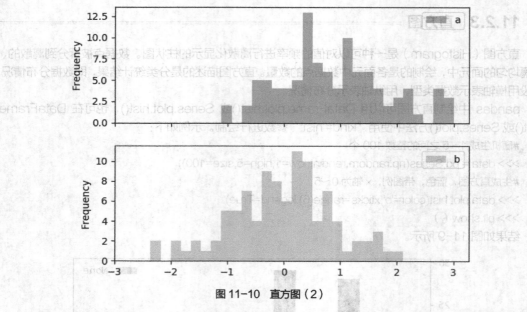

图 11-10 直方图(2)

pandas 中用 DataFrame.plot.scatter()或 DataFrame.plot(kind='scatter',…)方法来绘制。散点图的绘制就是在图上绘制(x,y)对应的点。示例如下:

```
>>> df = pd.DataFrame(np.random.rand(50, 2), columns=['a', 'b'])
#指定 x 轴为 "a" 列,y 轴为 "b" 列,s 指定点的大小,为 "b" 列值的 50 倍
>>> df.plot.scatter(x='a',y='b',s=df['b']*50)
>>> plt.show()
```

结果如图 11-11 所示。

☞ 散点图必须指定 x 和 y 参数。

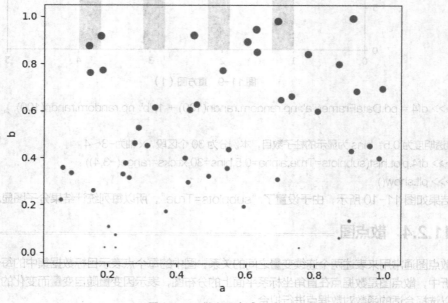

图 11-11 散点图(1)

```
>>> df = pd.DataFrame(np.random.rand(50, 4), columns=['a', 'b', 'c', 'd'])
#在单个轴上绘制多个列组,要用重复指定目标轴的绘图方法
#建议指定颜色和标签关键字来区分每个组
#指定目标轴,3 个图都绘制在一个目标轴上
>>> ax = df.plot.scatter(x='a', y='b', color='DarkBlue', label='Group 1')
>>> df.plot.scatter(x='a', y='d', color='r', label='Group 2', ax=ax)
>>> df.plot.scatter(x='a', y='c', color='k', label='Group 3', ax=ax)
>>> plt.show()
```

结果如图 11-12 所示。

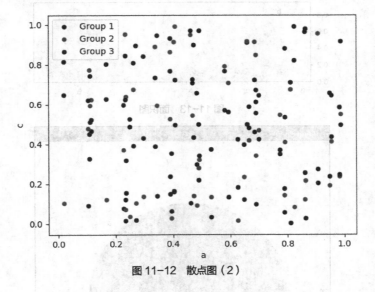

图 11-12 散点图(2)

11.2.5 面积图

面积图又称区域图,强调数量随时间而变化的程度,也可用于引起人们对总值趋势的注意。堆积面积图和百分比堆积面积图还可以显示部分与整体的关系。

pandas 中可以使用 Series.plot.area()、DataFrame.plot.area()或 Series.plot(kind='area',…)、DataFrame.plot(kind='area',…)创建面积图。示例如下:

```
>>> df = pd.DataFrame(np.random.rand(10, 4), columns=['a', 'b', 'c', 'd'])
#不堆叠,选取 a、b 两列画图
>>> df[['a','b']].plot.area(subplots=True,stacked=False)
>>> plt.show()
```

结果如图 11-13 所示。

11.2.6 饼图

饼图显示一个数据系列中各项的大小与各项总和的比例,可以直观地比较各项的比例。

pandas 中用 Series.plot.pie()、DataFrame.plot.pie()或 Series.plot(kind='pie',…)、DataFrame.plot(kind='pie',…)来绘制饼图。示例如下:

```
>>> s = pd.Series(np.random.rand(4), index=['a', 'b', 'c', 'd'], name='series')
```

```
>>> s.plot.pie(figsize=(6, 6))    #设置图的尺寸为6x6英寸（1英寸=2.54厘米），这样饼图是圆的
>>> plt.show()
```
结果如图11-14所示。

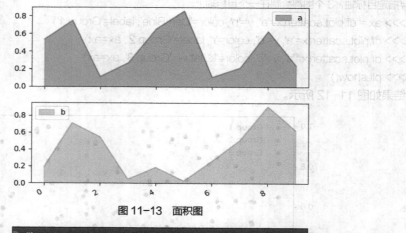

图11-13 面积图

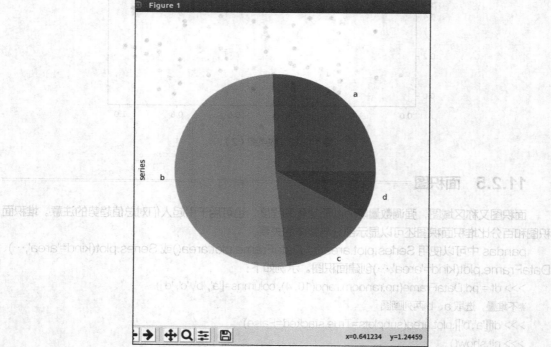

图11-14 饼图（1）

```
>>> s = pd.Series(np.random.rand(4))
>>> s.plot.pie(labels=['AA', 'BB', 'CC', 'DD'], colors=['r', 'g', 'b', 'c'],autopct='%.2f', fontsize=15, figsize=(6, 6))
>>> plt.show()
```

结果如图11-15所示。labels设置每块的标签；colors设置每块的颜色；autopct可自动计算百分比，显示两位小数；fontsize设置字号；figsize设置图的尺寸。

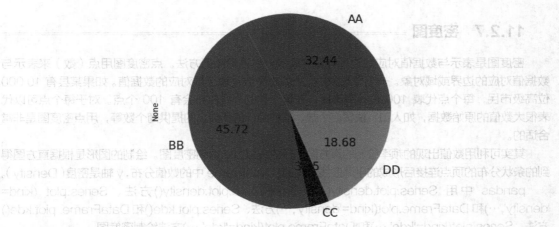

图 11-15　饼图（2）

```
>>> df = pd.DataFrame(np.random.rand(4, 2), index=['a', 'b', 'c', 'd'], columns=['X', 'Y'])
>>> df.plot.pie(subplots=True,figsize=(6,3))
>>> plt.show()
```

结果如图 11-16 所示，由于是 DataFrame 类型的数据，所以必须绘制子图。另外，每个图的尺寸都要注意长宽的比例，这样，每个子图看起来是圆的。

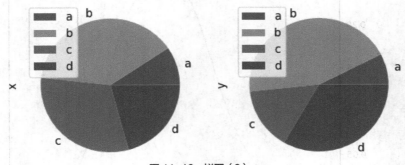

图 11-16　饼图（3）

如果所有值的总和小于 1.0，则绘制扇形饼图。

```
>>> series = pd.Series([0.1] * 4, index=['a', 'b', 'c', 'd'], name='series2')
>>> series.plot.pie(figsize=(6, 6))
>>> plt.show()
```

结果如图 11-17 所示。

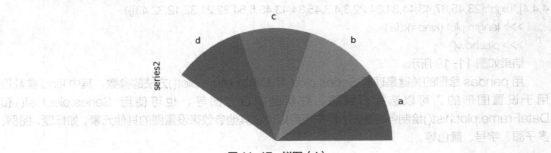

图 11-17　饼图（4）

11.2.7 密度图

密度图是表示与数据值对应的边界或域对象的一种理论图形方法。点密度图用点（数）来表示与数据值对应的边界或域对象。一个域对象中，点的总个数代表了域对应的数据值。如果某县有 10 000 位高级市民，每个点代表 100 位高级市民，在这个县的界线内将会有 100 个点。对于每个点可以代表很大数值的原始数据，如人口、快餐店个数、某种商标的碳酸水的提供商个数等，用点密度图是非常合适的。

其实可利用数值出现的频率绘制的直方图进行曲线拟合，得到密度图。绘制的图形是根据直方图得到的条状分布的顶点连接后形成的平滑曲线，x 轴是 DataFrame 中的数值分布，y 轴是密度（Density）。

pandas 中用 Series.plot.density() 和 DataFrame.plot.density() 方法、Series.plot(kind='density',…) 和 DataFrame.plot(kind='density',…) 方法、Series.plot.kde() 和 DataFrame.plot.kde() 方法、Series.plot(kind='kde',…) 和 DataFrame.plot(kind='kde',…) 方法绘制密度图。

```
>>> s = pd.Series([1, 2, 2.5, 3, 3.5, 4, 5,3,3,5,4,4,5,6,5,4,6,3,2,5,4,3,5])
>>> s.plot.density()
>>> plt.show()
```

结果如图 11-18 所示。

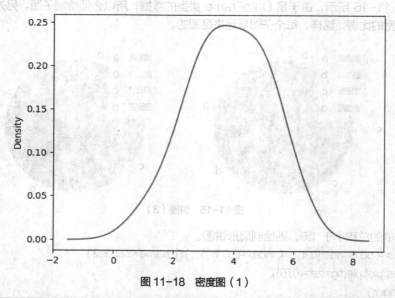

图 11-18　密度图（1）

```
>>> length=pd.DataFrame({'length':[10,20,15,10,1,12,12,12,13,13,13,14,14,14,51,51,51,51,51,4,\
4,4,4],"high":[23,45,67,43,44,34,54,22,3,4,3,45,34,43,43,5,54,32,21,32,12,32,43]})
>>> length.plot(kind='kde')
>>> plt.show()
```

结果如图 11-19 所示。

用 pandas 绘图的关键是理解 Series.plot() 和 DataFrame.plot() 方法的参数，其中 kind 参数是用于设置图形的，可以选择折线图、柱状图、直方图等，也可使用 Series.plot.hist() 和 DataFrame.plot.hist() 绘制各种图形。用户还可以通过其他参数来设置图的其他元素，如标题、图例、多子图、字号、颜色等。

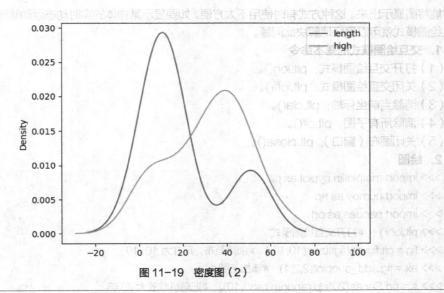

图 11-19 密度图（2）

11.3 matplotlib 绘图

matplotlib 是 Python 中最常用的可视化工具之一，可以非常方便地创建各种类型的 2D 图表和一些基本的 3D 图表。它支持输出多种格式的图形图像，并且可以使用多种 GUI 界面库交互式地显示图表。matplotlib 可用于 Python 脚本、Python shell、iPython 等开发环境，其子模块 pyplot 提供了经典 Python 编程接口。本节主要介绍交互绘图模式。

11.3.1 matplotlib 绘图基础

matplotlib 交互式绘图的步骤如下。
（1）导入子模块：import matplotlib.pyplot as plt。
（2）创建画布：fig = plt.figure()。
（3）添加分区：ax = fig.add_subplot(311)。
（4）设置 x 轴的最小值和最大值以及 y 轴的最小值和最大值：ax.axis([-5,5,0,1])。
（5）添加标题：plt.title('thisis a title') 。
（6）为坐标轴添加标题：plt.xlabel('x')、plt.ylabel('y')。
（7）显示图形：plt.show()。
（8）画图：ax.scatter(x,y)。

关于分区（子图），有这样的规则：整个画布可以等分为 m 行 n 列的子区域，然后按照从左到右、从上到下的顺序对每个子区域进行编号，左上角的子区域编号为 1。如果行数、列数和子图数这 3 个数都小于 10，则可以把它们缩写为一个整数，如(323)和(3,2,3)是相同的。例如，fig.add_subplot(311)表示分成 3 行 1 列，占用第 1 个位置，即添加到第 1 行第 1 列的子区域中；fig.add_subplot(222)表示分成 2 行 2 列，占用第 2 个位置，即添加到第 1 行第 2 列的子区域中。

11.3.2 matplotlib 交互绘图

前面用 pandas 进行绘图时，所绘的图是不能立即显示出来的，而是要到最后运行 plt.show()方法时才能将图显示出来。这种方式有时使用不太方便,如要显示某物体的实时动态运动轨迹时。matplotlib 交互绘图模式就可以很好地解决此问题。

1. 交互绘图模式的基本命令

(1)打开交互绘图模式:plt.ion()。
(2)关闭交互绘图模式:plt.ioff()。
(3)清除当前坐标轴:plt.cla()。
(4)清除所有子图:plt.clf()。
(5)关闭画布(窗口):plt.close()。

2. 绘图

```
>>> import matplotlib.pyplot as plt
>>> import numpy as np
>>> import pandas as pd
>>> plt.ion()    #打开交互绘图模式
>>> fig = plt.figure(figsize=(10,10))   #创建画布,尺寸为10x10
>>> ax = fig.add_subplot(2,2,1)   #添加子图 1
>>> s = pd.Series(20*np.random.rand(10))   #把随机数放大 20 倍
>>> s.plot(ax=ax,color='r',linestyle='--')
```

Python 交互绘图模式的输出结果如下:

`<matplotlib.axes._subplots.AxesSubplot object at 0x0000029AD5CE8A90>`

交互绘图模式的输出结果如图 11-20 所示。折线绘制在画布的左上子图内,用红色的虚线显示。

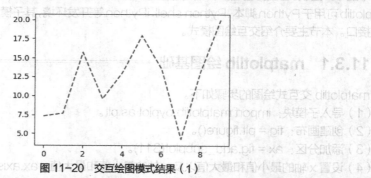

图 11-20 交互绘图模式结果(1)

```
>>> ax = fig.add_subplot(222)   #添加子图 2
>>> s.plot.bar()   #画柱状图
```

结果如图 11-21 所示。

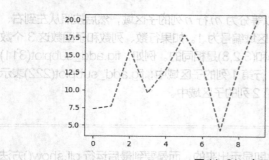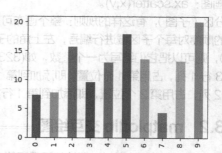

图 11-21 交互绘图模式结果(2)

```
>>> ax = fig.add_subplot(223)    #添加子图 3
>>> df.plot.scatter(x='x',y='y',ax=ax)   #绘制散点图
>>> ax = fig.add_subplot(224)    #添加子图 4
>>> s.plot.pie(ax=ax)   #绘制饼图
```

上述命令执行结果如图 11-22 所示。

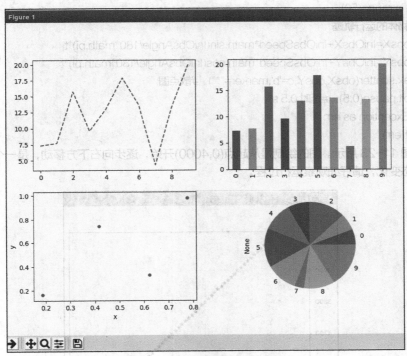

图 11-22 交互绘图模式结果（3）

交互绘图模式可以实现所做即所见，也就是执行完绘图命令后，即可见到执行的结果。

在交互绘图模式的操作过程中，如果当前子图所绘图形有误，可以用 plt.cla() 方法清除所绘图形，以及用 plt.clf() 方法清除画布中的所有子图，用 plt.close() 方法关闭当前画布。退出交互绘图模式用 plt.ioff() 方法。

【例 11-1】在交互绘图模式下模拟某物体的运行轨迹。

```
#ch11_1.py
import matplotlib.pyplot as plt
import numpy as np
import math

plt.close()   #关闭窗口
fig=plt.figure()
ax=fig.add_subplot(1,1,1)
ax.axis("equal")   #设置图像显示时的 x、y 轴的比例相同
plt.grid(True)   #添加网格
plt.ion()   #打开交互模式
IniObsX=0000   #设置 x 的初始值
```

```
IniObsY=4000    #设置 y 的初始值
IniObsAngle=135    #初始角度
IniObsSpeed=10*math.sqrt(2)    #初始速度
print('开始仿真')
try:
    for t in range(50):
        #某物体的运行轨迹
        obsX=IniObsX+IniObsSpeed*math.sin(IniObsAngle/180*math.pi)*t
        obsY=IniObsY+IniObsSpeed*math.cos(IniObsAngle/180*math.pi)*t
        ax.scatter(obsX,obsY,c='b',marker="*")    #散点图
        plt.pause(0.5)    #延时 0.5 s
except Exception as err:
    print(err)
```

结果如图 11-23 所示。图的绘制是从起点(0,4000)开始，逐步向右下方移动，是一个动态的过程，坐标也在动态变化，请仔细观察运行过程。

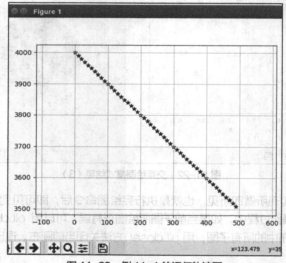

图 11-23 例 11-1 的运行轨迹图

11.4 matplotlib.pyplot 的使用

matplotlib 的 pyplot 子库提供了很多绘图 API，可方便用户快速绘制 2D 图表。matplotlib.pyplot 是命令行式函数的集合，每一个函数都对图像做了修改，如创建图形、在图像上创建画图区域、在画图区域上画线、在线上标注等。

11.4.1 pyplot 绘图基础

绘图之前同样要做一些基础库的导入操作，以便后续使用。

```
import numpy as np
import pandas as pd
import matplotlib.pyplot as plt
```

1. plt.plot()方法

plt.plot()方法是一个基本的折线绘制方法。常用的格式如下:

```
plot([x], y, [fmt], **kwargs)                            #绘制单条折线
plot([x], y, [fmt], [x2], y2, [fmt2], ..., **kwargs)     #绘制多条折线
```

下面对参数进行介绍。

(1)[x],y:用于画线的点。[x]省略时,默认从 0 开始。

(2)[fmt]:格式字符串,按颜色、点标记和线型顺序组合,如"ro.",当然也可分别用"linestyle='.',color='r', marker='o'"关键参数格式表示。颜色、线型同 11.2.1 小节中所讲的颜色和线型。对于点的标记,"."表示实心的点,"o"表示空心的点,"∨"表示倒三角形,"∧"表示正三角形,共 22 种。

(3)**kwargs:用来设置图形属性的选项,如"linewidth=2"表示线宽为 2,"alpha=0.5"表示透明度为 0.5 等。随着使用的需要不断增多,用户会不断熟悉多种选项参数,选项参数也可用 help(plt.plot)查看。

2. 其他属性设置方法

(1)设置图的标题:plt.title('My first plot',fontsize=20,fontname='Times New Roman'),定义图表的标题为"My first plot",并设置标题的字号和字体。

(2)设置 x 轴标签:plt.xlabel('counting',color='gray'),定义 x 轴标签为"counting",颜色为 gray。

(3)设置 y 轴标签:plt.ylabel('Square values',color='gray'),定义 y 轴标签为"Square values",颜色为 gray。

(4)设置显示文本:plt.text(5,0.5,'$y=sin(x)$',fontsize=20,bbox={'facecolor':'yellow',' alpha':0.2}),在图中(5,0.5)的位置添加"y=sin(x)"文本,并设置文本的字号,将文本放入文本框。text()方法支持放在两个$符号之间的数学表达式。

(5)设置网格线:plt.grid(True),True 表示显示网格线。

(6)设置图例:plt.legend(['First ','Second ','Third '],loc=1),loc 是图例放置位置,默认值为 1,即图表的右上角。当图表中有多个序列线条时,图例的顺序要与调用 plot()函数的顺序一致。

(7)保存图表:plt.savefig('/usr/plot.png'),图表以 PNG 的格式保存到 usr 目录下,方便其他文件使用这个图表。但是需要注意的是,savefig()函数需要放在生成图表的一系列命令的最后,否则会得到一个空白的文件。

(8)设置绘图区域:plt.subplot(211)。

(9)设置 x,y 轴的比例:plt.axis('equal')。

3. 应用示例

【例 11-2】pyplot 绘图示例。

```
#ch11_2.py
import matplotlib.pyplot as plt
import numpy as np
plt.grid(True)
x=np.arange(0,5,0.1)
y1=np.sin(x)
y2=np.sin(x+4)
plt.subplot(211)
plt.plot(x,y1,'b-')
plt.legend(['First s'],loc=1)
plt.subplot(212)
plt.plot(x,y2,'g^')
```

```
plt.legend(['Second s'],loc=1)
plt.savefig('/usr/plot.png')
plt.show()
```
输出结果如图 11-24 所示。

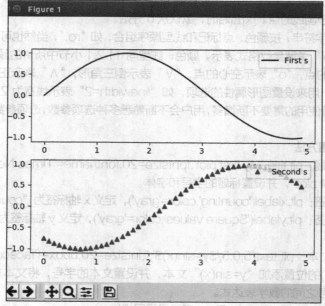

图 11-24　例 11-2 水平子图的输出结果

如果 plt.subplot() 方法的参数传入的两个数字分别为 121 和 122,图形就分为左右子图,如图 11-25 所示。

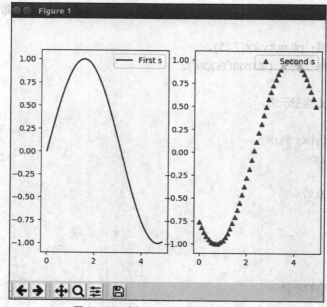

图 11-25　例 11-2 并列子图的输出结果

11.4.2 多种类型图的绘制

1. 柱状图

各种图的定义和 pandas 中的定义一样,所以这里直接讲解绘制方法。x 轴表示类别,y 轴表示数值,绘制柱状图可以使用 bar() 方法。

【例 11-3】随机生成 7 个 0~100 之间的值作为"星期一~星期天"的值,绘制柱状图。

```
#ch11_3.py
#coding:utf-8
import matplotlib.pyplot as plt
import numpy as np
import matplotlib as mpl
#显示中文,设置中文字体
zhfont1 = mpl.font_manager.FontProperties(fname='/usr/share/fonts/truetype/arphic/ukai.ttc')
#Windows 环境用此语句显示中文
#mpl.rcParams[self.defaultFamily[fontext]] = ['simpliFied']
x = np.arange(7)
data = np.random.randint(0,100,7)
colors = np.random.rand(7 * 3).reshape(7, 3)   #随机生成 7 种颜色组合
labels = ['星期一','星期二','星期三','星期四','星期五','星期六','星期天']
plt.title("星期图",fontproperties=zhfont1)
plt.xticks(x,labels,fontproperties=zhfont1)
plt.bar(x, data, alpha=0.8, color=colors)
plt.show()
```

结果如图 11-26 所示,随机生成的数决定星期对应的柱子的高度,透明度为 0.8,x 轴的刻度标签是"星期一~星期天"。

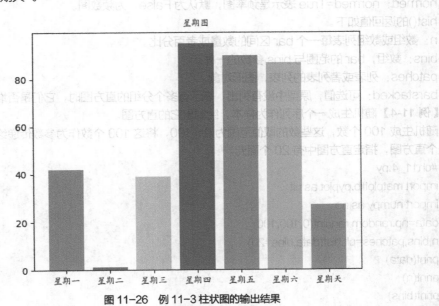

图 11-26 例 11-3 柱状图的输出结果

plt.bar()方法中的 x 表示坐标序列，data 表示条形图的高度，tick_label 表示条形图的刻度标记。
plt.barh()方法可绘制水平柱状图。

2. 直方图

pyplot 用于绘制直方图的方法为 hist()。该方法除了绘制直方图外，还能以元组形式返回直方图的计算结果。它能够接收一系列样本个体和期望的分组数量作为参数，会把样本范围分成多个区间，然后计算每个区间所包含的样本个体的数量。hist()的原型如下：

```
hist(x, bins=None, range=None, density=None, weights=None, cumulative=False, bottom=None,
histtype='bar', align='mid', orientation='vertical', rwidth=None, log=False, color=None, label=None,
stacked=False, normed=None, hold=None, data=None, **kwargs)
```

各参数含义如下。

x：输入的数据，可以为一个序列数，也可以为多个序列。
bins：直方图中的分组个数。
range：指定分组区间的上下限，默认为(x.min(),x.max())。若 bins 为序列，则 range 失效。
density：默认为 False，显示的是频数统计结果，为 True 则显示频率统计结果。这里需要注意，频率统计结果=区间数目/(总数*区间宽度)，和 normed 效果一致，官方推荐使用 density。
weights：权重，与 x 的形状一致。
cumulative：为 True 时计算累计频数或频率，即 cumulative=True，density=True 时，计算累计频率。
bottom：如果是标量，则每个 bin 的基线位置都平移相同的单位。如果是与分组区间数长度相同的列表，则每个 bin 的基线都独立地平移独立的单位，默认为 0。
histtype：表明绘制出的图形状，可以是 bar、barstacked、step、stepfilled。
align：设置绘制的 bar 以什么为中心，可以是 left、mid、right。
orientation：设置直方图是垂直还是水平的，可以是 horizontal、vertical。
rwidth：控制每个 bar 的宽度。
log：控制 y 坐标是否使用科学计数法。
normed：normed=True 表示是频率图，默认为 False，为频数图。

hist()的返回值如下。

n：数组或数组列表每一个 bar 区间的数量或者百分比。
bins：数组，bar 的范围与 bins 参数的一样。
patches：列表或者列表的列表，图形对象。
barstacked：可选值，原型中没有列出，表示有多个分组的直方图时，它们是否堆叠放置。

【例 11-4】 随机生成一个序列作为样本，绘制出它的直方图。

随机生成 100 个数，这些数的取值范围为 0~100，将这 100 个数作为参数传递给 hist()方法，创建一个直方图，指定直方图中有 20 个面元。

```python
#ch11_4.py
import matplotlib.pyplot as plt
import numpy as np
data=np.random.randint(0,100,100)
n,bins,patches=plt.hist(data,bins=20)
print(data)
print(n)
print(bins)
print(patches)
```

```
plt.show()
    [43  9 17  4 69 28 27 96 88 19 62 25 62  4 39 87 99 37 10 44 74 42 47 2247 55 44 25 84 51 88 74
88 39 92 61 86 90  7 56 62 50 94 30 34 60 93 5349  4 69 52 36 58 20 57  6 87 96 55 46 93 78 96 90 68
85 17 65 20 31 4879 76 75 17 81 15 96  9 86 43 59 40 14  5 31 95 37  9 84 61 45 42 22 2796  9 76 98]
    [6. 5. 5. 5. 4. 4. 4. 3. 8. 6. 5. 4. 6. 3. 3. 4. 3. 8. 6. 8.]
    [ 4.    8.75 13.5  18.25 23.   27.75 32.5  37.25 42.   46.75 51.5  56.2561.   65.75 70.5  75.25
80.   84.75 89.5  94.25 99.  ]
    <a list of 20 Patch objects>
```

输出结果如图 11-27 所示，hist() 的返回值见上述输出结果。

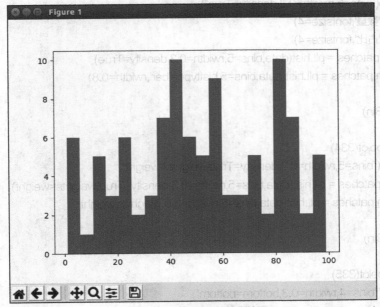

图 11-27 例 11-4 的输出结果

【例 11-5】多种参数组合的直方图示例。

```
#ch11_5.py
import numpy as np
import matplotlib
import matplotlib.mlab as mlab
import matplotlib.pyplot as plt
import random

bottom = [1, 1, 2, 3]
data = []
random.seed(123456)
for x in range(20):
    data.append(random.randint(1,5))
np.random.seed(20180408)
weight = np.random.rand(20)
```

```python
ax = plt.subplot(331)
plt.hist(data,bins=4,histtype='bar',rwidth=0.8)
ax.set_title("bins=4,histtype='bar',rwidth=0.8")

ax = plt.subplot(332)
plt.hist(data,bins=5,rwidth=0.1)
ax.set_title("bins=5,rwidth=0.1")

ax = plt.subplot(333)
ax.set_title("bins=5,rwidth=0.3,density=True")
plt.xlabel(u'数量',fontsize=4)
plt.ylabel(u'占比',fontsize=4)
n,edgeBin,patches = plt.hist(data,bins=5,rwidth=0.3,density=True)
#n,edgeBin,patches = plt.hist(data,bins=5,histtype='bar',rwidth=0.8)
print(n)
print(edgeBin)

ax = plt.subplot(334)
ax.set_title("bins=5,rwidth=0.3,density=True,weights=weight")
n,edgeBin,patches = plt.hist(data,bins=5,rwidth=0.3,density=True,weights=weight)
#n,edgeBin,patches = plt.hist(data,bins=5,rwidth=0.3,weights=weight)
print(n)
print(edgeBin)

ax = plt.subplot(335)
ax.set_title("bins=4,rwidth=0.3,bottom=bottom")
plt.hist(data,bins=4,rwidth=0.3,bottom=bottom)

ax = plt.subplot(336)
ax.set_title("bins=4,rwidth=0.3,histtype='stepfilled'")
#plt.hist(data,bins=4,rwidth=0.8,histtype='barstacked')
#plt.hist(data,bins=4,rwidth=0.8,histtype='step')
plt.hist(data,bins=4,rwidth=0.3,histtype='stepfilled')

colors = "rgmbc"
ax = plt.subplot(337)
ax.set_title("bins=4,rwidth=0.3")
n,edgeBin,patches = plt.hist(data,bins=4,rwidth=0.3)
random.seed()
for patch in patches:
    patch.set_facecolor(random.choice(colors))

label = "Label"
```

```
ax = plt.subplot(338)
ax.set_title("bins=4,rwidth=0.3,label=label")
plt.hist(data,bins=4,rwidth=0.3,label=label)
plt.legend(fontsize=12)

ax = plt.subplot(339)
ax.set_title("bins=4,rwidth=0.3,log=True,cumulative=True")
n,edgeBin,patches = plt.hist(data,bins=4,rwidth=0.3,log=True,cumulative=True)
print(n)
print(edgeBin)

fig = plt.gcf()
fig.set_size_inches(12, 10)
fig.savefig("hist.png")
plt.show()
[0.5625 0.3125 0.1875 0.125  0.0625]
[1.  1.8 2.6 3.4 4.2 5. ]
[0.49680288 0.38909936 0.13599836 0.13599292 0.09210648]
[1.  1.8 2.6 3.4 4.2 5. ]
[ 9. 14. 17. 20.]
[1. 2. 3. 4. 5.]
```

输出结果如图 11-28 所示。

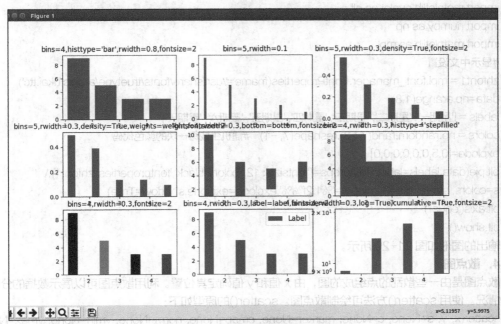

图 11-28 例 11-5 的输出结果

3. 饼图

除了条状图，还可以绘制饼图，用 pie()方法绘制。pie()的原型如下：

pie(x, explode=None, labels=None, colors=None, autopct=None, pctdistance=0.6, shadow=False, labeldistance=1.1, startangle=None, radius=None, counterclock=True, wedgeprops=None, textprops=None, center=(0, 0), frame=False, rotatelabels=False, hold=None, data=None)

各参数含义如下。
x：指定绘图的数据。
explode：指定饼图某些部分的突出显示，即呈现爆炸式。
labels：为饼图添加标签说明，类似于图例说明。
colors：指定饼图的填充色。
autopct：自动添加百分比显示，可以采用格式化的方法显示。
pctdistance：设置百分比标签与圆心的距离。
shadow：设置是否添加饼图的阴影效果。
labeldistance：设置各扇形标签（图例）与圆心的距离。
startangle：设置饼图的初始摆放角度。
radius：设置饼图的半径大小。
counterclock：设置是否让饼图按逆时针顺序呈现。
wedgeprops：设置饼图内外边界的属性，如边界线的粗细、颜色等。
textprops：设置饼图中文本的属性，如字体大小、颜色等。
center：指定饼图的中心点位置，默认为原点。
frame：设置是否要显示饼图背后的图框，如果设置为True，则需要同时控制图框x轴和y轴的范围及饼图的中心位置。

【例11-6】随机生成7个值以代表一个星期的每一天，绘制一个星期的饼图。

```
#ch11_6.py
import matplotlib.pyplot as plt
import numpy as np
import matplotlib as mpl
#显示中文设置
zhfont1 = mpl.font_manager.FontProperties(fname='/usr/share/fonts/truetype/arphic/ukai.ttc')
data=np.arange(1,8)
labels = ['星期一', '星期二', '星期三', '星期四', '星期五', '星期六', '星期天']
colors = np.random.rand(7 * 3).reshape(7, -1)   #随机生成每一块的颜色代码
explode=[0.5,0,0,0,0,0,0]
plt.pie(data,labels=labels,textprops={'fontsize': 12, 'color': 'black','fontproperties':zhfont1},\
colors=colors, startangle=0,autopct='%1.2f%%',explode=explode,shadow=True)
plt.axis('equal')
plt.show()
```

输出的图形如图11-29所示。

4. 散点图

散点图是由一些散乱的点组成的图，由x值和y值确定其位置。利用散点图可以展示数据的分布和聚合情况。使用scatter()方法可绘制散点图。scatter()的原型如下：

scatter(x, y, s=None, c=None, marker=None, cmap=None, norm=None, vmin=None, vmax=None, alpha=None, linewidths=None, verts=None, edgecolors=None, hold=None, data=None, **kwargs)

各参数含义如下。
x、y：输入数据，要求两个输入数据是长度相同的序列。

第 11 章
Python 可视化与可视化工具

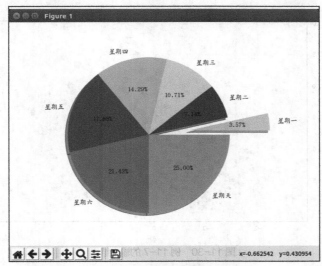

图 11-29 例 11-6 的输出结果

s：设置点的大小。
c：设置颜色序列。
marker：设置点的形状。
cmap：指定色图，只有当 c 参数是一个浮点型的数组时才起作用。
norm：设置数据亮度，标准化到 0~1 之间，使用该参数仍需要 c 参数为浮点型的数组。
vmin、vmax：设置亮度，与 norm 类似。如果使用了 norm，则该参数无效。
linewidths：设置线宽。
edgecolors：设置点的边缘颜色。

【例 11-7】散点图示例。

```
#ch11_7.py
import matplotlib.pyplot as plt
import numpy as np
import matplotlib as mpl
zhfont1 = mpl.font_manager.FontProperties(fname='/usr/share/fonts/truetype/arphic/ukai.ttc')

plt.figure(figsize=(9,6))
n=1000
x=np.random.randn(1,n)
y=np.random.randn(1,n)
c=np.random.randn(1,n)
plt.title('散点图',fontproperties=zhfont1)
plt.xlabel('x 值',fontproperties=zhfont1)
plt.ylabel('y 值',fontproperties=zhfont1)
plt.grid(True)
plt.scatter(x,y,s=50*y,c=c,alpha=0.4,marker='o',vmin=1,vmax=1000,linewidths=3,edgecolors="red")
plt.show()
```

输出的图形如图 11-30 所示。

303

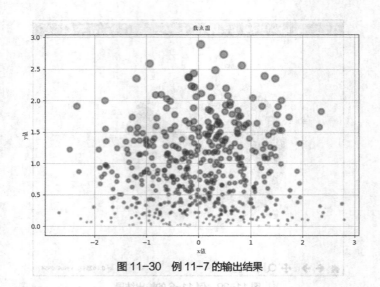

图 11-30 例 11-7 的输出结果

5. 箱线图

箱线图又称箱形图或盒式图,在不明确数据分析的目标时,可对数据进行一些探索性的分析。通过箱线图可以知道数据的中心位置、发散程度及偏差程度。使用 boxplot() 方法可绘制箱线图。

下面通过示例来理解箱线图的基本操作。

【例 11-8】基本箱线图的示例。

```
#ch11_8.py
import numpy as np
import matplotlib.pyplot as plt
import pandas as pd
s = np.random.rand(15)*20    #把数据扩大20倍
plt.boxplot(s)
print(s)
plt.show()
[  5.39149324   6.77035432  13.21749805  13.2237002   17.17721256   0.73132746   0.23485464
  4.71385686  14.75847226   2.15171261   1.86772618   2.98837084  17.85546156   8.37223357
  8.56542829]
```

输出结果如图 11-31 所示,此图中包含 5 种信息:下边缘(Q1)表示最小值;下四分位数(Q2)等于该样本中所有数值由小到大排列后的第 25% 的数字;中位数(Q3)等于该样本中的所有数值由小到大排列后的第 50% 的数字;上四分位数(Q4)等于该样本中的所有数值由小到大排列后的第 75% 的数字;上边缘(Q5)表示最大值。Q4-Q2 为四分位差,上边缘和下边缘是距离中位数 1.5 倍四分位差的线,即 Q5=Q4+1.5(Q4-Q2),Q1=Q2-1.5(Q4-Q2)。如果有数字落在上下边缘之外,则称为异常值。

从图 11-31 可以看出,数据主要集中在 2.5~12.5 之间,最大值和最小值之间的差距较大。中位数以上的值比较分散。

boxplot() 的原型如下。

```
boxplot(x, notch=None, sym=None, vert=None, whis=None, positions=None, widths=None,
patch_artist=None, bootstrap=None, usermedians=None, conf_intervals=None, meanline=None,
showmeans=None, showcaps=None, showbox=None, showfliers=None, boxprops=None, labels=None,
```

filerprops=None, medianprops=None, meanprops=None, capprops=None, whiskerprops=None, manage_xticks=True, autorange=False, zorder=None, hold=None, data=None)

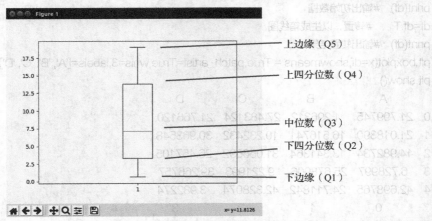

图 11-31 例 11-8 的输出结果

各参数含义如下。
x：指定要绘制的箱线图的数据。
notch：指定是否以凹口的形式展现箱线图，默认为非凹口。
sym：指定异常点的形状。
vert：指定是否需要将箱线图垂直摆放，默认为垂直摆放。
whis：指定上下边缘与上下四分位的距离，默认为 1.5 倍的四分位差。
positions：指定箱线图的位置，默认为[0,1,2...]。
widths：指定箱线图的宽度，默认为 0.5。
patch_artist：设置是否填充箱体的颜色。
meanline：设置是否用线的形式表示均值，默认用点来表示。
showmeans：设置是否显示均值，默认不显示。
showcaps：设置是否显示箱线图顶端和末端的两条线，默认显示。
showbox：设置是否显示箱线图的箱体，默认显示。
showfliers：设置是否显示异常值，默认显示。
boxprops：设置箱体的属性，如边框色、填充色等。
labels：为箱线图添加标签，类似于图例的作用。
filerprops：设置异常值的属性，如异常点的形状、大小、填充色等。
medianprops：设置中位数的属性，如线的类型、粗细等。
meanprops：设置均值的属性，如点的大小、颜色等。
capprops：设置箱线图顶端和末端线条的属性，如颜色、粗细等。
whiskerprops：设置须的属性，如颜色、粗细、线的类型等。

【例 11-9】使用二维数据绘制箱线图。

```
#ch11_9.py
import numpy as np
import matplotlib.pyplot as plt
import pandas as pd
np.random.seed(2)    #设置随机种子
```

```python
#生成0~50之间的5*4维度的数据
df = pd.DataFrame(np.random.rand(5,4)*50,columns=['A', 'B', 'C', 'D'])
print(df)    #输出初始数据
df=df.T        #转置,以生成箱线图
print(df)    #输出转置结果
plt.boxplot(x=df,showmeans = True,patch_artist=True,whis=3,labels=['A', 'B', 'C', 'D'])
plt.show()
```

```
           A          B          C          D
0  21.799745   1.296312  27.483124  21.766120
1  21.018390  16.516741  10.232432  30.963548
2  14.982734  13.341364  31.056692  26.457105
3   6.728997  25.678906   9.221993  39.266757
4  42.698765  24.711842  42.328074   3.982274
           0          1          2          3          4
A  21.799745  21.018390  14.982734   6.728997  42.698765
B   1.296312  16.516741  13.341364  25.678906  24.711842
C  27.483124  10.232432  31.056692   9.221993  42.328074
D  21.766120  30.963548  26.457105  39.266757   3.982274
```

输出结果如图 11-32 所示。从图中可以看出,A、D 组的数据比较集中,A 组含有异常值;C 组数据的离散程度最大;A、C 组分布偏左,B 组偏右。

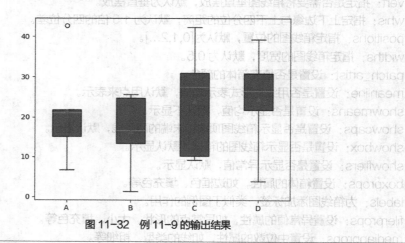

图 11-32 例 11-9 的输出结果

11.5 项目训练:电影数据信息分析

【训练目标】

通过对电影文件(dianying.csv)中的电影票房、导演票房、电影类型、导演与电影类型等的统计,综合运用文件读取、pandas 数据处理和 matplotlib 绘图功能,全面掌握 Python 程序设计与数据处理方法,从而使读者具备大数据处理的基本能力。

【训练内容】

(1) CSV 文件信息读取;

(2) 数据清洗;

(3)数据统计;
(4)图形输出。

【训练步骤】

(1)项目分析

电影文件(dianying.csv)中包含"电影名称""上线时间""下线时间""公司""导演""主演""类型""票房""城市"信息。首先读取全部信息并去重;然后提取需要的信息并进行去空处理;接着对提取的干净信息进行统计分析;最后生成相应的图。

(2)项目实施步骤

- 读取文件信息并去重,保存成 DataFrame 格式;
- 提取信息并进行去空、规范化处理;
- 分别对电影票房、导演票房、电影类型、导演与电影类型进行统计;
- 根据统计信息生成相应图形,并对统计信息进行初步的分析。

(3)编写程序

```python
#ch11_p_1.py
import numpy as np
import pandas as pd
import matplotlib.pyplot as plt
import matplotlib as mpl

#设置中文标签的显示
zhfont1 = mpl.font_manager.FontProperties(fname='/usr/share/fonts/truetype/arphic/ukai.ttc')

#清洗数据并获取有效数据
def get_data(path):
    #读取数据
    film_data = pd.read_csv(path,delimiter=';', encoding='utf8', names=['电影名称','上线时间','下线时间',\
'公司','导演','主演','类型','票房','城市'])
    #去重
    film_data = film_data.drop_duplicates().reset_index().drop('index', axis=1)
    #选择需要的列并去空
    film_data = film_data[['电影名称','导演','类型','票房']].dropna()
    #对电影类型进行处理
    film_data['类型'] = film_data['类型'].str.strip()
    film_data['类型'] = film_data['类型'].str[0:2]    #取前2个字符代表类型
    #获取票房列数据,去除")",并转换成浮点数
    film_data['票房'] = film_data['票房'].str.split(') ', expand=True)[1].astype(np.float64)
    print(film_data)   #调试时使用,查看中间处理结果
    return film_data

#取得清洗后的数据,注意文件的位置
data = get_data('dianying.csv')

#对电影的票房进行求和
```

```python
film_box_office = data.groupby(data['电影名称'])['票房'].sum()
#将统计结果的 Series 格式转换为 DataFrame,并按降序排序
film_box_office = film_box_office.reset_index().sort_values(by='票房',ascending=False)
#取票房前 5 名
film_box_office_5 = film_box_office.head()
#输出统计结果
print(film_box_office_5)     #调试时使用,查看中间处理结果

#对电影类型进行计数
film_type = data.groupby(data['类型'])['电影名称'].count().reset_index()
#将"电影名称"列改为"小计"
film_type.rename(columns = {'电影名称':'小计'},inplace = True)
print(film_type)    #调试时使用,查看中间处理结果

#对导演所导电影的票房进行统计,并按降序排列
director_box_office = data.groupby(['导演'])['票房'].sum().reset_index().sort_values(by=\
'票房',ascending=False)
director_box_office_5 = director_box_office.head()
print(director_box_office_5)    #调试时使用,查看中间处理结果

#对导演所导电影的类型进行统计
director = data.groupby(['导演','类型'])['票房'].count().reset_index()
#将"票房"改为"小计"
director.rename(columns = {'票房':'小计'},inplace = True)
print(director)   #调试时使用,查看中间处理结果

#画图
fig = plt.figure(figsize=(15,15))   #创建画布
ax_1 = fig.add_subplot(2,2,1)  #添加子图
ax_2 = fig.add_subplot(2,2,2)
ax_3 = fig.add_subplot(2,2,3)
ax_4 = fig.add_subplot(2,2,4)

#票房前 5 的电影
ax_1.set_title("票房总计",fontproperties=zhfont1)
#ax_1.set_xlabel('电影名称',fontproperties=zhfont1)
ax_1.set_ylabel('万元',fontproperties=zhfont1)
ax_1.set_xticklabels(film_box_office_5['电影名称'],fontproperties=zhfont1,rotation=15)
#文字显示旋转 15°
ax_1.bar(film_box_office_5['电影名称'],film_box_office_5['票房'])

#电影类型统计
ax_2.set_title("电影类型统计",fontproperties=zhfont1)
```

```
ax_2.pie(film_type['小计'],labels=film_type['类型'],textprops={'fontsize': 12,\
'color': 'black','fontproperties':zhfont1},autopct='%1.2f%%',shadow=True)

#导演票房前 5 的统计
ax_3.set_title("导演票房总计",fontproperties=zhfont1)
ax_3.set_xlabel('导演',fontproperties=zhfont1)
ax_3.set_ylabel('万元',fontproperties=zhfont1)
ax_3.set_xticklabels(director_box_office_5['导演'],fontproperties=zhfont1)
ax_3.bar(director_box_office_5 ['导演'], director_box_office_5 ['票房'])

#导演与类型统计
ax_4.set_title("导演与电影类型统计",fontproperties=zhfont1)
ax_4.set_xticklabels(director['导演'],rotation=90,fontproperties=zhfont1)    #文字显示旋转 90°
ax_4.set_yticklabels(director['类型'],fontproperties=zhfont1)
#点的大小由分类统计的数量决定
ax_4.scatter(director['导演'],director['类型'],s=director['小计']*50,edgecolors="red")

plt.show()   #显示图形
```

(4) 调试程序

由于程序代码比较长,所以这里采用分段调试的方法从上往下进行调试。上述代码中,在分段调试的地方已经添加了相应的 print()(加粗倾斜)语句,用于查看处理结果是否是期望的值。图形的输出同样采用分图形进行调试,即每添加一个子图就进行调试,获得期望的图形后再添加另一个子图,直到所有的图形输出是所期望的才能结束调试。

本项目最后的输出结果如图 11-33 所示。从电影类型看,喜剧片数量最多,爱情片次之,剧情片第三;从导演与电影类型统计图可以看到,张承导演的喜剧片最多,李玉导演的爱情片最多。

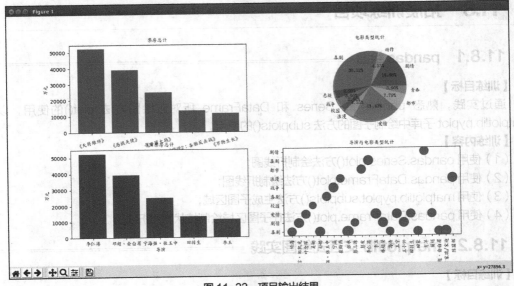

图 11-33　项目输出结果

【训练小结】
请填写如表 1-1 所示的项目训练小结。

11.6 本章小结

1. Python 中有很多数据可视化方面的第三方库，如 matplotlib、pandas、Seaborn、ggplot、Bokeh、pygal、geoplotlib 等。这些库各有特点，应根据实际应用的需要进行选择。

2. pandas 库除了具有较强的数据处理功能外，还具有较强的绘图功能，可绘制折线图、柱状图、直方图、散点图等，并能和 matplotlib 进行很好的对接。

3. matplotlib 是 Python 中最常用的可视化工具之一，可以非常方便地创建各种类型的 2D 图表和一些基本的 3D 图表。其子模块 pyplot 提供了经典的 Python 编程接口，使用简单，以渐进交互的方式实现数据可视化，对图像元素的控制力强。

11.7 练习

1. 绘制直线 $y = 5x + 1.8$，要求设置 x、y 轴的坐标，并标注直线方程。
2. 绘制 $y = \sin(3x)/x$ 的曲线。
3. 分别用 pandas 和 matplotlib.pyplot 的相应方法绘制 $\sin(x)$、$\cos(x)$、$\tan(x)$、$\text{ctan}(x)$ 在 $0 \sim 2\pi$ 之间的曲线，并绘制在一个画布上。
4. 对本班同学一学期的成绩进行分析。要求：
① 计算总分，按总分的降序排序之后用柱形图进行输出；
② 用箱线图对每门课的成绩进行分析；
③ 对某门课按每隔 10 分的分数段进行统计，将统计结果用饼图进行输出。
5. 对电影文件（dianying.csv）按"城市"统计票房，并画图输出统计结果。
6. 常用的直方图、条状图、饼图、散点图等，在什么情况下表达哪类信息比较恰当？
7. 比较 pandas 和 matplotlib.pyplot 的绘图功能，它们各有什么优势？

11.8 拓展训练项目

11.8.1 pandas 绘图

【训练目标】
通过实践，熟悉 pandas 中 Series 和 DataFrame 所对应绘图方法 plot() 的使用，以及 matplotlib.pyplot 子库中绘制子图的方法 subplots() 的使用。

【训练内容】
（1）使用 pandas.Series.plot() 方法绘制折线图；
（2）使用 pandas.DataFrame.plot() 方法绘制折线图；
（3）使用 matplotlib.pyplot.subplots() 方法生成子图区域；
（4）使用 pandas.DataFrame.plot() 方法在子图区域绘制柱状图和折线图。

11.8.2 matplotlib 交互式绘图实践

【训练目标】
通过实践，理解 matplotlib 交互绘图模式的意义，会用 ion() 方法和 ioff() 方法打开与关闭交互绘图模式，熟悉 close()、clf()、cla()、figure()、add_subplot()、grid()等方法。

【训练内容】
（1）关闭以前的窗口，创建画布并添加子绘图区域；
（2）设置绘图的网格线和坐标轴；
（3）打开交互模式；
（4）编程绘制障碍物运动轨迹；
（5）关闭交互模式。

11.8.3　pyplot 绘图元素的设置

【训练目标】
通过实践，会用 pyplot 的 plot()方法绘制折线图，并进行一些图形元素的设置。

【训练内容】
（1）用 plot()方法绘制一个简单的折线，并添加 y 轴坐标名称；
（2）用 plot()方法绘制折线，并设置每个点的颜色和形状，以及 x 轴和 y 轴的刻度范围；
（3）用 plot()方法绘制多条折线，分别设置点的不同颜色和形状；
（4）用 plot()方法绘制一个 cos()曲线并设置线宽，用 annotate()方法给图添加一些标注。

11.8.4　子图的绘制

【训练目标】
通过实践，会用 pyplot 的 hist()方法绘制直方图，会用 pyplot 的 subplot()方法创建子图区域，并在子图区域绘制图形和对图形元素进行设置。

【训练内容】
（1）用 hist()方法绘制直方图，并对图形元素进行设置；
（2）生成绘制多个子图的数据；
（3）在第 1 个子图区域绘制两个折线图，分别进行图形元素的设置；
（4）在第 2、3、4 个子图区域各绘制两个折线图，并进行图形元素的设置。

附录

ASCII 码表

Oct（八进制）	Dec（十进制）	Hex（十六进制）	缩写/字符	解释
0	0	00	NUL (null)	空字符
1	1	01	SOH (start of headline)	标题开始
2	2	02	STX (start of text)	正文开始
3	3	03	ETX (end of text)	正文结束
4	4	04	EOT (end of transmission)	传输结束
5	5	05	ENQ (enquiry)	请求
6	6	06	ACK (acknowledge)	收到通知
7	7	07	BEL (bell)	响铃
10	8	08	BS (backspace)	退格
11	9	09	HT (horizontal tab)	水平制表符
12	10	0A	LF (NL line feed, new line)	换行键
13	11	0B	VT (vertical tab)	垂直制表符
14	12	0C	FF (NP form feed, new page)	换页键
15	13	0D	CR (carriage return)	回车键
16	14	0E	SO (shift out)	不用切换
17	15	0F	SI (shift in)	启用切换
20	16	10	DLE (data link escape)	数据链路转义
21	17	11	DC1 (device control 1)	设备控制1
22	18	12	DC2 (device control 2)	设备控制2
23	19	13	DC3 (device control 3)	设备控制3
24	20	14	DC4 (device control 4)	设备控制4
25	21	15	NAK (negative acknowledge)	拒绝接收
26	22	16	SYN (synchronous idle)	同步空闲
27	23	17	ETB (end of trans. block)	结束传输块
30	24	18	CAN (cancel)	取消
31	25	19	EM (end of medium)	媒介结束

续表

Oct（八进制）	Dec（十进制）	Hex（十六进制）	缩写/字符	解释
32	26	1A	SUB (substitute)	代替
33	27	1B	ESC (escape)	换码（溢出）
34	28	1C	FS (file separator)	文件分隔符
35	29	1D	GS (group separator)	分组符
36	30	1E	RS (record separator)	记录分隔符
37	31	1F	US (unit separator)	单元分隔符
40	32	20	(space)	空格
41	33	21	!	叹号
42	34	22	"	双引号
43	35	23	#	井号
44	36	24	$	美元符
45	37	25	%	百分号
46	38	26	&	和号
47	39	27	'	闭单引号
50	40	28	(	开括号
51	41	29	)	闭括号
52	42	2A	*	星号
53	43	2B	+	加号
54	44	2C	,	逗号
55	45	2D	-	减号/破折号
56	46	2E	.	句号
57	47	2F	/	斜杠
60	48	30	0	数字0
61	49	31	1	数字1
62	50	32	2	数字2
63	51	33	3	数字3
64	52	34	4	数字4
65	53	35	5	数字5
66	54	36	6	数字6
67	55	37	7	数字7
70	56	38	8	数字8
71	57	39	9	数字9
72	58	3A	:	冒号
73	59	3B	;	分号
74	60	3C	<	小于

续表

Oct（八进制）	Dec（十进制）	Hex（十六进制）	缩写/字符	解释
75	61	3D	=	等号
76	62	3E	>	大于
77	63	3F	?	问号
100	64	40	@	电子邮件符号
101	65	41	A	大写字母 A
102	66	42	B	大写字母 B
103	67	43	C	大写字母 C
104	68	44	D	大写字母 D
105	69	45	E	大写字母 E
106	70	46	F	大写字母 F
107	71	47	G	大写字母 G
110	72	48	H	大写字母 H
111	73	49	I	大写字母 I
112	74	4A	J	大写字母 J
113	75	4B	K	大写字母 K
114	76	4C	L	大写字母 L
115	77	4D	M	大写字母 M
116	78	4E	N	大写字母 N
117	79	4F	O	大写字母 O
120	80	50	P	大写字母 P
121	81	51	Q	大写字母 Q
122	82	52	R	大写字母 R
123	83	53	S	大写字母 S
124	84	54	T	大写字母 T
125	85	55	U	大写字母 U
126	86	56	V	大写字母 V
127	87	57	W	大写字母 W
130	88	58	X	大写字母 X
131	89	59	Y	大写字母 Y
132	90	5A	Z	大写字母 Z
133	91	5B	[	开方括号
134	92	5C	\	反斜杠
135	93	5D	]	闭方括号
136	94	5E	^	脱字符
137	95	5F	_	下划线

续表

Oct（八进制）	Dec（十进制）	Hex（十六进制）	缩写/字符	解释
140	96	60	`	开单引号
141	97	61	a	小写字母 a
142	98	62	b	小写字母 b
143	99	63	c	小写字母 c
144	100	64	d	小写字母 d
145	101	65	e	小写字母 e
146	102	66	f	小写字母 f
147	103	67	g	小写字母 g
150	104	68	h	小写字母 h
151	105	69	i	小写字母 i
152	106	6A	j	小写字母 j
153	107	6B	k	小写字母 k
154	108	6C	l	小写字母 l
155	109	6D	m	小写字母 m
156	110	6E	n	小写字母 n
157	111	6F	o	小写字母 o
160	112	70	p	小写字母 p
161	113	71	q	小写字母 q
162	114	72	r	小写字母 r
163	115	73	s	小写字母 s
164	116	74	t	小写字母 t
165	117	75	u	小写字母 u
166	118	76	v	小写字母 v
167	119	77	w	小写字母 w
170	120	78	x	小写字母 x
171	121	79	y	小写字母 y
172	122	7A	z	小写字母 z
173	123	7B	{	开花括号
174	124	7C	|	垂线
175	125	7D	}	闭花括号
176	126	7E	~	波浪号
177	127	7F	DEL (delete)	删除

参考文献

[1] 刘宇宙. Python 3.5 从零开始学[M]. 北京：清华大学出版社，2017.
[2] 董付国. Python 可以这样学[M]. 北京：清华大学出版社，2017.
[3] 刘凌霞，郝宁波，吴海涛. 21 天学通 Python[M]. 北京：电子工业出版社，2016.